大学数学教学与改革丛书

数值计算方法

主　编　周志刚
副主编　陈丽红　张本龚　唐　强

科学出版社
北　京

内 容 简 介

本书阐述数值计算的基本理论和常用计算方法，包括误差的基本理论、插值法、拟合法、数值微分与数值积分、非线性方程(组)的数值解法、线性方程组的直接解法及迭代解法、常微分方程(组)的数值解法. 为了不同专业读者学习的方便，考虑 MATLAB 强大的数值计算功能及易学易用的特点，本书第 7 章介绍 MATLAB 的基础知识. 本书例题使用 MATLAB 进行求解，数值实验给出 MATLAB 程序及运行结果的参考答案，方便读者自学与实践.

本书可作为普通高等院校信息与计算科学、数学与应用数学、计算机科学与技术、软件工程等专业本科生及工科研究生学习“数值分析”或“计算方法”课程的教材，也可供工程技术人员阅读和参考.

图书在版编目（CIP）数据

数值计算方法 / 周志刚主编. —北京：科学出版社，2021.8
(大学数学教学与改革丛书)
ISBN 978-7-03-069494-2

Ⅰ. ①数…　Ⅱ. ①周…　Ⅲ. ①数值计算-计算方法-高等学校-教材
Ⅳ. ①O241

中国版本图书馆 CIP 数据核字（2021）第 151859 号

责任编辑：吉正霞　王　晶 / 责任校对：高　嵘
责任印制：彭　超 / 封面设计：无极书装

科学出版社 出版
北京东黄城根北街 16 号
邮政编码：100717
http://www.sciencep.com
武汉市首壹印务有限公司 印刷
科学出版社发行　各地新华书店经销
*
2021 年 8 月第　一　版　开本：787 × 1092　1/16
2022 年 8 月第二次印刷　印张：12 1/2
字数：290 000

定价：48.00 元

（如有印装质量问题，我社负责调换）

前　言

科学计算是当代科学研究的主要手段之一，是科技及工程技术人员必须掌握的基本技能. 科学计算是以数学为基础，以计算机和数学软件为研究工具，求解各种科学与工程计算问题的数值方法，在人工智能、航空航天、地质勘探、水文水利、机械工程、经济管理等领域都有广泛应用. 作为介绍科学计算基础理论与方法的课程，“数值分析”或“计算方法”已成为许多理工科本科生及研究生的专业必修课. 本书选材恰当，体系完整，与目前国内很多介绍计算方法的教材不同，本书编写的基本原则是“快速入门，快速应用”，注重读者“使用”数值算法，注重利用数值算法的 MATLAB 编程与 MATLAB 数值计算命令(函数)的有机结合来解决问题，为本专业的学习及实践服务. 本书每章没有单独把练习题安排在一起，而是每一小节内容中穿插一些练习题，这样做的目的是让读者更容易明白用什么知识点完成练习题，更好地巩固、消化相应的知识点. 本书每章还安排了数值实验，以加深读者对基本理论和基本思想的理解，提高其用编程实现数值算法的技能. 本书内容可根据学时要求全讲或选讲，特别地，本书加“*”内容可根据不同专业学生的数学基础做适当取舍.

在编写过程中，本书参考了部分国内外教材和资料，在此谨向这些作者致以诚挚的感谢. 本书得到了武汉纺织大学教材建设基金的资助及科学出版社的大力支持，编者在此表示衷心的感谢.

限于编者的学识水平，本书难免有疏漏之处，恳请读者指正(交流邮箱：zzghust@163.com)，以便今后做进一步修改.

编　者

2021 年 2 月

目　　录

第 1 章　数值计算方法概论

1.1　数值计算方法的研究内容

1.1.1　科学计算的重要组成部分：数值计算方法

实验、科学计算和理论分析是现代科学研究的三种基本手段. 随着计算机技术的发展，科学计算在科学研究与工程实际中起着越来越重要的作用，某些实验或理论证明往往通过科学计算实现. 科学计算的过程如图 1-1 所示，数值计算方法是其重要组成部分.

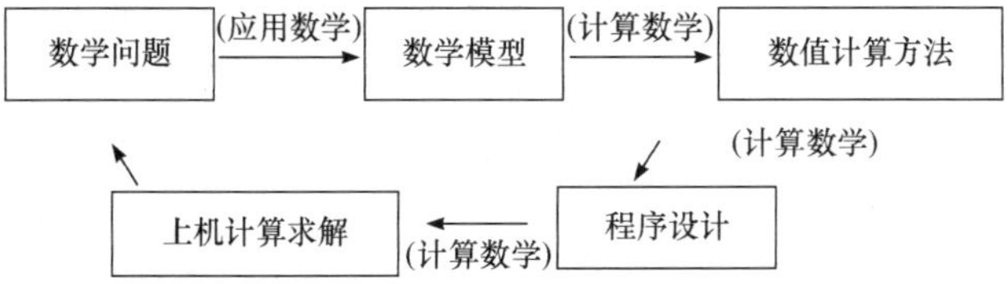

图 1-1　科学计算的过程

数值计算方法也称为数值分析或计算方法，狭义上也称为科学计算，是一门与计算机应用紧密结合的、理论性与适用性很强的数学课程，是近代数学的一个重要分支. 数值计算能解决一些传统的解析方法不可能求解的问题. 例如，求解超越方程 $x = \mathrm{e}^{-x}$ 在[0，1]上的根. 原方程可化为 $f(x) = x\mathrm{e}^{x} - 1 = 0$，根据连续函数介值(零点)定理，方程在[0，1]上的根存在，但无法求得根的解析形式(精确解)，只能想办法求近似解(此例涉及本书非线性方程的数值解法内容). 再如，计算 $I = \int_1^2 \frac{\sin x}{x}\mathrm{d}x$，用高等数学的 Newton-Leibniz 公式计算失效，因为被积函数 $\frac{\sin x}{x}$ 的原函数不是初等函数(被积函数“积不出”)，可以考虑近似求解方法(此例涉及本书的数值积分内容). 又如，用线性代数中线性方程组求解的 Cramer 法则求解一个 n 阶线性方程组需计算 $n+1$ 个行列式的值，共需 $(n+1)(n-1)n!$ 次乘法，当 n 较大时，由于计算量太大而没有实际使用价值，如当 $n = 20$ 时，大约需 10^{21} 次乘法，即使用每秒运算百亿次的计算机去计算，也需连续工作数千年才能完成，而采用 Gauss 消元法求解(此例涉及本书的线性方程组求解内容)，可在数秒内求出答案. 上述例子告诉我们，工程实际中遇到的许多数学问题由于没有解析方法或由于计算量太大，需要设计求解算法，通过编程借助计算机来求解. 通过有限次的四则运算和逻辑运算在计算机上求解数学问题的方法称为**数值方法**(numerical method)，求得的近似解(approximate solution)称为**数值解**(numerical solution).

1.1.2 数值计算方法处理问题的基本模式

数值计算方法研究求解各种数学问题数值解的数值算法及其相关理论，如数值算法的收敛性、稳定性和数值解的误差分析. 可行、有效的数值算法是计算机能直接处理(只包含加减乘除及逻辑运算)，在理论上收敛、稳定，在实际计算中精确度高，计算复杂性(时间与空间复杂性)小，能通过实验验证的数值算法. 数值计算方法处理问题的基本模式包括：近似代替，即把一个无限过程的计算问题转化为满足精度需求的有限的计算过程；迭代，即通过递推将计算问题转化为简单计算的不断重复，便于计算机实现；离散化，即将一个连续变量的计算问题转化为离散变量的计算问题；“化粗为精”，即将几个不同的近似结果通过引入不同权重组合成精度更高的数值结果. 数值计算方法处理问题的基本手段是近似，核心是研究近似对问题真实结果的影响.

数值计算方法将数学高度抽象的理论化为基本的算术运算与逻辑运算，能增强我们对数学的理解，提高我们运用数学与计算机解决实际问题的能力. 本书讨论常用的、基本的数值算法，读者在学习过程中应将重点放在各种数值算法的思想方法上，而不是死记硬背公式，不仅要学会使用计算软件进行计算，而且要学会自己编程计算. 鉴于本书的特点，对读者的基本要求如下：具有微积分、线性代数、常微分方程、高级语言程序设计的基础知识；理解数值算法的基本原理；利用 MATLAB 等语言编程，认真完成数值实验，能处理一些工程实际计算问题，具备一定的分析问题及解决问题的能力.

1.2 误差及有效数字

数值解的误差有两类：固有误差和计算误差. 固有误差来自模型误差与观测误差；计算误差来自截断误差与舍入误差. 重视误差分析并控制误差扩散是十分重要的，没有误差分析的数值解是不可信的. 误差就像矛盾一样无处不在，无时不有. 实际中，得到精确解往往是一个理想情况，有时并不需要有精确解，多数情况是得到满足精度要求的数值解即可，过分追求精确结果有时并无必要，甚至是不现实的.

1.2.1 误差的来源

1. 模型误差

数学模型与实际问题之间的误差称为**模型误差**(model error). 一般来说，实际问题是比较复杂的，用数学模型来描述实际问题需要进行必要的简化，就会产生模型误差.

2. 观测误差

实验或观测得到的数据与实际数据之间的误差称为**观测误差**(observation error).

3. 截断误差及收敛性

计算机求解数学问题的数值解时用有限过程代替无限过程时产生的误差称为**截断误**

差(truncation error)，也称**方法误差**(method error). 例如，由 Taylor 公式得 $e^x=1+x+\frac{x^2}{2!}+\cdots+\frac{x^n}{n!}+R_n(x)$，用 $p_n(x)=1+x+\frac{x^2}{2!}+\cdots+\frac{x^n}{n!}$ 近似 e^x，截断误差为 $R_n(x)=\frac{e^\xi}{(n+1)!}x^{n+1}$，其中 ξ 介于 0 与 x 之间. 对于固定的 x，当 $n\to\infty$ 时，余项 $R_n(x)\to 0$，即 $p_n(x)\to e^x$，此时称 $p_n(x)=1+x+\frac{x^2}{2!}+\cdots+\frac{x^n}{n!}$ 近似代替 e^x 这一算法是**收敛**(convergent)的. 算法收敛表明该算法总可以通过提高计算量使得截断误差任意小.

4. 舍入误差

计算机浮点数是一个有限集合，绝大部分实数在计算机上不能精确表示，总要经过舍或入由一个与之相近的浮点数代替，由此引起的误差称为**舍入误差**(round-off error)，即计算机字长为有限位导致的原始数据在计算机上表示及进行四则运算时可能产生的误差. 如果在一个数值算法中，舍入误差在计算过程中不断增大，那么该算法数值不稳定，否则数值是稳定的.

科学计算各环节产生的误差如图 1-2 所示. 数值计算方法中总假定数学模型是准确的，因而不考虑模型误差和观测误差，本书中所涉及的误差，一般是指截断误差和舍入误差，且总误差就是截断误差与舍入误差的和.

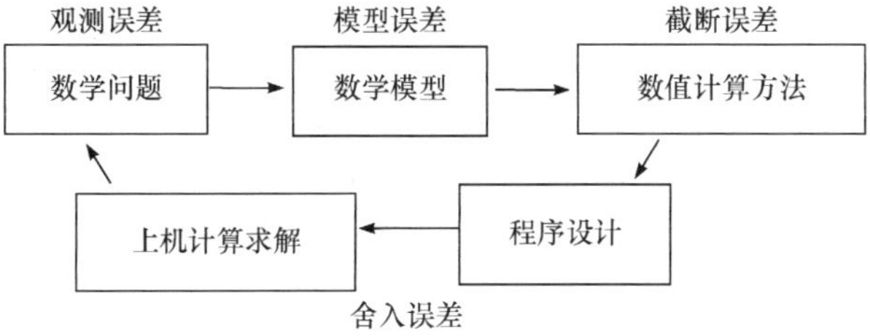

图 1-2 科学计算各环节产生的误差

1.2.2 误差的度量

度量近似值“好坏”即误差大小有三种方法：绝对误差和绝对误差限、相对误差和相对误差限、有效数字.

1. 绝对误差和绝对误差限、相对误差和相对误差限

定义 1-1 设 x 为准确值，x^* 是 x 的近似值，称

$$E_a(x)=x^*-x \tag{1-1}$$

为近似值 x^* 的**绝对误差**(absolute error)，简称**误差**(error).

显然，误差 $E_a(x)$ 既可为正，又可为负. 一般来说，准确值 x 是不知道的，因此误差 $E_a(x)$ 的准确值无法求出. 但是在实际工作中，可根据相关领域的知识、经验事先估计出

误差绝对值不超过某个正数 ε_a，即

$$|E_a(x)| = |x^* - x| \leqslant \varepsilon_a \tag{1-2}$$

则称 ε_a 为近似值 x^* 的**绝对误差限**(absolute error bound)，简称**误差限**或**精度**(precision). 有时，将准确值 x 写成 $x^* - \varepsilon_a \leqslant x \leqslant x^* + \varepsilon_a$，或者表示为 $x = x^* \pm \varepsilon_a$.

绝对误差的大小还不能完全表示近似值的好坏. 例如，算得一个数据为 100 时有 1 的绝对误差与算得一个数据为 1000 时有 1 的绝对误差，绝对误差都是 1，但后者的计算结果显然比前者要准确得多. 这说明决定一个量的近似值的好坏，除了要考虑绝对误差的大小，还要考虑准确值本身的大小，这就需要引入相对误差的概念.

定义 1-2 设 x 为准确值，x^* 是 x 的近似值，称

$$E_r(x) = \frac{E_a(x)}{x} = \frac{x^* - x}{x} \quad (x \neq 0) \tag{1-3}$$

为近似值 x^* 的**相对误差**(relative error).

在实际计算中，由于准确值 x 总是未知的，也把

$$E_r(x) = \frac{E_a(x)}{x^*} = \frac{x^* - x}{x^*} \quad (x^* \neq 0) \tag{1-4}$$

称为近似值 x^* 的相对误差.

一般来说，相对误差越小，表明近似程度越好. 称相对误差绝对值的上界 ε_r 为近似值 x^* 的**相对误差限**(relative error bound)，即

$$|E_r(x)| = \left|\frac{x^* - x}{x^*}\right| \leqslant \frac{\varepsilon_a}{|x^*|} = \varepsilon_r \tag{1-5}$$

绝对误差和绝对误差限有量纲，而相对误差和相对误差限没有量纲，而且误差限更具有实际意义.

2. 有效数字

实际计算中，往往用四舍五入的方法取一个有许多位数的精确数据 x 的前有限位数据 x^* 作为近似值，此时近似值 x^* 的绝对误差不会超过其末位数的半个单位. 例如，$x = \mathrm{e} = 2.7182818\cdots$，按照四舍五入的方法，若取 $x_1 = 2.71828$，则绝对误差 $|x_1 - \mathrm{e}| = 0.0000018\cdots \leqslant \frac{1}{2}\times 10^{-5}$；若取 $x_2 = 2.7183$，则 $|x_2 - \mathrm{e}| < |x_2 - 2.7182818\cdots| = 0.0000182\cdots \leqslant \frac{1}{2}\times 10^{-4}$.

定义 1-3 设 x^* 是 x 的近似值，x^* 写成规范化形式：

$$x^* = \pm 0.a_1 a_2 \cdots a_n \times 10^m \tag{1-6}$$

其中，$a_1, a_2, \cdots, a_n$ 是 0 和 9 之间的自然数，$a_1 \neq 0$，m 为整数，且使

$$|x^* - x| \leqslant \frac{1}{2}\times 10^{m-l^*} \quad (1 \leqslant l^* \leqslant n) \tag{1-7}$$

成立的整数 l^* 的最大值为 l，那么称近似值 x^* 具有 l 位**有效数字**(significant figures)；$a_1,a_2,\cdots,a_l$ 分别是 x^* 近似 x 的第 1 位，第 2 位，…，第 l 位有效数字. 若 $l>m$，则称 x^* 准确到小数点后第 $l-m$ 位.

由定义 1-3 可知，数值计算中表达一个数值的有效数字是几位就意味着表达出了它的绝对误差限.

例 1-1　设 $x=3.200169$，它的近似值 $x_1=3.2001$，$x_2=3.2002$，$x_3=3.200$ 分别具有几位有效数字？

解　因为 $x_1=0.32001\times10^1$，$m=1$，$|x-x_1|=0.000069\leqslant0.5\times10^{1-l^*}$，$1\leqslant l^*\leqslant5$，$l=4$，所以 $x_1=3.2001$ 具有 4 位有效数字(从 $x_1=3.2001$ 的小数点后第 3 位数字 0 起直到左边第一个非零数字 3 为止的 4 个数字都是有效数字，而最后一位数字 1 不是有效数字). 进一步可以看出，x_1 的误差 0.000069 不超过 $x_1=3.2001$ 的小数点后第 3 位的半个单位，即 0.5×10^{-3}，我们说近似值 x_1 准确到小数点后第 3 位.

类似地，$|x-x_2|=0.000031\leqslant0.5\times10^{1-5}$，故 $x_2=3.2002$ 具有 5 位有效数字(从 $x_2=3.2002$ 的小数点后第 4 位数字 2 起直到左边第一个非零数字 3 为止的 5 个数字都是有效数字). 进一步可以看出，x_2 的误差 0.000031 不超过 $x_2=3.2002$ 的小数点后第 4 位即末位的半个单位，即 0.5×10^{-4}，我们说近似值 x_2 准确到小数点后第 4 位.

$|x-x_3|=0.000169\leqslant0.5\times10^{1-4}$，故 $x_3=3.200$ 具有 4 位有效数字(从 $x_3=3.200$ 的小数点后第 3 位数字 0 起直到左边第一个非零数字 3 为止的 4 个数字都是有效数字). 进一步可以看出，x_3 的误差 0.000169 不超过 $x_3=3.200$ 的小数点后第 3 位即末位的半个单位，即 0.5×10^{-3}，我们说近似值 x_3 准确到小数点后第 3 位.

特别要指出的是，在例 1-1 中，$x_3=3.200$ 有 4 位有效数字，而 $x_4=3.2$ 只有 2 位有效数字. 近似值末位也是有效数字的近似值称为**有效数**(significant figure)，x_2,x_3 都是有效数. 若四舍五入后的数是有效数，则四舍五入后的数的数字全部是有效数字.

3. 病态问题

在求解实际问题的数值解时，实际问题本身有“好”和“坏”之别. 坏问题是问题的数值解对数据的初始误差非常敏感，反之属于好问题. 坏问题在数值计算中称为**病态问题**(ill-posed problem). 数据的初始误差对于好问题的解的影响是在允许、可控范围内的，而对于病态问题的解的影响是非常大的. 例如，线性方程组

$$\begin{cases}\dfrac{49}{36}x_1+\dfrac{3}{4}x_2+\dfrac{21}{40}x_3=\dfrac{949}{360}\\[2mm]\dfrac{3}{4}x_1+\dfrac{61}{144}x_2+\dfrac{3}{10}x_3=\dfrac{1061}{720}\\[2mm]\dfrac{21}{40}x_1+\dfrac{3}{10}x_2+\dfrac{769}{3600}x_3=\dfrac{3739}{3600}\end{cases}$$

的唯一精确解为 $x_1=x_2=x_3=1$. 如果把方程组系数保留 4 位有效数字，用同样的算法求

解方程组

$$\begin{cases}1.361x_1+0.7500x_2+0.5250x_3=2.636\\0.7500x_1+0.4236x_2+0.3000x_3=1.474\\0.5250x_1+0.3000x_2+0.2136x_3=1.039\end{cases}$$

解为 $x_1=1.2203$，$x_2=-0.3084$，$x_3=2.2981$，与原方程组的解相比变化非常大，原因在于原方程组是一个病态方程组，虽然系数只是做了微小变化，但解产生了很大的变化.

1.3 数值计算中应注意的问题

用计算机实现算法时，输入计算机的数据一般是有误差的(如观测误差等)，计算机运算过程的每一步又会产生舍入误差，这些误差在计算过程中还会逐步传播和积累，因此必须研究这些误差对计算结果的影响. 一个实际问题往往需要亿万次以上的计算，且每一步都可能产生误差，因此不可能对每一步的误差进行分析和研究，只能根据具体问题的特点进行研究，提出相应的误差估计. 特别地，如果在构造算法的过程中注意一些原则，那么将有效地减少误差的危害，控制误差的传播和积累.

1.3.1 避免两个相近的数相减

在数值计算中，两个相近的数相减会造成有效数字的严重损失，从而导致误差增大，影响计算结果的精度.

例 1-2 当 $x=10003$ 时，计算 $\sqrt{x+1}-\sqrt{x}$ 的近似值(准确值为 0.00499912523117984…).

解 若取 6 位有效数字，$\sqrt{x+1}-\sqrt{x}=100.020-100.015=0.005$，计算结果只有 1 位有效数字. 若改用公式：

$$\sqrt{x+1}-\sqrt{x}=\frac{1}{\sqrt{x+1}+\sqrt{x}}=\frac{1}{100.020+100.015}=0.00499913$$

则其结果有 6 位有效数字，与准确值 0.00499912523117984…非常接近.

例 1-2 表明利用恒等式或等价关系对计算公式进行变形可以避免或减少有效数字的损失.

1.3.2 防止重要的小数被大数“吃掉”

在数值计算中，参加运算的数的数量级有时相差很大，而计算机的字长又是有限的，如果不注意运算次序，那么就可能出现小数被大数“吃掉”的现象. 这种现象在有些情况下是允许的，但在有些情况下这些小数很重要，若它们被“吃掉”，会影响计算结果的可靠性.

例如，如果在 5 位浮点十进制数下计算(仿机器实际运算) $A=52492+0.9$，首先要对阶(统一成大的阶码)，而计算机上只能达到 5 位，故计算机上 $0.9=0.000009\times10^5=0.00000\times10^5$ 不起作用，即视为 0，于是 $A=0.52492\times10^5+0.00000\times10^5=0.52492\times10^5$.

再如，已知 $x=3\times10^{12}$，$y=7$，$z=-3\times10^{12}$，求 $x+y+z$. 如果按 $x+y+z$ 的次序来编程序，x“吃掉”y，而 x 与 z 互相抵消，其结果为零. 若按 $(x+z)+y$ 的次序来编程序，其结果为 7. 由此可见，如果事先大致估计一下计算方案中各数的数量级，编制程序时加以合理安排，那么重要的小数就可以避免被“吃掉”. 此例还说明，用计算机进行加减运算时，交换律和结合律往往不成立，不同的运算次序会得到不同的运算结果.

1.3.3 避免出现除数的绝对值远小于被除数绝对值的情形

在用计算机实现算法的过程中，如果用绝对值很小的数作除数，往往会使舍入误差增大. 也就是说，在计算 $\dfrac{y}{x}$ 时，若 $0<|x|\ll|y|$，则可能产生较大的舍入误差，会给计算结果带来严重影响，应尽量避免.

例 1-3　在 4 位浮点十进制数下，用消元法解线性方程组

$$\begin{cases}0.00003x_1-3x_2=0.6\\ x_1+2x_2=1\end{cases}$$

解　仿计算机实际计算，将上述方程组写为

$$\begin{cases}0.3000\times10^{-4}x_1-0.3000\times10^{1}x_2=0.6000\times10^{0}\\ 0.1000\times10^{1}x_1+0.2000\times10^{1}x_2=0.1000\times10^{1}\end{cases}$$

第一个方程除以 0.3000×10^{-4} 后减掉第二个方程(注意：在第一步运算中出现了用很小的数作除数的情形，相应地在第二步运算中出现了大数“吃掉”小数的情形)，得

$$\begin{cases}0.3000\times10^{-4}x_1-0.3000\times10^{1}x_2=0.6000\times10^{0}\\ -0.1000\times10^{6}x_2=0.2000\times10^{5}\end{cases}$$

解得

$$x_1=0,\qquad x_2=-0.2$$

但是原方程组的准确解为 $x_1=1.399972\cdots$，$x_2=-0.199986\cdots$. 显然，上述结果严重失真.

如果反过来用第二个方程消去第一个方程中含 x_1 的项，那么就可以避免很小的数作除数的情形. 第二个方程乘以 0.3000×10^{-4} 后再减掉第一个方程，得

$$\begin{cases}-0.3000\times10^{1}x_2=0.6000\times10^{0}\\ 0.1000\times10^{1}x_1+0.2000\times10^{1}x_2=0.1000\times10^{1}\end{cases}$$

解得

$$x_1=1.4,\qquad x_2=-0.2$$

这是一组相当好的近似解.

1.3.4 减少计算次数

同样一个问题，如果能减少计算次数，那么不但可以节省计算机的计算复杂性，而且能减少舍入误差.

例 1-4 已知 x，计算多项式 $p_n(x)=a_0+a_1x+\cdots+a_{n-1}x^{n-1}+a_nx^n$ 的值.

解 若直接计算，即先计算 $a_kx^k\ (k=1,2,\cdots,n)$，然后逐项相加，则一共需要做 $1+2+\cdots+(n-1)+n=\dfrac{n(n+1)}{2}$ 次乘法和 n 次加法. 但若采取如下算法(秦九韶算法)：

$$\begin{aligned}p_n(x)&=a_nx^n+a_{n-1}x^{n-1}+\cdots+a_1x+a_0\\&=[(a_nx^{n-2}+a_{n-1}x^{n-3}+\cdots+a_2)x+a_1]x+a_0\\&=\{\cdots[(a_nx+a_{n-1})x+a_{n-2}]x+\cdots+a_1\}x+a_0\end{aligned}$$

则只要 n 次乘法和 n 次加法，就可以得到 $p_n(x)$ 的值，而且秦九韶算法计算过程简单，规律性强，适于编程. 此外，由于减少了计算步骤，该算法减少了舍入误差及其积累和传播. 例 1-4 说明合理地简化计算公式在数值计算中是非常重要的.

练习：为什么 $x^{255}=x\cdot x^2\cdot x^4\cdot x^8\cdot x^{16}\cdot x^{32}\cdot x^{64}\cdot x^{128}$ 的计算方法比将 x 的值逐个相乘计算 x^{255} 的方法好(提示：第一种算法只需 14 次乘法运算)?

1.3.5 注意算法的数值稳定性

为了避免误差在运算过程中的累积增大，在构造算法时，还要考虑算法的稳定性.

定义 1-4 如果一个算法在执行过程中对初始误差和计算过程中产生的舍入误差的传播与积累能够进行有效控制，即初始误差和计算过程中产生的舍入误差不影响算法获得可靠的结果，那么称此算法是数值稳定(numerical stability)的，否则称此算法是数值不稳定(numerical instability)的.

例 1-5 计算积分 $I_n=\displaystyle\int_0^1\frac{x^n}{x+5}\mathrm{d}x\quad(n=0,\ 1,\ 2,\ \cdots)$.

解 由

$$I_n+5I_{n-1}=\int_0^1\frac{x^n+5x^{n-1}}{x+5}\mathrm{d}x=\int_0^1x^{n-1}\mathrm{d}x=\frac{1}{n}$$

得递推关系：

$$I_n=\frac{1}{n}-5\times I_{n-1}\quad(n=1,\ 2,\ \cdots)$$

或者

$$I_{k-1}=\frac{1}{5}\left(\frac{1}{k}-I_k\right)\quad(k=n,n-1,\cdots,1)$$

且 $\dfrac{1}{6(n+1)}<I_n<\dfrac{1}{5(n+1)}$，设计如下两种算法.

算法 1：取 $I_0=\int_0^1\frac{1}{x+5}\mathrm{d}x=\ln 1.2\approx 0.1823=I_0^*$，按公式

$$I_n^*=\frac{1}{n}-5\times I_{n-1}^*\quad (n=1,\ 2,\ \cdots) \tag{1-8}$$

依次计算 $I_1,I_2,\cdots$ 的近似值 $I_1^*,I_2^*,\cdots$.

算法 2：取 $I_n^*=\frac{1}{2}\left[\frac{1}{6(n+1)}+\frac{1}{5(n+1)}\right]$，按公式

$$I_{k-1}^*=\frac{1}{5}\left(\frac{1}{k}-I_k^*\right)\quad (k=n,n-1,\cdots,1) \tag{1-9}$$

依次计算 $I_{n-1},I_{n-2},\cdots,I_0$ 的近似值 $I_{n-1}^*,I_{n-2}^*,\cdots,I_0^*$.

两种算法在计算机上的计算结果见表 1-1. 算法 1 是数值不稳定的，算法 2 是数值稳定的. 原因如下：对算法 1 而言，设近似值 I_0^* 有误差 ε_0，假设计算过程中不产生新的舍入误差，则

$$\varepsilon_n=I_n^*-I_n=-5I_{n-1}^*+5I_{n-1}=-5\varepsilon_{n-1}=\cdots=(-5)^n\varepsilon_0\quad (n=1,2,\cdots)$$

即初始误差 ε_0 经过式(1-8)计算一次，误差就扩大 5 倍，因而由算法 1 计算出的 I_n^* 的误差是初始误差 ε_0 的 5^n 倍，当 n 大到一定程度时，得到的近似结果 I_n^* 是不可靠的(即使初始误差 ε_0 很小). 对算法 2 而言，从 I_n^* 计算 I_{n-1}^*，有

$$\varepsilon_{n-1}=I_{n-1}^*-I_{n-1}=-\frac{1}{5}I_n^*+\frac{1}{5}I_n=-\frac{1}{5}\varepsilon_n$$

从而有 $\varepsilon_0=\left(-\frac{1}{5}\right)^n\varepsilon_n$，因此，从 I_n^* 出发计算 I_0^*，其误差 ε_0 已缩小到 $\left(-\frac{1}{5}\right)^n\varepsilon_n$，即使初始误差 ε_0 比较大也不影响式(1-9)的结果的可靠性.

表 1-1　算法 1 与算法 2 计算结果的比较

n	准确值	算法 1	算法 2
0	0.182321	0.1823	0.1823
1	0.0884	0.0885	0.0884
2	0.0580	0.0575	0.0580
3	0.0431	0.0458	0.0431
4	0.0343	0.0208	0.0343
5	0.0285	0.0958	0.0285
6	0.0243	−0.3125	0.0240
7	0.0212	1.7054	0.0229

从表 1-1 中的数据可以看出，算法 1 得到 $I_6^*=-0.3125$，显然误差的传播和积累淹没了问题的真解. 其原因是虽然初始误差 ε_0 很小，但是上述算法误差的传播是逐步扩大的，

也就是说它是不稳定的，因此计算结果不可靠. 算法 2 得出的结果精度很高，是因为虽然初始数据 $I_7^* = 0.0229$ 有误差，但这种误差在计算过程的每一步都是逐步缩小的，即此算法是稳定的. 例 1-5 告诉我们，用数值方法解决实际问题时一定要选择数值稳定的算法.

对稳定算法而言，初始误差及计算过程中产生的舍入误差对算法的累积影响是有限的，算法能获得有用(可靠)的结果. 对不稳定算法而言，初始误差及计算过程中产生的舍入误差对算法的累积影响是破坏性的，导致算法获得的结果不可靠. 不稳定算法有时也称为病态算法. 不注意误差分析，就会出现“差之毫厘，失之千里”的错误结果. 虽然数值计算中的误差分析有时是件非常困难的事情，但应重视误差分析，选取稳定的算法.

设计数值算法还需要注意一些问题：小心处理病态问题；注意避免死循环，数值算法一旦出现不收敛或收敛很慢，while 语句往往会进入死循环，使用 for 语句更可靠，如果使用 while 语句，最好设置一个循环次数的上限；另外，不要进行实数相等的比较，受舍入误差等影响，实数相等的比较一般都是不成功的，正确的做法是设置一个很小的误差限 ε，若有 $|a-b| \leqslant \varepsilon$，则认为 $a=b$. 在数值算法程序实现中尽量使用双精度实数，同时尽量减少中间不必要结果的显示和输出.

数值实验一

1. 令 n=1,2,…,9，采取如下两种算法计算 $I_n = \mathrm{e}^{-1}\int_0^1 x^n \mathrm{e}^x \mathrm{d}x$，并分析两种算法的稳定性.

算法 A：

$$\begin{cases} I_0 = 0.6321 \\ I_n = 1 - nI_{n-1} \quad (n = 1,2,\cdots,9) \end{cases}$$

由于 $\dfrac{\mathrm{e}^{-1}}{10} < I_9 < \dfrac{1}{10}$，粗略取 $I_9 \approx \dfrac{1}{2}\left(\dfrac{1}{10} + \dfrac{\mathrm{e}^{-1}}{10}\right) = 0.0684 = \hat{I}_9$.

算法 B：

$$\begin{cases} \hat{I}_9 = 0.0684 \\ \hat{I}_{n-1} = \dfrac{1}{n}(1 - \hat{I}_n) \quad (n = 9,8,\cdots,1) \end{cases}$$

参考答案：在 MATLAB 编辑框中编辑如下 charp1ex1.m 文件.

```
%  $Copyright Zhigang Zhou$.
% -----------------------------------------
% 数值不稳定算法 A
clear
fprintf('数值不稳定算法 A:\n');
I0=0.6321;
n=0;
```

```
fprintf('I_%d=%6.4f\n',n,I0);
for n=1:9
    In=1-n*I0;
    fprintf('I_%d=%6.4f\n',n,In);
    I0=In;
end
% ---------------------------------------
%数值稳定算法 B
clear
fprintf('数值稳定算法 B:\n');
In=0.0684;
n=9;
fprintf('I_%d=%6.4f\n',n,In);
for n=9:-1:1
    I0=(1-In)/n;
    fprintf('I_%d=%6.4f\n',n-1,I0);
    In=I0;
end
```

以上程序存盘，文件命名为 charp1ex1.m，在命令框输入：

```
>> charp1ex1    %只输入 charp1ex1，不带文件扩展名".m"
```

按回车键，得

```
数值不稳定算法 A:
I_0=0.6321
I_1=0.3679
I_2=0.2642
I_3=0.2074
I_4=0.1704
I_5=0.1480
I_6=0.1120
I_7=0.2160
I_8=-0.7280
I_9=7.5520
数值稳定算法 B:
I_9=0.0684
I_8=0.1035
I_7=0.1121
I_6=0.1268
I_5=0.1455
```

```
I_4=0.1709
I_3=0.2073
I_2=0.2642
I_1=0.3679
I_0=0.6321
```

计算结果应该都大于0，但是不稳定算法出现了 $I_8=-0.7280<0$，原因是不稳定算法导致 $\varepsilon_n=(-1)^n n!\varepsilon_0$，故当 $n=6$ 时，初始误差扩大了6!倍，淹没了问题的真解. 采用稳定算法后，对于初始误差 ε_n，有 $\varepsilon_{n-1}=-\frac{1}{n}\varepsilon_n$，递推得 $\varepsilon_0=\frac{1}{(-1)^n n!}\varepsilon_n$，可见误差是逐渐减小的，实验结果是可靠的.

2. 选取例 1-5 中的两种算法，令 n=0,1,2,⋯,7，计算 $I_n=\int_0^1 \frac{x^n}{x+5}\mathrm{d}x$.

参考答案：在 MATLAB 编辑框中编辑如下 charp1ex2.m 文件.

```
%  $Copyright Zhigang Zhou$.
% ----------------------------------------
%数值不稳定算法
clear
fprintf('数值不稳定算法:\n');
I0=0.1823;
n=0;
fprintf('I_%d=%6.4f\n',n,I0);
for n=1:7
   In=1/n-5*I0;
   fprintf('I_%d=%6.4f\n',n,In);
   I0=In;
end
% ----------------------------------------
%数值稳定算法
clear
fprintf('数值稳定算法:\n');
In=0.0229;
n=7;
fprintf('I_%d=%6.4f\n',n,In);
for n=7:-1:1
   I0=(1/n-In)/5;
   fprintf('I_%d=%6.4f\n',n-1,I0);
   In=I0;
end
```

以上程序存盘，文件命名为 charp1ex2.m，在命令框输入：

```
>> charp1ex2
```

按回车键，得

数值不稳定算法：

```
I_0=0.1823
I_1=0.0885
I_2=0.0575
I_3=0.0458
I_4=0.0208
I_5=0.0958
I_6=-0.3125
I_7=1.7054
```

数值稳定算法：

```
I_7=0.0229
I_6=0.0240
I_5=0.0285
I_4=0.0343
I_3=0.0431
I_2=0.0580
I_1=0.0884
I_0=0.1823
```

计算结果应该都大于 0 ，但是不稳定算法出现了 $I_6=-0.3125<0$ ，原因是不稳定算法导致 $\varepsilon_n=(-5)^n\varepsilon_0\ (n=1,2,\cdots,7)$ ，故当 $n=6$ 时，初始误差扩大了 5^6 倍，淹没了问题的真解. 采用稳定算法后，对于初始误差 ε_n ，有 $\varepsilon_0=\left(-\frac{1}{5}\right)^n\varepsilon_n$ ，可见误差是逐渐减小的，实验结果是可靠的.

本 章 小 结

误差问题是数值计算方法中重要而又困难的课题. 本章给出了误差、相对误差、有效数字和算法的数值稳定性等基本概念，讨论了数值算法设计的基本原则，这对学习本书后面部分是必要的. 数值计算方法的任务就是为计算机求解各种实际问题提供理论上可靠、实际操作可行、计算复杂性好的算法.

第 2 章　数据的插值与拟合

在工程和科研中，常遇到这样的情况：已知函数 $y=f(x)$ 在某区间 $[a,b]$ 上的一批数据 (x_i,y_i) $(i=0,1,2,\cdots,n)$，而函数 $y=f(x)$ 的表达式未知，希望通过这批数据构造一个简单的函数(如多项式函数) $\varphi(x)$ 去近似 $y=f(x)$. 有时尽管函数 $y=f(x)$ 已知，但表达式复杂，也可以利用此函数的一批数据去构造函数 $y=f(x)$ 的一个简单的近似函数 $\varphi(x)$，这类问题称为一元数据建模. 近似函数 $\varphi(x)$ 的构造常有两类方法：一类是插值法；另一类是拟合法. 插值法要求近似函数 $\varphi(x)$ 严格满足数据 (x_i,y_i) $(i=0,1,2,\cdots,n)$，即 $\varphi(x_i)=y_i$；拟合法允许近似函数 $\varphi(x)$ 在数据点上有误差，但要求按照一定标准的总误差达到最小. 一般来说，插值法适合数据较准确且数据量较小的情形，拟合法适合数据有误差(噪声)且数据量较大的情形. 本章主要讨论一元数据建模常用的方法，包括 Lagrange 插值、Newton 插值、样条插值和最小二乘拟合法. 本章也对二元数据建模中的二元双线性插值进行简单介绍，二元双线性插值也是工程与科研中常使用的数据建模方法.

引例 2-1　天安门广场升旗时间是日出的时刻，降旗时间是日落的时刻，某年 10 月升降旗的时间见表 2-1.

表 2-1　10 月升降旗的时间

日期	升旗	降旗
1	6:09	17:58
15	6:23	17:36
22	6:31	17:26

根据上述数据构造插值多项式，计算当年 10 月 8 日北京市的日照时长.

引例 2-2　为实验某种新药的疗效，医生对某人用快速静脉注射的方式一次性注入该药 300 mg，在一定的时刻 t(h) 采取血样，测得的血药浓度 C(μg/mL) 的数据见表 2-2.

表 2-2　血药浓度数据

血药浓度	t/h								
	0.25	0.5	1	1.5	2	3	4	6	8
C/(μg/mL)	19.21	18.15	15.36	14.10	12.89	9.32	7.45	5.24	3.01

理论上，C 与 t 的时间关系为 $C(t)=a\mathrm{e}^{-bt}$ $(a>0,b>0)$，其中 a,b 为待定经验参数. 请根据给定数据表确定 a,b 的值.

引例 2-1 的解决要用到插值法，引例 2-2 的解决要用到拟合法.

2.1 Lagrange 插 值

插值法是数值分析中的一种古老而重要的方法. 在近代，插值法是数据处理、函数近似表示和计算机几何造型等的常用工具，又是导出其他许多数值方法(如数值积分、非线性方程求根、微分方程数值解等)的依据.

在生产和科学实验中，经常要研究两个变量之间的函数关系 $y=f(x)$，往往通过实验获得一张数据表，见表 2-3.

表 2-3　实验数据表

x	x_0	x_1	$\cdots$	x_n
y	y_0	y_1	$\cdots$	y_n

通过表 2-3 中的数据求一个简单函数(多项式函数) $p(x)$，用其去逼近(近似)表达式未知的函数或已知的复杂函数 $y=f(x)$，使得 $p(x_i)=f(x_i)=y_i\ (i=0,1,2,\cdots,n)$，这种求 $p(x)$ 的方法称为**插值法**(interpolation method). 把表达式未知的或表达式已知但比较复杂的函数 $f(x)$ 称为**被插函数**(interpolated function)，$p(x)$ 称为**插值函数**(interpolation function)，这种逼近问题称为**插值问题**(interpolation problem).

2.1.1 多项式插值的 Lagrange 形式

设 P_n 表示所有次数不超过 n 的多项式函数的集合，$x_0,x_1,\cdots,x_n$ 是一组互异的点，$y_i=f(x_i)\ (i=0,1,2,\cdots,n)$，$n$ 次**插值多项式**(polynomial interpolation)就是求多项式 $p_n(x)\in P_n$，使之满足

$$p_n(x_i)=y_i \quad (i=0,1,2,\cdots,n) \tag{2-1}$$

其中，$x_0,x_1,\cdots,x_n$ 称为**插值节点**(interpolation knot)，$p_n(x)$ 是**插值多项式函数**(interpolating polynomial function)，$f(x)$ 是被插函数，式(2-1)是**插值条件**(interpolation condition)，

$$r(x)=f(x)-p_n(x) \tag{2-2}$$

是**插值余项**(remainder of interpolation)，即截断误差，$[\min\{x_0,x_1,\cdots,x_n\},\ \max\{x_0,x_1,\cdots,x_n\}]$ 是**插值区间**(interpolation interval). 如果对固定点 $\bar{x}$ 求 $f(\bar{x})$ 的数值解，称 $\bar{x}$ 为一个**插值点**(interpolation point)，称 $p(\bar{x})$ 为 $f(x)$ 在固定点 $\bar{x}$ 处的**插值**(interpolated value)，若 $\bar{x}$ 属于插值区间，称为**内插**(interpolation)，否则称为外推(extrapolation).

定理 2-1 (存在性和唯一性)　满足插值条件式(2-1)的多项式存在，并且唯一.

证　设 $p_n(x)=a_0+a_1x+a_2x^2+\cdots+a_nx^n$，由插值条件式(2-1)得非齐次线性方程组：

$$\begin{cases} a_0 + a_1x_0 + a_2x_0^2 + \cdots + a_nx_0^n = y_0 \\ a_0 + a_1x_1 + a_2x_1^2 + \cdots + a_nx_1^n = y_1 \\ \quad\cdots\cdots \\ a_0 + a_1x_n + a_2x_n^2 + \cdots + a_nx_n^n = y_n \end{cases} \tag{2-3}$$

其系数行列式

$$D = \begin{vmatrix} 1 & x_0 & x_0^2 & \cdots & x_0^n \\ 1 & x_1 & x_1^2 & \cdots & x_1^n \\ \vdots & \vdots & \vdots & & \vdots \\ 1 & x_n & x_n^2 & \cdots & x_n^n \end{vmatrix}$$

是 Vandermonde 行列式. 因为 $x_0, x_1, \cdots, x_n$ 是一组互异的点，所以 $D \neq 0$. 由 Cramer 法则知，方程组(2-3)有唯一的一组解 $a_0, a_1, \cdots, a_n$，即满足插值条件式(2-1)的多项式存在，并且唯一.

证毕.

定理 2-1 的几何解释：通过曲线 $y = f(x)$ 上给定的 $n+1$ 个点 (x_i, y_i) $(i = 0,1,2,\cdots,n)$，可以唯一地作一条 n 次代数曲线 $y = p_n(x)$，并作为曲线 $y = f(x)$ 的近似曲线. 多项式插值有两种等价形式(方法)，分别是 Lagrange 形式的多项式插值和 Newton 形式的多项式插值.

定理 2-2 (Lagrange 插值多项式)　n 次多项式

$$p_n(x) = \sum_{k=0}^{n} y_k l_k(x) \tag{2-4}$$

满足插值条件式(2-1)，其中，

$$l_k(x) = \prod_{\substack{i=0 \\ i \neq k}}^{n} \frac{x - x_i}{x_k - x_i} \quad (k = 0,1,2,\cdots,n) \tag{2-5}$$

称式(2-4)为 **Lagrange 插值多项式**(Lagrange interpolation polynomial)或 **Lagrange 插值公式**(Lagrange interpolation formula)；式(2-5)为 **Lagrange 插值基函数**(interpolation basis function).

例 2-1　已知 $f(-1) = 2$, $f(1) = 1$, $f(2) = 1$, 求 $f(x)$ 的 Lagrange 插值多项式.

解　设 $x_0 = -1$, $x_1 = 1$, $x_2 = 2$, $y_0 = 2$, $y_1 = 1$, $y_2 = 1$, 则

$$l_0(x) = \frac{(x - x_1)(x - x_2)}{(x_0 - x_1)(x_0 - x_2)} = \frac{(x-1)(x-2)}{(-1-1)(-1-2)} = \frac{1}{6}(x^2 - 3x + 2)$$

$$l_1(x) = \frac{(x - x_0)(x - x_2)}{(x_1 - x_0)(x_1 - x_2)} = \frac{(x+1)(x-2)}{(1+1)(1-2)} = -\frac{1}{2}(x^2 - x - 2)$$

$$l_2(x) = \frac{(x - x_0)(x - x_1)}{(x_2 - x_0)(x_2 - x_1)} = \frac{(x+1)(x-1)}{(2+1)(2-1)} = \frac{1}{3}(x^2 - 1)$$

故所求插值多项式为

$$p_2(x)=y_0l_0(x)+y_1l_1(x)+y_2l_2(x)=\frac{1}{6}(x^2-3x+8)$$

注意：$n+1$ 个互异节点的 n 次插值多项式 $p_n(x)=\sum_{k=0}^{n}y_kl_k(x)$ 是唯一的，但是有时次数不是真正的 n 次，而是把小于 n 次的多项式看成特殊的 n 次多项式.

练习：利用 100，121，144 的算术平方根值，用 Lagrange 插值多项式求 $y=\sqrt{115}$ 的近似值(提示：10.7228，准确值为 10.723805).

定理 2-3 (Lagrange 插值多项式的余项或截断误差)　设 $f(x)$ 在包含插值节点 $x_0, x_1,\cdots,x_n$ 的区间 $[a, b]$ 上 $n+1$ 次可微，则对 $\forall x\in[a, b]$，存在 ξ 使得

$$r_n(x)=f(x)-p_n(x)=\frac{f^{(n+1)}(\xi)}{(n+1)!}\omega(x) \tag{2-6}$$

其中，$\omega(x)=\prod_{i=0}^{n}(x-x_i)$，$\xi\in[\min\{x,x_0,x_1,\cdots,x_n\},\max\{x,x_0,x_1,\cdots,x_n\}]\subseteq[a,b]$.

证　设 $r_n(x)=f(x)-p_n(x)=k(x)\omega(x)$，当 $x=x_i\ (i=0,1,2,\cdots,n)$ 时，式(2-6)自然成立；当 $x\neq x_i\ (i=0,1,2,\cdots,n)$ 时，作辅助函数

$$F(t)=f(t)-p_n(t)-\frac{r_n(x)}{\omega(x)}\omega(t) \tag{2-7}$$

显然，$F(t)$ 在 $[a,b]$ 上 $n+1$ 次可微，且 $F(x)=0,\ F(x_i)=0\ (i=0,1,2,\cdots,n)$.

因为 $x,\ x_0,x_1,\cdots,x_n$ 互不相同，由 Rolle 中值定理知，$F'(t)$ 在 (a,b) 内至少有 $n+1$ 个不同的零点. 同理，由 Rolle 中值定理知，$F''(t)$ 在 (a,b) 内至少有 n 个不同的零点. 以此类推，$F^{(n+1)}(t)$ 在 (a,b) 内至少有 1 个零点 ξ，即

$$F^{(n+1)}(\xi)=f^{(n+1)}(\xi)-\frac{r_n(x)}{\omega(x)}(n+1)!=0$$

从而有

$$r_n(x)=f(x)-p_n(x)=\frac{f^{(n+1)}(\xi)}{(n+1)!}\omega(x)$$

证毕.

注意：(1) Lagrange 插值多项式的余项不仅要求 $f(x)$ 在区间内有明确的表达式，而且要求其存在高阶导数.

(2) ξ 在 (a,b) 内的具体位置通常不可能给出，但若可以求出 $\max\limits_{a\leqslant x\leqslant b}\left|f^{(n+1)}(x)\right|=M_{n+1}$，则插值多项式 $p_n(x)$ 逼近 $f(x)$ 的截断误差限是

$$\left|r_n(x)\right|\leqslant\frac{M_{n+1}}{(n+1)!}\left|\omega(x)\right|$$

(3) 当节点个数大于 $n+1$ 时，为了减小误差，用 $p_n(x)$ 近似 $f(x)$ 时，一般选取距 x 最近的 $n+1$ 个节点，且内插精度一般比外推高.

推论 2-1 若 $f(x)$ 是次数不超过 n 次的多项式，$f(x)$ 的 n 次 Lagrange 插值多项式为 $p_n(x)$，则 $p_n(x)\equiv f(x)$.

证 由式(2-6)得

$$r_n(x)=f(x)-p_n(x)=\frac{f^{(n+1)}(\xi)}{(n+1)!}\omega(x)\equiv 0 \Rightarrow p_n(x)\equiv f(x)$$

证毕.

另外，由插值多项式的唯一性也可得到此推论.

推论 2-2 $\sum_{j=0}^{n} l_j(x)\equiv 1$.

证 令 $f(x)\equiv 1$，则 $y_j=f(x_j)=1\ (j=0,1,2,\cdots,n)$. 由推论 2-1 知，$f(x)$ 的 n 次 Lagrange 插值多项式为 $p_n(x)=\sum_{j=0}^{n} y_j l_j(x)\equiv f(x)\equiv 1$，即 $\sum_{j=0}^{n} l_j(x)\equiv 1$.

Lagrange 插值多项式的缺点：没有承袭性，即当增加一个节点及对应函数值时，由 $p_n(x)$ 递推不出 $p_{n+1}(x)$.

2.1.2 Lagrange 插值的 MATLAB 程序及 MATLAB 命令

将式(2-4)、式(2-5)作为算法编写的 MATLAB Lagrange 插值多项式程序如下，供读者参考.

```
function yi=lagrange_interp(X,Y,xi)
%X,Y 是同维的行(列)向量
%用 X,Y 求出 Lagrange 插值多项式
%函数在 xi 处的插值 yi
%$Copyright Zhigang Zhou$.

n=length(X);      %求向量 X 的分量的个数(向量 X 的长度)
m=length(Y);
if m~=n
    error('向量 X,Y 的长度必须一致')
end
syms x pn s h    %定义符号变量 x,pn,s,h
pn=0;    %pn 是插值函数表达式变量
ss=0;    %ss 存放插值结果
for k=1:n
    g=1;h=1;
    for j=1:n
        if j~=k    %如果 j 不等于 k
        t=(xi-X(j))/(X(k)-X(j));    %求第 k 个基函数在 xi 处的值
```

```
        g=g*t;
        s=(x-X(j))/(X(k)-X(j));     % 求第 k 个基函数的表达式
        h=h*s;
        end
    end
    pn=pn+h*Y(k);       %插值函数表达式
    ss=ss+g*Y(k);       %插值结果
end
disp('f(x)的插值多项式为:')
pn=expand(pn)     %将 pn 按 x 的幂从高到低展开
disp(['f(x)在 x=',num2str(xi),'的插值为:'])
% num2str(xi)是将数值 xi 转化为字符串命令
yi=ss;
```

lagrange_interp(X,Y,xi)只能求被插函数在 xi 处的插值，X,Y 以向量的形式输入. 程序稍加改动可使 xi 为向量，求出被插函数在向量 xi 各分量处的插值.

另外，MATLAB 命令 p=polyfit(x,y,k)可以实现数据(x,y)的 Lagrange 多项式插值，x 是自变量取值点向量，y 是函数值向量，k=n-1，n 是数据点的个数. 例如，例 2-1 的结果可由如下命令得到:

```
>> x=[-1 1 2];
>> y=[2 1 1];
>> p=polyfit(x,y,2)     %二次多项式 p(1)x^2+p(2)x+p(3)
p =
    0.1667   -0.5000    1.3333
>> sym(p)      %将 p 的数值结果转化为符号对象，用有理数表示
ans =
[ 1/6, -1/2, 4/3]
```

最终结果为

$$p_2(x)=\frac{1}{6}x^2-\frac{1}{2}x+\frac{4}{3}$$

$p_2(1.5)$的值的求解如下.

```
>> polyval(p,1.5)
ans =
   0.9583
```

数值实验一

1. 已知某函数 $f(x)$ 的数据如下.

x_i	1	−1	2
y_i	0	−3	4

(1) 手工计算 $f(x)$ 的 Lagrange 二次插值多项式，并求 $f(x)$ 在 $x=1.5$ 的近似值.

参考答案：

$$
\begin{aligned}
p_2(x) &= f(x_0)l_0(x)+f(x_1)l_1(x)+f(x_2)l_2(x)\\
&=0+(-3)\frac{(x-1)(x-2)}{(-1-1)(-1-2)}+4\frac{(x-1)(x+1)}{(2-1)(2+1)}\\
&=\frac{5}{6}x^2+\frac{3}{2}x-\frac{7}{3}
\end{aligned}
$$

故 $f(1.5)\approx p_2(1.5)=1.791667$ (小数点后保留 6 位数字).

(2) 用 MATLAB 命令 `polyfit(x,y,k)` 求解(1)；用编写的 Lagrange 插值多项式程序求 $f(x)$ 在 $x=1.5$ 的近似值(结果与(1)相同).

参考答案：在命令框输入如下程序.

```
>> x=[-1 1 2];
>> y=[-3 0 4];
>> p=polyfit(x,y,2)
p =
   0.8333    1.5000   -2.3333
>> sym(p)
ans =
[5/6, 3/2, -7/3]
>> polyval(p,1.5)
ans =
   1.7917
>> yi=lagrange_interp(x,y,1.5)
```

按回车键，得如下运算结果.

$f(x)$的插值多项式为

```
pn =
  (5*x^2)/6+(3*x)/2-7/3
```

$f(x)$在 x=1.5 的插值为

```
yi =
   1.7917
```

2. 已知 $\sqrt{1}=1,\sqrt{4}=2,\sqrt{9}=3$，编写 Lagrange 插值多项式程序求解 $\sqrt{5}$ 的近似值，小数点后保留 4 位数字(对小数点后第五位数字四舍五入).

参考答案：2.2667.

2.2 Newton 插 值

2.2.1 差商及其性质

定义 2-1 设 $x_0,x_1,\cdots,x_n$ 是一组互异的点，$y_i=f(x_i)$ $(i=0,1,2,\cdots,n)$，称

$$f[x_0,x_1]=\frac{f(x_1)-f(x_0)}{x_1-x_0} \tag{2-8}$$

为 $f(x)$ 在 x_0,x_1 处的**一阶差商**(first order difference quotient).

$$f[x_0,x_1,x_2]=\frac{f[x_1,x_2]-f[x_0,x_1]}{x_2-x_0} \tag{2-9}$$

为 $f(x)$ 在 x_0,x_1,x_2 处的**二阶差商**(一阶差商的差商)，其中 $f[x_1,x_2]=\dfrac{f(x_2)-f(x_1)}{x_2-x_1}$.

一般地，$f(x)$ 在 $x_0,x_1,\cdots,x_n$ 处的 ***n* 阶差商**(n-th order difference quotient)定义为

$$f[x_0,x_1,\cdots,x_n]=\frac{f[x_1,x_2,\cdots,x_n]-f[x_0,x_1,\cdots,x_{n-1}]}{x_n-x_0}$$

练习：已知 $f(0)=1$，$f(-1)=5$，$f(2)=-1$，分别求 $f[0,-1,2]$ 和 $f[-1,2,0]$ (结果都为 1).

差商具有如下性质.

(1) $f[x_0,x_1,\cdots,x_k]=\sum\limits_{j=0}^{k}\dfrac{f(x_j)}{(x_j-x_0)\cdots(x_j-x_{j-1})(x_j-x_{j+1})\cdots(x_j-x_k)}$，用归纳法可证此性质.

为清楚起见，用二阶差商具体表示为

$$f[x_0,x_1,x_2]=\frac{f(x_0)}{(x_0-x_1)(x_0-x_2)}+\frac{f(x_1)}{(x_1-x_0)(x_1-x_2)}+\frac{f(x_2)}{(x_2-x_0)(x_2-x_1)}$$

注意：此性质表明差商与节点的排列次序无关，即差商具有对称性.

(2) 若 $F(x)=Cf(x)$，C 是常数，则

$$F[x_0,x_1,\cdots,x_k]=Cf[x_0,x_1,\cdots,x_k]$$

(3) 若 $F(x)=f(x)+g(x)$，则

$$F[x_0,x_1,\cdots,x_k]=f[x_0,x_1,\cdots,x_k]+g[x_0,x_1,\cdots,x_k]$$

(4) 若 $f[x,x_0,\cdots,x_k]$ 是关于 x 的 m 次多项式，则 $f[x,x_0,\cdots,x_{k+1}]$ 是关于 x 的 $m-1$ 次多项式.

证 实际上，$f[x,x_0,\cdots,x_{k+1}]=\dfrac{f[x,x_0,\cdots,x_k]-f[x_0,x_1,\cdots,x_{k+1}]}{x-x_{k+1}}$.

记 $F(x)=f[x,x_0,\cdots,x_k]-f[x_0,x_1,\cdots,x_{k+1}]$，则 $F(x)$ 是关于 x 的 m 次多项式.

因为 $F(x_{k+1})=f[x_{k+1},x_0,\cdots,x_k]-f[x_0,x_1,\cdots,x_{k+1}]=0$，所以

$$F(x)=(x-x_{k+1})g(x)$$

其中，$g(x)$ 是关于 x 的 $m-1$ 次多项式，于是 $f[x,x_0,\cdots,x_{k+1}]=g(x)$ 是关于 x 的 $m-1$ 次多项式.

证毕.

实际计算差商时，一般利用差商表(以 4 个节点为例，见表 2-4).

表 2-4 差商表

x_i	$f(x_i)$	一阶差商	二阶差商	三阶差商
x_0	$f(x_0)$			
x_1	$f(x_1)$	$f[x_0,x_1]$		
x_2	$f(x_2)$	$f[x_1,x_2]$	$f[x_0,x_1,x_2]$	
x_3	$f(x_3)$	$f[x_2,x_3]$	$f[x_1,x_2,x_3]$	$f[x_0,x_1,x_2,x_3]$

2.2.2 多项式插值的 Newton 形式

定理 2-4 设 $x_0,x_1,\cdots,x_n$ 是一组互异的点，且

$$y_i=f(x_i)\quad(i=0,1,2,\cdots,n)$$

则 n 次多项式

$$\begin{aligned}p_n(x)=&f(x_0)+f[x_0,x_1](x-x_0)+f[x_0,x_1,x_2](x-x_0)(x-x_1)\\&+\cdots+f[x_0,x_1,\cdots,x_n](x-x_0)(x-x_1)\cdots(x-x_{n-1})\end{aligned}\tag{2-10}$$

满足插值条件 $p_n(x_i)=y_i\ (i=0,1,2,\cdots,n)$，并称式(2-10)为 Newton 插值多项式，且余项为

$$r_n(x)=f(x)-p_n(x)=f[x_0,x_1,\cdots,x_n,x](x-x_0)(x-x_1)\cdots(x-x_n)\tag{2-11}$$

证 因为 $f[x_0,x]=\dfrac{f(x)-f(x_0)}{x-x_0}$，所以

$$f(x)=f(x_0)+f[x_0,x](x-x_0)\tag{2-12}$$

另外，$f[x_0,x]=f[x_0,x_1]+f[x_0,x_1,x](x-x_1)$，将其代入式(2-12)，得

$$f(x)=f(x_0)+f[x_0,x_1](x-x_0)+f[x_0,x_1,x](x-x_0)(x-x_1)\tag{2-13}$$

以此类推，得

$$\begin{aligned}f(x)=&f(x_0)+f[x_0,x_1](x-x_0)+f[x_0,x_1,x_2](x-x_0)(x-x_1)\\&+\cdots+f[x_0,x_1,\cdots,x_n](x-x_0)(x-x_1)\cdots(x-x_{n-1})\\&+f[x_0,x_1,\cdots,x_n,x](x-x_0)(x-x_1)\cdots(x-x_n)\end{aligned}$$

其中，

$$\begin{aligned}p_n(x)=&f(x_0)+f[x_0,x_1](x-x_0)+f[x_0,x_1,x_2](x-x_0)(x-x_1)\\&+\cdots+f[x_0,x_1,\cdots,x_n](x-x_0)(x-x_1)\cdots(x-x_{n-1})\end{aligned}$$

$$r_n(x)=f(x)-p_n(x)=f[x_0,x_1,\cdots,x_n,x](x-x_0)(x-x_1)\cdots(x-x_n)$$

显然，$p_n(x)$ 满足插值条件.

证毕.

注意：(1) 由 2.1 节插值问题解的唯一性知，Newton 插值多项式仅是 Lagrange 插值多项式的一种变形，即只要插值点 $(x_i,f(x_i))$ 一样，不管是用 Lagrange 插值多项式还是 Newton 插值多项式，得出的 n 次多项式是一样的.

(2) 当被插函数 $f(x)$ 存在 $n+1$ 阶导数时，Newton 插值余项公式为

$$r_n(x)=f(x)-p_n(x)=f[x_0,x_1,\cdots,x_n,x](x-x_0)(x-x_1)\cdots(x-x_n)$$

与 Lagrange 插值余项公式

$$r_n(x)=f(x)-p_n(x)=\frac{f^{(n+1)}(\xi)}{(n+1)!}\omega(x)$$

是等价的，但 Newton 插值余项公式更具有一般性，它在被插函数 $f(x)$ 是由离散数据确定或导数不存在的情形下仍有意义.

(3) Newton 插值多项式具有承袭性，即若 $n+1$ 个节点 $x_0,x_1,\cdots,x_n$ 的 Newton 插值多项式为 $p_n(x)$，则 $n+2$ 个节点 $x_0,x_1,\cdots,x_n,x_{n+1}$ 的 Newton 插值多项式为

$$p_{n+1}(x)=p_n(x)+f[x_0,x_1,\cdots,x_n,x_{n+1}](x-x_0)(x-x_1)\cdots(x-x_n)$$

大大节省了计算量.

例 2-2　已知列表函数 $y=f(x)$ 如下.

x	1	2	3	4
y	0	−5	−6	3

试求满足上述插值条件的三次 Newton 插值多项式 $p_3(x)$ 及余项.

解　由函数值表构造差商表，具体如下.

$x_0=1$	$y_0=0$			
$x_1=2$	$y_1=-5$	$f[x_0,x_1]=-5$		
$x_2=3$	$y_2=-6$	$f[x_1,x_2]=-1$	$f[x_0,x_1,x_2]=2$	
$x_3=4$	$y_3=3$	$f[x_2,x_3]=9$	$f[x_1,x_2,x_3]=5$	$f[x_0,x_1,x_2,x_3]=1$

所求三次 Newton 插值多项式为

$$\begin{aligned}p_3(x)&=f(x_0)+f[x_0,x_1](x-x_0)+f[x_0,x_1,x_2](x-x_0)(x-x_1)\\&\quad+f[x_0,x_1,x_2,x_3](x-x_0)(x-x_1)(x-x_2)\\&=0-5\times(x-1)+2\times(x-1)(x-2)+1\times(x-1)(x-2)(x-3)\\&=x^3-4x^2+3\end{aligned}$$

余项为

$$r_3(x)=f(x)-p_3(x)=\frac{f^{(4)}(\xi)}{4!}(x-1)(x-2)(x-3)(x-4)\quad(\xi\in(\min\{x,1\},\max\{x,4\}))$$

练习：(1) 已知 $f(-1)=2$，$f(1)=1$，$f(2)=1$，分别用 Lagrange 插值法与 Newton 插值法求二次插值多项式，验证插值多项式的唯一性.

(2) 利用 $100,121,144$ 的平方根值，用 Newton 插值多项式求 $y=\sqrt{115}$ (提示：10.7228，准确值为 10.723805).

定理 2-5 设 $f(x)$ 在包含插值节点 $x_0,x_1,\cdots,x_n$ 的区间 $[a,b]$ 上 n 次可微，则存在介于 $x_0,x_1,\cdots,x_n$ 之间的 ξ，使得 $f[x_0,x_1,\cdots,x_n]=\dfrac{f^{(n)}(\xi)}{n!}$.

证 Lagrange 插值余项及 Newton 插值余项为

$$r_{n-1}(x)=f(x)-p_{n-1}(x)=\frac{f^{(n)}(\xi_1)}{n!}(x-x_0)(x-x_1)\cdots(x-x_{n-1})\quad(\xi_1\text{ 介于 }x\text{ 与 }x_0,x_1,\cdots,x_{n-1}\text{ 之间})$$

$$r_{n-1}(x)=f(x)-p_{n-1}(x)=f[x_0,x_1,\cdots,x_{n-1},x](x-x_0)(x-x_1)\cdots(x-x_{n-1})$$

因此

$$f[x_0,x_1,\cdots,x_{n-1},x]=\frac{f^{(n)}(\xi_1)}{n!}$$

特别地，当 $x=x_n$ 时，有

$$f[x_0,x_1,\cdots,x_n]=\frac{f^{(n)}(\xi)}{n!}\quad(\xi\text{ 介于 }x_0,x_1,\cdots,x_n\text{ 之间})$$

证毕.

2.2.3 Newton 插值的 MATLAB 程序及 MATLAB 命令

将计算差商表表 2-4 的方法作为插值算法的 Newton 插值多项式程序如下.

```
function [yi,csb]=newton_interp(x,y,xi)
% xy 是同维行(列)向量. 利用 x,y
% 求出 Newton 插值多项式在 xi 处的插值 yi 及差商表 csb
% $Copyright Zhigang Zhou$.
%-----------------------------------------------
% Calculate difference quotient table
n=length(x);
csb=zeros(n);
 csb(:,1)=y';
 for k=1:n-1;
    for i=1:n-k
        csb(i+k,k+1)=(csb(i+k,k)-csb(i+k-1,k))/(x(i+k)-x(i));
    end
```

```
end
%-----------------------------------------------
yi=0;
for i=1:n
    z=1;
    for k=1:i-1
        z=z*(xi-x(k));
    end
    yi=yi+csb(i,i)*z;
end
```

注意：newton_interp(x,y,xi)只能求被插函数在 xi 处的插值，程序稍加改动可使 xi 为向量，求出被插函数在向量 xi 各分量处的插值.

另外，MATLAB 命令 polyfit(x,y,k)也可以实现数据(x,y)的 k 次 Newton 多项式插值，x 是自变量取值点向量，y 是函数值向量，k=n-1，n 是数据点的个数.

对于插值多项式，无论是 Lagrange 插值还是 Newton 插值，插值条件都只保证它与被插函数在插值节点处取得相同的函数值，并不能保证它在插值节点有相同的增减变化趋势. 如果需要插值函数在节点处与被插函数有相同的增减变化趋势，就要用到 Hermite 插值. 事实上，Lagrange 插值、Newton 插值、Hermite 插值并不是插值节点越多得到的插值函数越逼近被插函数，甚至增加插值节点有时会导致插值函数与被插函数在某些节点处附近被插函数的误差更大(节点变密，但误差增大)，这种现象称为 Runge 现象，如图 2-1 所示. 避免 Runge 现象的一个有效方法是在节点划分的每个小区间中分别用较低次的多项式逼近被插函数，称为分段低次插值，分段低次插值可以适当减小插值误差. 分段低次插值包括分段线性插值、分段三次 Hermite 插值(李庆阳　等，2006)、三次样条

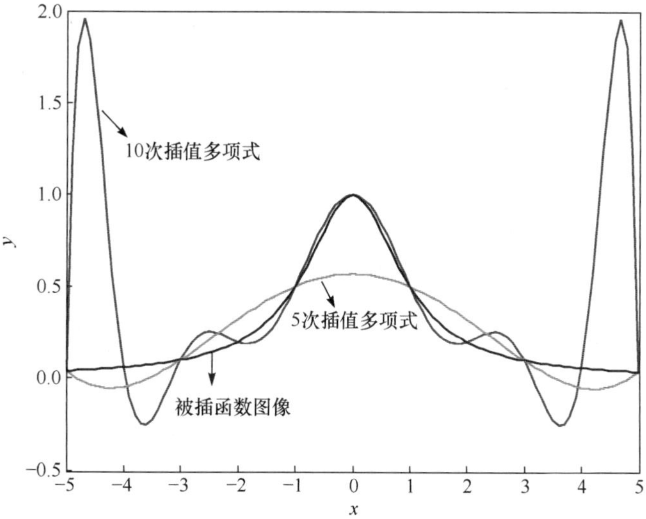

图 2-1　函数 $y=\dfrac{1}{1+x^2}$ 多项式插值的 Runge 现象

插值.

分段线性插值就是在每个小区间做线性(一次)插值，几何上就是用连接所有节点的一条折线去逼近被插函数. 分段线性插值算法简单，只要区间充分小，就能保证误差要求，它的一个显著优点是它的局部性质，若修改了某节点的函数值，仅在此节点相邻的两个区间产生影响. 分段线性插值的缺点是在分段点处常有“尖点”出现，即光滑性比较差. 若使用分段三次多项式插值，并且要求在节点处与被插函数具有相同的一阶导数值，则称这样的分段三次插值函数为**分段三次 Hermite 插值函数**，这样的插值方法称为**分段三次 Hermite 插值**. 分段三次 Hermite 插值函数在每个相邻两节点的区间中均为三次多项式，而整体上具有一阶连续导数，即在节点处插值函数不会出现“尖点”，且与被插函数在节点处有相同的增减变化趋势. 若使用分段三次多项式插值，并且要求在节点处具有连续的二阶导数(当然也有连续的一阶导数)，则称这样的插值函数为**三次样条插值函数**，简称**三次样条**(cubic spline). 用三次样条去插值，称**三次样条插值**. 三次样条插值的主要优点是它的函数的光滑程度比分段三次 Hermite 插值函数更高，是实际应用中常用、重要的插值方法，2.3 节将重点进行介绍.

数值实验二

1. 已知列表函数 $y = f(x)$ 如下.

x	1	2	3	4
y	0	−5	−6	3

写出三次 Newton 插值多项式，求 $f(2.7)$ 的近似值(小数点后保留 4 位数字，要求分别进行手工计算与程序计算).

参考答案：手工计算参见例 2-2.

在命令框输入如下程序.

```
>> x=[1 2 3 4];
>> y=[0 -5 -6 3];
>> [yi,csb]=newton_interp(x,y,2.7)
```

按回车键，得

```
yi =
   -6.4770
csb =
     0     0     0     0
    -5    -5     0     0
    -6    -1     2     0
     3     9     5     1
```

利用 csb 的对角线元素，即可得

$$p_3(x)=0-5(x-1)+2(x-1)(x-2)+1(x-1)(x-2)(x-3)$$

此题也可以利用 MATLAB 命令 p=polyfit(x,y,k) 来实现.

2. 天安门广场升旗时间是日出的时刻，降旗时间是日落时分，某年 10 月升降旗的时间见下表.

日期	升旗	降旗
1	6:09	17:58
15	6:23	17:36
22	6:31	17:26

根据上述数据构造插值多项式，计算当年 10 月 8 日北京市的日照时长.

参考答案：取 $x_0=1$，$x_1=15$，$x_2=22$；$y_0=17-6+(58-9)/60$，$y_1=17-6+(36-23)/60$，$y_2=17-6+(26-31)/60$.

在命令框输入：

```
>> x=[1 15 22];
>> y=[11+49/60 11+13/60 11-5/60];
>> yi=newton_interp(x,y,8)
```

按回车键，得

```
yi =
   11.5167
```

10 月 8 日北京市的日照时长为 11.5167h，即 11h 31min.

此题也可以利用 MATLAB 命令 p=polyfit(x,y,k) 来实现.

3. 设 $y=\frac{1}{1+x^2}$，利用区间[-5,5]5 等分与 10 等分的节点使用 MATLAB 插值函数 poyfit 进行 Newton 插值，画图观察 Runge 现象.

参考答案：编写程序运行.

2.3　三次样条插值

三次样条插值是一种分段插值方法，它用分段的三次多项式构造一个函数 $S(x)$ 去近似被插函数 $f(x)$，函数 $S(x)$ 连续，且其一阶和二阶导函数也都连续. “样条”一词源于过去绘图员使用的一种工具——样条，它是用具有弹性、能弯曲的木条(或塑料)制成的软尺，把它弯折并靠近所有的点，用铅笔沿样条就可以画出连接所有点的光滑曲线.

2.3.1 三次样条插值的概念

定义 2-2 给定函数 $f(x)$ 在区间 $[a,b]$ 上的 $n+1$ 个插值节点 $(a=x_0<x_1<\cdots<x_n=b)$ 处的函数值 $y_i=f(x_i)$ $(i=0,1,2,\cdots,n)$，若函数 $S(x)$ 满足：

(1) $S(x)$ 在每个子区间 $[x_{i-1},x_i]$ $(i=1,2,\cdots,n)$ 上是一个次数不超过三次的多项式，即 $S_i(x)=a_{i0}+a_{i1}x+a_{i2}x^2+a_{i3}x^3$；

(2) (插值条件) $S(x_i)=y_i$ $(i=0,1,2,\cdots,n)$；

(3) (连接条件) $S(x)$ 在区间 $[a,b]$ 上具有二阶连续导函数，即 $S(x)$，$S'(x)$，$S''(x)$ 在 $[a,b]$ 上连续，

则称 $S(x)$ 是 $f(x)$ 基于节点 $x_0<x_1<\cdots<x_n$ 的**三次样条插值函数**，简称**三次样条**. 用三次样条去插值，称**三次样条插值**(cubic spline interpolation).

2.3.2 三次样条插值的基本原理

$S(x)$ 由 n 个小区间上的分段三次多项式函数组成，在第 i 个子区间 $[x_{i-1},x_i]$ 上构造三次多项式 $S_i(x)=a_{i0}+a_{i1}x+a_{i2}x^2+a_{i3}x^3$ $(i=1,2,\cdots,n)$，其共有 n 个多项式，每个多项式有 4 个待定系数. 要确定这 n 个多项式，就需要确定 $4n$ 个系数，为此需得到包含这 $4n$ 个系数的 $4n$ 个独立方程.

根据 $S(x)$ 满足的条件(2)，在所有节点上可得出 $n+1$ 个条件方程：

$$S(x_i)=y_i \quad (i=0,1,2,\cdots,n) \tag{2-14}$$

根据 $S(x)$ 满足的条件(3)，在所有节点上可得出 $3(n-1)$ 个条件方程：

$$\begin{cases} S(x_i-0)=S(x_i+0) \\ S'(x_i-0)=S'(x_i+0) \quad (i=1,2,\cdots,n-1) \\ S''(x_i-0)=S''(x_i+0) \end{cases} \tag{2-15}$$

即

$$\begin{cases} S_i(x_i)=S_{i+1}(x_i) \\ S_i'(x_i)=S_{i+1}'(x_i) \quad (i=1,2,\cdots,n-1) \\ S_i''(x_i)=S_{i+1}''(x_i) \end{cases} \tag{2-16}$$

由式(2-14)和式(2-16)可知共有 $4n-2$ 个独立方程，还差 2 个独立方程，常用办法是在区间 $[a,b]$ 的两个端点上各加一个条件(称为边界条件)，即可求出 $4n$ 个待定系数，从而唯一确定三次样条插值函数 $S(x)$.

常用的 4 种边界条件如下.

(1) 第 1 型边界条件：给出被插函数 $f(x)$ 在边界点处的一阶导数值，要求函数 $S(x)$ 满足 $S'(x_0)=f'(x_0)$，$S'(x_n)=f'(x_n)$.

(2) 第 2 型边界条件：给出被插函数 $f(x)$ 在边界点处的二阶导数值，要求函数 $S(x)$ 满足 $S''(x_0)=f''(x_0)$，$S''(x_n)=f''(x_n)$. 特别地，取 $S''(x_0)=S''(x_n)=0$ 时，称为自然边界条件.

(3) 第 3 型边界条件：被插函数以 $x_n - x_0$ 为基本周期时，$f(x_0)=f(x_n)$，即 $S'(x_0)=S'(x_n)$，$S''(x_0)=S''(x_n)$.

(4) 非扭结(not-a-knot)条件：要求 $S(x)$ 的第一、二段多项式的三次项系数相同，以及最后一段和倒数第二段多项式的三次项系数相同. MATLAB 求三次样条插值函数的 `spline` 或 `csape` 命令默认采取此边界条件.

2.3.3　三次样条插值函数的“M 法”求解

求三次样条插值函数时，一般都不使用计算量大的待定系数法(需要求解 $4n$ 个未知量的方程组)，常使用“M 法”去求解三次样条插值函数 $S(x)$. “M 法”利用定义 2-2 中的条件求解关于 M_i 的方程组，其中 $M_{i-1}=S_i''(x_{i-1})$，$M_i=S_i''(x_i)$ $(i=1,2,\cdots,n)$，再根据三次样条插值函数 $S(x)$ 中 $S_i(x)$ $(i=1,2,\cdots,n)$ 与 M_i、$y_i=f(x_i)$ $(i=0,1,2,\cdots,n)$，$h_i=x_i-x_{i-1}$ $(i=1,2,\cdots,n)$ 的关系最终求出三次样条插值函数 $S(x)$，这是计算机求解 $S(x)$ 的算法思想.

因 $S(x)$ 在子区间 $[x_{i-1},x_i]$ $(i=1,2,\cdots,n)$ 上是一个次数不超过 3 的多项式 $S_i(x)$，故 $S_i''(x)$ 在区间 $[x_{i-1},x_i]$ 上是一个线性函数. 利用 $S_i''(x_{i-1})=M_{i-1}$，$S_i''(x_i)=M_i$，得

$$\frac{S_i''(x)-S_i''(x_{i-1})}{M_i-M_{i-1}}=\frac{x-x_{i-1}}{x_i-x_{i-1}}$$

即

$$S_i''(x)=M_{i-1}\frac{x-x_i}{-h_i}+M_i\frac{x-x_{i-1}}{h_i}$$

由此可得 $S_i(x)$ 的三阶导数 $S_i'''(x)=\dfrac{M_i-M_{i-1}}{h_i}$，因而 $S_i(x)$ 在 $x=x_{i-1}$ 处的 Taylor 展开式为

$$S_i(x)=y_{i-1}+S_i'(x_{i-1})(x-x_{i-1})+\frac{M_{i-1}}{2}(x-x_{i-1})^2+\frac{M_i-M_{i-1}}{6h_i}(x-x_{i-1})^3$$

将 $x=x_i$ 代入上式，利用 $S_i(x_i)=y_i$ 可解出

$$S_i'(x_{i-1})=\frac{y_i-y_{i-1}}{h_i}-\frac{2M_{i-1}+M_i}{6}h_i$$

从而有

$$\begin{aligned}S_i(x)=&\,y_{i-1}+\left(\frac{y_i-y_{i-1}}{h_i}-\frac{2M_{i-1}+M_i}{6}h_i\right)(x-x_{i-1})\\&+\frac{M_{i-1}}{2}(x-x_{i-1})^2+\frac{M_i-M_{i-1}}{6h_i}(x-x_{i-1})^3\end{aligned}\tag{2-17}$$

从式(2-17)可知，只要求解出 M_i $(i=0,1,2,\cdots,n)$，就可以求出子区间 $[x_{i-1},x_i]$ 上的 $S_i(x)$ $(i=1,2,\cdots,n)$，从而求出 $S(x)$. 以下推导 M_i $(i=0,1,2,\cdots,n)$ 所满足的线性方程组. 由式(2-17)得

$$S_i'(x)=\left(\frac{y_i-y_{i-1}}{h_i}-\frac{2M_{i-1}+M_i}{6}h_i\right)+M_{i-1}(x-x_{i-1})\\+\frac{M_i-M_{i-1}}{2h_i}(x-x_{i-1})^2 \tag{2-18}$$

由三次样条插值函数条件 $S_i'(x_i)=S_{i+1}'(x_i)$ 及式(2-18)可得

$$\frac{h_i}{6}M_{i-1}+\frac{2(h_i+h_{i+1})}{6}M_i+\frac{h_{i+1}}{6}M_{i+1}=\frac{y_{i+1}-y_i}{h_{i+1}}-\frac{y_i-y_{i-1}}{h_i} \tag{2-19}$$

令 $\lambda_i=\dfrac{h_{i+1}}{h_i+h_{i+1}}$，$\mu_i=\dfrac{h_i}{h_i+h_{i+1}}=1-\lambda_i\ (i=1,2,\cdots,n-1)$，式(2-19)可写为

$$\mu_i M_{i-1}+2M_i+\lambda_i M_{i+1}=\frac{6}{h_i+h_{i+1}}\left(\frac{y_{i+1}-y_i}{h_{i+1}}-\frac{y_i-y_{i-1}}{h_i}\right) \tag{2-20}$$

由于 $h_i+h_{i+1}=x_i-x_{i-1}+x_{i+1}-x_i=x_{i+1}-x_{i-1}$，式(2-20)右端可改写为

$$\frac{6}{h_i+h_{i+1}}\left(\frac{y_{i+1}-y_i}{h_{i+1}}-\frac{y_i-y_{i-1}}{h_i}\right)=\frac{6}{x_{i+1}-x_{i-1}}(f[x_i,x_{i+1}]-f[x_{i-1},x_i])\\=6f[x_{i-1},x_i,x_{i+1}]$$

令 $6f[x_{i-1},x_i,x_{i+1}]=d_i$，式(2-20)可表达为

$$\mu_i M_{i-1}+2M_i+\lambda_i M_{i+1}=d_i \quad (i=1,2,\cdots,n-1) \tag{2-21}$$

式(2-21)是含有 $n+1$ 个未知量 $(M_0,M_1,\cdots,M_n)$ 的 $n-1$ 个方程，再结合边界条件就可以求解 $M_0,M_1,\cdots,M_n$. 例如，利用第 1 型边界条件及式(2-18)，有

$$2M_0+M_1=\frac{6}{h_1}\left[\frac{y_1-y_0}{h_1}-f'(x_0)\right]=d_0 \tag{2-22}$$

$$M_{n-1}+2M_n=\frac{6}{h_n}\left[f'(x_n)-\frac{y_n-y_{n-1}}{h_n}\right]=d_n \tag{2-23}$$

综合式(2-21)～式(2-23)可得方程组：

$$\begin{pmatrix} 2 & 1 & & & & \\ \mu_1 & 2 & \lambda_1 & & & \\ & \mu_2 & 2 & \lambda_2 & & \\ & & \ddots & \ddots & \ddots & \\ & & & \mu_{n-1} & 2 & \lambda_{n-1} \\ & & & & 1 & 2 \end{pmatrix}\begin{pmatrix} M_0 \\ M_1 \\ M_2 \\ \vdots \\ M_{n-1} \\ M_n \end{pmatrix}=\begin{pmatrix} d_0 \\ d_1 \\ d_2 \\ \vdots \\ d_{n-1} \\ d_n \end{pmatrix} \tag{2-24}$$

方程组(2-24)的系数矩阵是对角严格占优的，从而总有唯一解且可使用追赶法(参见第 5 章)快速求解.

关于三次样条插值收敛性的证明可参阅李庆阳等(2006).

练习：(1) 推导式(2-17)、式(2-19).

(2) 推导式(2-22)、式(2-23).

(3) 利用自然边界条件，如何求三次样条插值函数 $S(x)$？

例 2-3　已知函数 $f(x)$ 满足：

$$f(-1)=-1,\quad f(0)=0,\quad f(1)=1,\quad f'(-1)=0,\quad f'(1)=-1$$

求 $f(x)$ 的三次样条插值函数 $S(x)$，利用 $S(x)$ 求 $f\left(\frac{1}{2}\right)$ 的近似值.

解法一　待定系数法.

设

$$S(x)=\begin{cases} S_1(x)=a_3x^3+a_2x^2+a_1x+a_0 & (-1\leqslant x\leqslant 0) \\ S_2(x)=b_3x^3+b_2x^2+b_1x+b_0 & (0\leqslant x\leqslant 1) \end{cases}$$

由插值条件、连接条件式(2-16)、第 1 型边界条件得如下方程组，其中第 1、2、3 个方程由插值条件得到，第 4、5、6 个方程由连接条件式(2-16)得到，最后两个方程由第 1 型边界条件得到.

$$\begin{cases} a_0-a_1+a_2-a_3=-1 \\ a_0=0 \\ b_0+b_1+b_2+b_3=1 \\ a_0=b_0 \\ a_1=b_1 \\ 2a_2=2b_2 \\ a_1-2a_2+3a_3=0 \\ b_1+2b_2+3b_3=-1 \end{cases}$$

求解此方程组得到插值函数 $S(x)$，利用 $S(x)$ 的第二段函数 $S_2(x)$ 可求 $f\left(\frac{1}{2}\right)$ 的近似值.

解法二　计算公式法.

利用式(2-24)、式(2-17)进行计算. 由 $\lambda_i=\frac{h_{i+1}}{h_i+h_{i+1}}$，$\mu_i=\frac{h_i}{h_i+h_{i+1}}=1-\lambda_i$ $(i=1,2,\cdots,n-1$, 此题 $n=2)$ 得 $\lambda_1=\frac{1}{2}$，$\mu_1=\frac{1}{2}$. 由式(2-21)～式(2-24)得

$$\begin{pmatrix} 2 & 1 & 0 \\ \frac{1}{2} & 2 & \frac{1}{2} \\ 0 & 1 & 2 \end{pmatrix}\begin{pmatrix} M_0 \\ M_1 \\ M_2 \end{pmatrix}=\begin{pmatrix} 6 \\ 0 \\ -12 \end{pmatrix}$$

解得 $M_0=\frac{5}{2}$，$M_1=1$，$M_2=-\frac{13}{2}$. 由式(2-17)得

$$S(x)=\begin{cases} S_1(x)=-\frac{1}{4}(x+1)^3+\frac{5}{4}(x+1)^2-1 & (x\in[-1,0]) \\ S_2(x)=-\frac{5}{4}x^3+\frac{1}{2}x^2+\frac{7}{4}x & (x\in[0,1]) \end{cases}$$

$$f\left(\frac{1}{2}\right)\approx S\left(\frac{1}{2}\right)=S_2\left(\frac{1}{2}\right)=\frac{27}{32}$$

解法一思路简单，但计算量大，不适合编程计算；解法二虽然需要复杂的公式，不适合手工计算，但却是三次样条插值的有效计算机数值求解算法.

具有第 1 型边界条件的三次样条插值的计算机数值求解算法的主要过程如下.

(1) 计算 $\lambda_i=\frac{h_{i+1}}{h_i+h_{i+1}}$， $\mu_i=\frac{h_i}{h_i+h_{i+1}}=1-\lambda_i\ (i=1,2,\cdots,n-1)$；

(2) 由式(2-21)～式(2-23)得到方程组(2-24)，并用追赶法求解；

(3) 判断插值点所在区间；

(4) 用式(2-17)计算插值.

具有第 2 型边界条件的三次样条插值的计算机数值求解算法只需要在步骤(2)中令 $M_o=f''(x_o)$， $M_n=f''(x_n)$ 即可.

2.3.4 三次样条插值函数的 MATLAB 命令

MATLAB 中提供的求插值函数的命令为 interp1，其格式是

```
Y1=interp1(X,Y,X1,'method')
```

它的功能是利用等长数组 X(自变量的值)，Y(函数值)，根据 method 指定的方式进行多项式插值，返回 X1 处的插值结果 Y1. 常用的 method 如下.

(1) spline：返回包含 X1 的区间 $[x_i,x_{i+1}]$ 上的三次样条插值多项式在 X1 处的值，此时实现的是三次样条插值.

(2) linear：分段线性插值. 返回包含 X1 的区间 $[x_i,x_{i+1}]$ 上的线性插值多项式在 X1 处的值，其实质为分段一次插值. 它是 interp1 的默认选项.

(3) pchip：分段三次 Hermite 插值. 返回包含 X1 的区间 $[x_i,x_{i+1}]$ 上的三次 Hermite 插值多项式在 X1 处的值，此时实现的是分段三次 Hermite 插值.

MATLAB 提供了求三次样条插值函数的专用命令——spline 或 csape，具体有以下几种格式.

(1) Y1=spline(X,Y,X1). 其与 Y1=interp1(X,Y,X1,'spline')等价，返回在 X1 处的三次样条插值 Y1.

(2) 变量名=spline(x,y). 其使用非扭结条件进行三次样条插值，返回结果为 coefs:[n×4 double], pieces:n, order:4, dim:1，表示得到以数组 x 为节点的 n 段 4 系数(即三次)的一维样条(一元函数)，其系数是一个 n×4 矩阵.

(3) 变量名=csape(x,y,'边界类型', 边界值). 其生成各种边界条件的三次样条插值. 边界类型包括：complete，给定边界一阶导数；not-a-knot，不用给边界值，使用非扭结条件进行三次样条插值，是此命令的默认选项；second，给定边界二阶导数；variational，自然样条(边界二阶导数为 0)；periodic，周期性边界条件，不用给边界值. 其返回结果 coefs 与(2)的返回结果可以进行同样的理解.

(4) 利用变量名 coefs 可以看到所得系数矩阵. 各小区间上的三次多项式的系数

依序各占一行，每行从左到右依次是三次项的系数到常数项. 再通过 ppval(变量名, x1) 可以返回在 X1 处的三次样条插值. 利用 fnplt(变量名) 可以画出样条插值函数的图像.

例 2-4　用 MATLAB 提供的插值函数命令求解例 2-3.

解　在 MATLAB 命令框输入:

```
>> x=[-1 0 1]; y=[-1 0 1];
>> pp=csape(x,y,'complete',[0,-1]);
>> pp.coefs
ans =
   -0.2500    1.2500         0   -1.0000
   -1.2500    0.5000    1.7500         0
>> sym(pp.coefs)   %将 pp.coefs 的数值结果转化为符号对象，用有理数表示
ans =
    [-1/4, 5/4,   0, -1]
    [-5/4, 1/2, 7/4,  0]
>> yi=ppval(pp,0.5)
yi =
    0.8438
>> sym(yi)
ans =
    27/32
```

插值函数 $S(x)$ 为

$$S(x)=\begin{cases} S_1(x)=-\dfrac{1}{4}(x+1)^3+\dfrac{5}{4}(x+1)^2-1 & (x\in[-1,0]) \\ S_2(x)=-\dfrac{5}{4}x^3+\dfrac{1}{2}x^2+\dfrac{7}{4}x & (x\in[0,1]) \end{cases}$$

$$f\left(\frac{1}{2}\right)\approx S\left(\frac{1}{2}\right)=S_2\left(\frac{1}{2}\right)=\frac{27}{32}$$

图 2-2 可通过如下命令实现，其中的曲线是三次样条插值函数 $S(x)$.

```
>> fnplt(pp)      %画出样条插值函数图像
>> hold on
>> plot(x,y,'r*')      %用*号显示数据点
>> legend('三次样条插值函数','数据点')      %显示图例
```

例 2-5　已知函数 $f(x)$ 满足:

$$f(-1)=2,\qquad f(0)=3,\qquad f(1)=4,\qquad f(3)=29$$

利用 MATLAB 求三次样条插值函数 $S(x)$，并计算 $f(2)$ 的近似值.

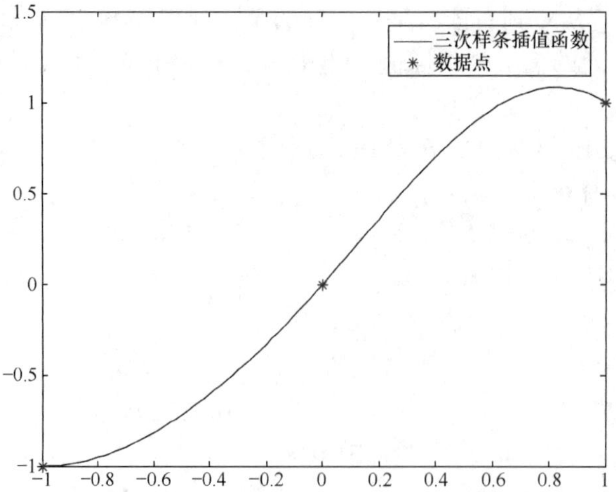

图 2-2　例 2-4 三次样条插值函数的图像

解　在 MATLAB 命令框输入：

```
>> x=[-1 0 1 3]; y=[2 3 4 29];
>> s=spline(x,y);
%也可以用 s=csape(x,y)，结果完全一样，默认的边界条件是非扭结边界条件
>> s.coefs
ans =
    0.9583   -2.8750    2.9167    2.0000
    0.9583         0    0.0417    3.0000
    0.9583    2.8750    2.9167    4.0000
>> ppval(s,2)
ans =
   10.7500
```

因此，$S(x)$ 为

$$S(x)=\begin{cases}S_1(x)=0.9583(x+1)^3-2.8750(x+1)^2+2.9167(x+1)+2.000 & (x\in[-1,0])\\ S_2(x)=0.9583x^3+0.0417x+3.000 & (x\in[0,1])\\ S_3(x)=0.9583(x-1)^3+2.8750(x-1)^2+2.9167(x-1)+4.000 & (x\in[1,3])\end{cases}$$

$$f(2)\approx S(2)=10.7500$$

三次样条插值函数 $S(x)$ 如图 2-3 所示.

例 2-6　利用函数 $f(x)=\dfrac{1}{1+x^2}$ 在[−5,5]上 11 个等距节点的值分别做 Lagrange 插值及样条插值，画出插值图像比较插值效果.

解　编写如下程序并运行，结果如图 2-4.

```
clear,close,clc,
x=-5:0.1:5;y=1./(1+x.^2);
```

```
plot(x,y,'g:','LineWidth',3);%画被插函数图像
x1=-5:1:5;%产生区间[-5,5]中的 10 等分点;
y1=1./(1+x1.^2);
p1=polyfit(x1,y1,10);%10 等分点的插值多项式系数
x=-5:0.1:5;
f1=polyval(p1,x);%10 等分点的插值多项式在 x 节点处的值
p=spline(x1,y1);%样条插值
hold on,
fnplt(p,'y'),%此命令是画样条插值图像
hold on,
plot(x,f1,'r-.','LineWidth',2)%画 10 次多项式插值函数图像
```

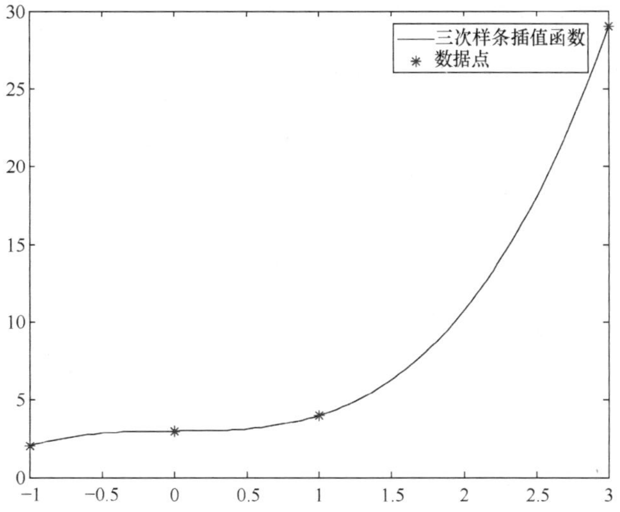

图 2-3　例 2-5 三次样条插值函数的图像

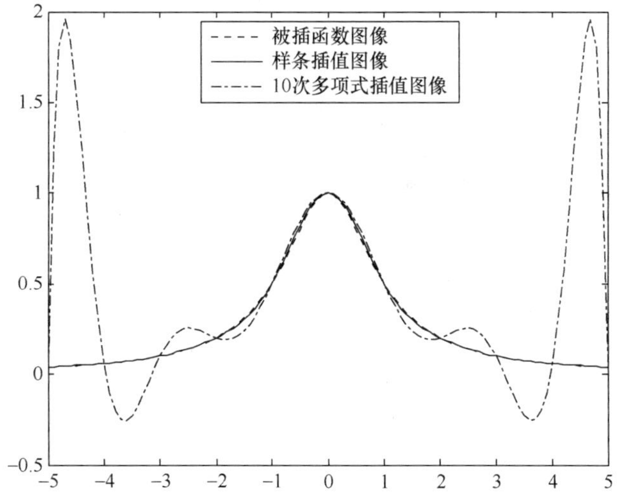

图 2-4　Lagrange 多项式插值及样条插值

```
legend('被插函数图像','样条插值图像','10 次多项式插值图像','
Location','North')
```

由图 2-4 可以看出样条插值效果明显优于 Lagrange 插值.

数值实验三

1. 利用 Lagrange 插值多项式验证 Runge 现象：10 等分区间 $[-5,5]$，即节点 $x_k=-5+k(k=0,1,2,\cdots,10)$. 求：

(1) 函数 $f(x)=\dfrac{1}{1+x^2}$ 的 Lagrange 插值多项式在 $x=3.5,x=4.5$ 处的值，并与 $f(3.5),f(4.5)$ 比较；

(2) 函数 $f(x)=\dfrac{1}{1+x^2}$ 的三次样条插值函数在 $x=3.5,x=4.5$ 处的值，并与 $f(3.5),f(4.5)$ 比较.

2. 已知某数据信息如下.

年份	2000	2001	2002	2004	2005
数量	1	7	3	20	4

利用三次样条插值补充 2003 年的数据.

参考答案：11.9643.

在 MATLAB 命令框输入：

```
>> x=[0 1 2 4 5];
>> y=[1 7 3 20 4];
>> sy=spline(x,y,3)
sy =
  11.9643
```

三次样条插值函数图像如图 2-5 所示.

3. 已知函数 $f(x)$ 通过点 $(0,0)$，$(1,0.5)$，$(2,2.0)$，$(3,1.5)$，$f'(0)=0.2$，$f'(3)=-1$，利用 MATLAB 求解 $f(x)$ 的三次样条插值函数 $S(x)$，画出 $S(x)$ 的图像，求 $f\left(\dfrac{1}{2}\right)$ 的近似值.

参考答案：在命令框输入如下程序.

```
>> x=[0 1 2 3]; y=[0 0.5 2 1.5];
>> pp=csape(x,y,'complete',[0.2,-1]);
>> pp.coefs
ans =
    0.4800   -0.1800    0.2000         0
   -1.0400    1.2600    1.2800    0.5000
    0.6800   -1.8600    0.6800    2.0000
>> yi=ppval(pp,0.5)
```

```
yi =
   0.1150
```

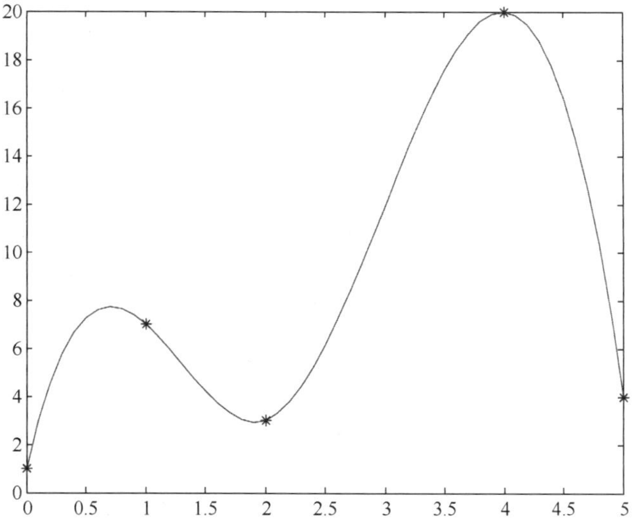

图 2-5　三次样条插值函数图像

4. 分别用手工、MATLAB 命令求解 $f(x)$ 的三次样条插值函数 $S(x)$，$f(x)$ 满足如下条件.

x	0	1	2
$f(x)$	0	1	1
$f''(x)$	0		0

参考答案：

$$S(x)=\begin{cases} S_1(x)=-\dfrac{1}{4}x^3+\dfrac{5}{4}x & (x\in[0,1]) \\ S_2(x)=\dfrac{1}{4}(x-2)^3-\dfrac{1}{4}x+\dfrac{3}{2} & (x\in[1,2]) \end{cases}$$

2.4　二元双线性插值

2.4.1　二元双线性插值的算法

在工程与科研(如数字图像的放大与缩小技术)中，经常要解决如下问题：已知二元函数 $z=f(x,y)$ 在平面矩形网格点 (x_i,y_j) 上的函数值 $z_{ij}=f(x_i,y_j)$ $(i=0,1,2,\cdots,n$；$j=0,1,2,\cdots,m)$，如何求得平面矩形内不在网格点位置 (x,y) 的函数值的近似值 $I(x,y)$？简单起见，如图 2-6 所示，假定已知平面矩形网格点 $Q_{11}(x_1,y_1)$，$Q_{21}(x_2,y_1)$，$Q_{12}(x_1,y_2)$，$Q_{22}(x_2,y_2)$ 上的函数值，如何求 $P(x,y)$ 点 $f(x,y)$ 的近似值 $I(x,y)$？解决此问题的方法之一是使用二元双线性插值(bilinear interpolation). 二元双线性插值的核心思想是在两个方向分别进行一次线性插值.

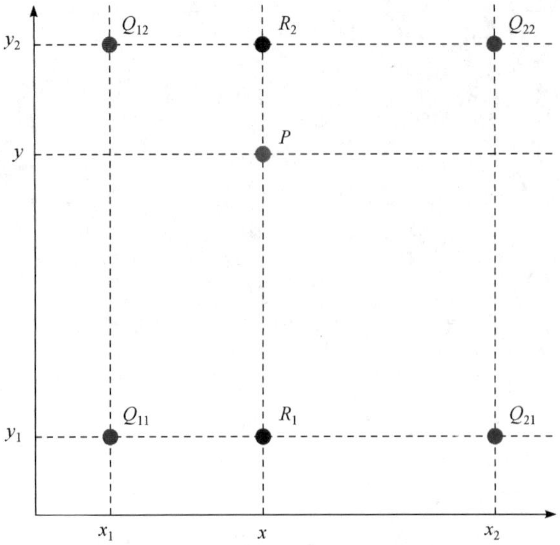

图 2-6　二元双线性插值

首先，利用$(x_1, f(Q_{11}))$，$(x_2, f(Q_{21}))$在 x 方向进行线性插值，得到$R_1(x, y_1)$点的函数值$f(R_1)$：

$$f(R_1)=f(x,y_1)\approx f(Q_{11})\frac{x-x_2}{x_1-x_2}+f(Q_{21})\frac{x-x_1}{x_2-x_1} \tag{2-25}$$

同理，得

$$f(R_2)=f(x,y_2)\approx f(Q_{12})\frac{x-x_2}{x_1-x_2}+f(Q_{22})\frac{x-x_1}{x_2-x_1} \tag{2-26}$$

然后，利用$(y_1, f(R_1))$，$(y_2, f(R_2))$在 y 方向进行线性插值，得到$P(x, y)$点的函数值$f(P)$：

$$f(P)=f(x,y)\approx I(x,y)=f(R_1)\frac{y-y_2}{y_1-y_2}+f(R_2)\frac{y-y_1}{y_2-y_1} \tag{2-27}$$

综合式(2-25)～式(2-27)，有

$$\begin{aligned} f(x,y)\approx I(x,y)=&f(Q_{11})\frac{x-x_2}{x_1-x_2}\frac{y-y_2}{y_1-y_2}+f(Q_{21})\frac{x-x_1}{x_2-x_1}\frac{y-y_2}{y_1-y_2}\\ &+f(Q_{12})\frac{x-x_2}{x_1-x_2}\frac{y-y_1}{y_2-y_1}+f(Q_{22})\frac{x-x_1}{x_2-x_1}\frac{y-y_1}{y_2-y_1}\end{aligned} \tag{2-28}$$

已知二元函数$z=f(x,y)$在平面矩形网格点(x_i, y_j)上的函数值$z_{ij}=f(x_i, y_j)$ $(i=0,1,2,\cdots,n$；$j=0,1,2,\cdots,m)$，求平面矩形内不在网格点位置(x,y)的函数值的近似值$I(x,y)$的双二元线性插值算法如下.

(1) 确定 (x,y) 所处网格，以及网格的四个顶点的坐标和四个顶点的函数值；

(2) 利用式(2-28)，得到 (x,y) 的函数值的近似值 $I(x,y)$.

二元数据插值的常用方法除了二元双线性插值外，还有二元双三次插值(bicubic interpolation)(需要利用插值点周围 16 个网格点的值)、最邻近插值(nearest neighbor interpolation)等，有兴趣的读者可以查阅相关文献资料.

练习：(1) 已知 $f(0,0)$ ，$f(0,1)$ ，$f(1,0)$ ，$f(1,1)$ ，利用二元双线性插值求 $f\left(\frac{1}{2},\frac{1}{3}\right)$ 的近似值.

参考答案：

$$f\left(\frac{1}{2},\frac{1}{3}\right)\approx\frac{1}{3}f(0,0)+\frac{1}{3}f(1,0)+\frac{1}{6}f(0,1)+\frac{1}{6}f(1,1)$$

(2) 通过文献阅读了解基于二元双线性插值的数字图像缩放技术.

2.4.2　二元双线性插值的 MATLAB 命令

`z=interp2(x,y,z,xi,yi)`：使用二元双线性插值，`x`，`xi` 为行向量，`y`，`yi` 为列向量，`z` 为矩阵.

`z=interp2(x,y,z,xi,yi, 'spline')`：使用二元三次样条插值.

`z=interp2(x,y,z,xi,yi, 'cubic')`：使用二元双三次插值.

例 2-7　已知二元函数 $z=f(x,y)$ 在平面矩形网格点 (x_i,y_j) 上的函数值 $z_{ij}=f(x_i,y_j)$ ，如下表所示，使用双线性插值计算点 $(1.7,2.8)$ 的近似值，画出双线性插值曲面图.

网格点		x				
		0	1	2	3	4
y	2	82	81	80	82	84
	3	79	63	61	65	81
	4	84	84	82	85	86

解　在 MATLAB 命令框输入：

```
>> x=0:4; y=[2:4]';
>> z=[82  81  80  82  84;79  63  61  65  81;84  84  82  85  86];
>> stem3(x,y,z);     %画出散点三维杆图，见图 2-7
>> title('数据')
>> p=interp2(x,y,z,1.7,2.8)     %求(1.7, 2.8)处的双线性插值
p =
   65.3400
>> xi=0:0.1:4;yi=[2:0.1:4]';bi=interp2(x,y,z,xi,yi);
>> surf(xi,yi,bi)     %绘制双线性插值曲面图，见图 2-8
>> title('双线性插值曲面')
```

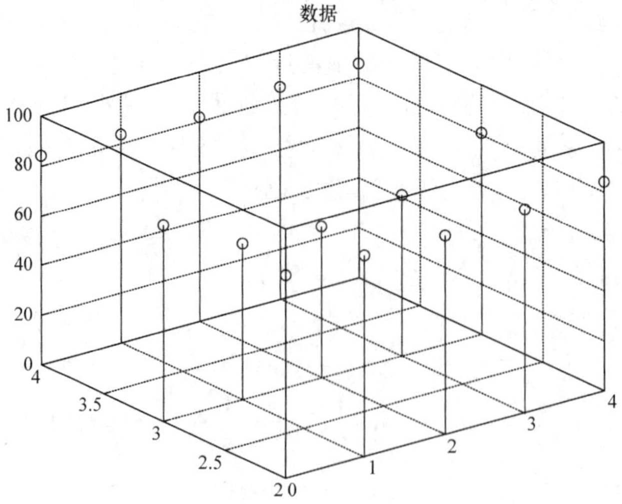

图 2-7 散点三维杆图

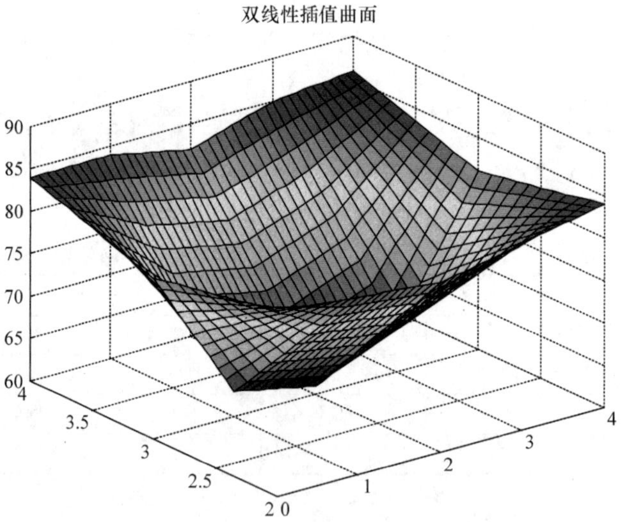

图 2-8 双线性插值曲面图

2.5 曲线最小二乘拟合法

在工程或科研中，通过观察或测量得到一组离散数据列 (x_i, y_i) $(i = 0,1,2,\cdots,n)$，当所得数据比较准确且 n 较小时可构造插值函数 $\varphi(x)$，用它逼近客观存在的函数 $y = f(x)$，要求插值函数 $\varphi(x)$ 与被插函数 $y = f(x)$ 在节点处满足插值条件 $\varphi(x_i) = y_i$ $(i = 0,1,2,\cdots,n)$，在几何上表现为 $\varphi(x)$ 通过离散数据列 (x_i, y_i) $(i = 0,1,2,\cdots,n)$. 但在工程或科研中往往遇到这种情况：节点处的函数值 $y_i = f(x_i)$ $(i = 0,1,2,\cdots,n)$ 是由测量或实验得到的，不可避免地带有测量误差(或称噪声)，如图 2-9 所示的“*”数据. 若插值，则会保留这些误差. 为了尽量减少这种测量误差的影响，只能要求插值函数 $\varphi(x)$ 最优地靠近这些带有噪声的点，如图 2-9 中的曲线所示. $\varphi(x)$ 最优地靠近这些带有噪声的点在数学上就是要求向量 $\boldsymbol{Q}=(\varphi(x_0),\varphi(x_1),\cdots,\varphi(x_n))^{\mathrm{T}}$ 与 $\boldsymbol{Y}=(y_0,y_1,\cdots,y_n)$ 的误差或距离最小，即从总的趋势上使 $\varphi(x)$ 与带有噪声的数据点 (x_i,y_i) $(i=0,1,2,\cdots,n)$ 的偏差达到最小，按此原则去构造的插值函数称为**拟合函数**(fitted function).

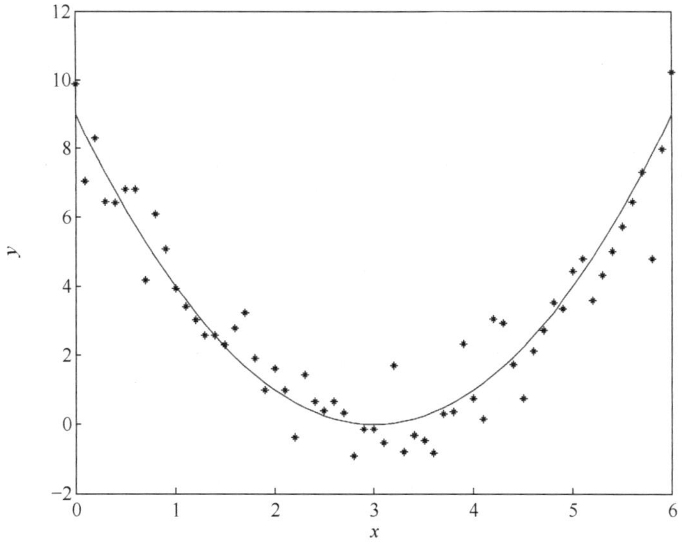

图 2-9 含有噪声的数据

向量 $\boldsymbol{Q}$ 与 $\boldsymbol{Y}$ 之间的误差或距离有多种定义方式，其中常用的是用各点误差的平方和表示：$R=\sum\limits_{i=0}^{n}[\varphi(x_i)-y_i]^2$，$R$ 称为**均方误差**(mean square error). 通过均方误差达到极小构造拟合曲线的方法称为曲线**最小二乘拟合法**(least square fitting method).

2.5.1 定义

定义 2-3 设 $x_0,x_1,\cdots,x_n$ 是一组互异的点，$\varphi_k(x)$ $(k=0,1,2,\cdots,m)$ 是 $m+1$ 个已知函数. 如果存在不全为零的常数 C_k $(k=0,1,2,\cdots,m)$，使得 $C_0\varphi_0(x_i)+C_1\varphi_1(x_i)+\cdots+C_m\varphi_m(x_i)=0$ $(i=0,1,2,\cdots,n)$，则称函数 $\varphi_k(x)$ $(k=0,1,2,\cdots,m)$ 关于节点 $x_0,x_1,\cdots,x_n$ **线性相关**(linear dependence)，否则称为**线性无关**(linear independence).

定义 2-4 给定数据 (x_i,y_i) $(i=0,1,2,\cdots,n)$，设函数

$$P(x)=a_0^*\varphi_0(x)+a_1^*\varphi_1(x)+\cdots+a_m^*\varphi_m(x)\quad(m<n)\tag{2-29}$$

其中 $\varphi_k(x)$ $(k=0,1,2,\cdots,m)$ 为已知关于节点 x_0 $x_1\cdots x_n$ 无关的函数，若系数 a_k^* $(k=0,1,2,\cdots,m)$ 使得

$$\varPhi(a_0^*,a_1^*,\cdots,a_m^*)=\sum_{i=0}^{n}[P(x_i)-y_i]^2=\sum_{i=0}^{n}\left[\sum_{k=0}^{m}a_k^*\varphi_k(x_i)-y_i\right]^2\tag{2-30}$$

最小，即

$$\Phi(a_0^*,a_1^*,\cdots,a_m^*)=\sum_{i=0}^{n}[P(x_i)-y_i]^2=\min_{a_k\in\mathbf{R},0\leqslant k\leqslant m}\sum_{i=0}^{n}\left[\sum_{k=0}^{m}a_k\varphi_k(x_i)-y_i\right]^2$$

则称 $P(x)$ 为数据 (x_i,y_i) $(i=0,1,2,\cdots,n)$ 的**最小二乘拟合函数**(least square fitting function).

特别地，取 $\varphi_k(x)=x^k$ $(k=0,1,2,\cdots,m)$，

$$P(x)=a_0^*+a_1^*x+\cdots+a_m^*x^m \tag{2-31}$$

则称 $P(x)$ 为 m 次**最小二乘拟合多项式**(least square fitting polynomial). 利用数据 (x_i,y_i) $(i=0,1,2,\cdots,n)$ 求 $P(x)$ 的过程就是最小二乘多项式拟合.

2.5.2 最小二乘多项式拟合

取式(2-30)中 $\varphi_k(x)=x^k$ $(k=0,1,2,\cdots,m)$，并根据多元函数求极值的方法，在公式两边对 a_k^* 求偏导，有

$$\Phi(a_0^*,a_1^*,\cdots,a_m^*)=\sum_{i=0}^{n}[P(x_i)-y_i]^2=\sum_{i=0}^{n}\left(\sum_{j=0}^{m}a_j^*x_i^j-y_i\right)^2$$

$$\frac{\partial\Phi}{\partial a_k^*}=2\sum_{i=0}^{n}\left[\left(\sum_{j=0}^{m}a_j^*x_i^j-y_i\right)x_i^k\right]=0 \quad (k=0,1,2,\cdots,m)$$

化简，得

$$\sum_{j=0}^{m}\sum_{i=0}^{n}x_i^{j+k}a_j^*=\sum_{i=0}^{n}y_ix_i^k \quad (k=0,1,2,\cdots,m) \tag{2-32}$$

写成矩阵形式为

$$\begin{bmatrix} n+1 & \sum_{i=0}^{n}x_i & \cdots & \sum_{i=0}^{n}x_i^m \\ \sum_{i=0}^{n}x_i & \sum_{i=0}^{n}x_i^2 & \cdots & \sum_{i=0}^{n}x_i^{m+1} \\ \vdots & \vdots & & \vdots \\ \sum_{i=0}^{n}x_i^m & \sum_{i=0}^{n}x_i^{m+1} & \cdots & \sum_{i=0}^{n}x_i^{2m} \end{bmatrix}\begin{bmatrix} a_0^* \\ a_1^* \\ \vdots \\ a_m^* \end{bmatrix}=\begin{bmatrix} \sum_{i=0}^{n}y_i \\ \sum_{i=0}^{n}x_iy_i \\ \vdots \\ \sum_{i=0}^{n}x_i^my_i \end{bmatrix} \tag{2-33}$$

也可简写为

$$\boldsymbol{\Psi}^{\mathrm{T}}\boldsymbol{\Psi}\boldsymbol{C}=\boldsymbol{\Psi}^{\mathrm{T}}\boldsymbol{Y} \tag{2-34}$$

其中，

$$\boldsymbol{\Psi}=\begin{bmatrix} 1 & x_0 & \cdots & x_0^m \\ 1 & x_1 & \cdots & x_1^m \\ \vdots & \vdots & & \vdots \\ 1 & x_n & \cdots & x_n^m \end{bmatrix}, \qquad \boldsymbol{C}=\begin{bmatrix} a_0^* \\ a_1^* \\ \vdots \\ a_m^* \end{bmatrix}, \qquad \boldsymbol{Y}=\begin{bmatrix} y_0 \\ y_1 \\ \vdots \\ y_n \end{bmatrix}$$

式(2-33)或式(2-34)称为求最小二乘拟合多项式[式(2-31)]的法方程组(normal equation system). 法方程组(2-33)或法方程组(2-34)有唯一解(因为系数矩阵对称且正定).

特别地，当 $m=1$ 时，称为直线拟合；当 $m=2$ 时，称为二次拟合或抛物线拟合.

注意：最小二乘拟合多项式(2-31)的次数 m 一般远小于节点 (x_i, y_i) $(i=0,1,2,\cdots,n)$ 的个数 n，实际问题中常用的是 $m=1,2$. 拟合次数 m 过大(一般 $m \geqslant 3$)会导致法方程组(2-33)或法方程组(2-34)的系数矩阵严重病态，即系数矩阵的微小误差会导致解的误差很大. 另外，拟合不要求多项式经过给定的点，最小二乘原理保证这些点处的误差的平方和最小.

例 2-8　有如下一组观测数据.

i	0	1	2	3	4	5
x	1	2	3	4	5	1
y	5	2	1	3	4	4

利用这组观测数据求拟合抛物线.

解　根据式(2-33)有

$$n+1=6, \quad \sum_{i=0}^{5} x_i = 16, \quad \sum_{i=0}^{5} x_i^2 = 56, \quad \sum_{i=0}^{5} x_i^3 = 226, \quad \sum_{i=0}^{5} x_i^4 = 980$$

$$\sum_{i=0}^{5} y_i = 19, \quad \sum_{i=0}^{5} x_i y_i = 48, \quad \sum_{i=0}^{5} x_i^2 y_i = 174$$

故

$$\begin{bmatrix} 6 & 16 & 56 \\ 16 & 56 & 226 \\ 56 & 226 & 980 \end{bmatrix} \begin{bmatrix} a_0^* \\ a_1^* \\ a_2^* \end{bmatrix} = \begin{bmatrix} 19 \\ 48 \\ 174 \end{bmatrix}$$

解得

$$a_0^* = \frac{887}{110}, \qquad a_1^* = -\frac{241}{55}, \qquad a_2^* = \frac{8}{11}$$

因此，所求拟合抛物线为 $\varphi(x) = \dfrac{887}{110} - \dfrac{241}{55}x + \dfrac{8}{11}x^2$.

此题也可以按式(2-34)进行求解. 数据点及拟合抛物线如图 2-10 所示.

练习：(1) 利用 $x_0, x_1, \cdots, x_n$ 及 $y_i = f(x_i)$ $(i=0,1,2,\cdots,n)$ 进行最小二乘多项式拟合，即用最小二乘拟合法拟合直线 $\varphi(x) = a_0^* + a_1^* x$，写出推导式(2-33)的过程.

(2) 对两点 $(1,2)$，$(3,5)$ 进行线性插值的结果与进行线性拟合的结果有何关系？计算验证.

参考答案：结果都为 $y = 1.5x + 0.5$.

(3) 对一组数据进行多项式插值和进行多项式拟合有何区别与联系？

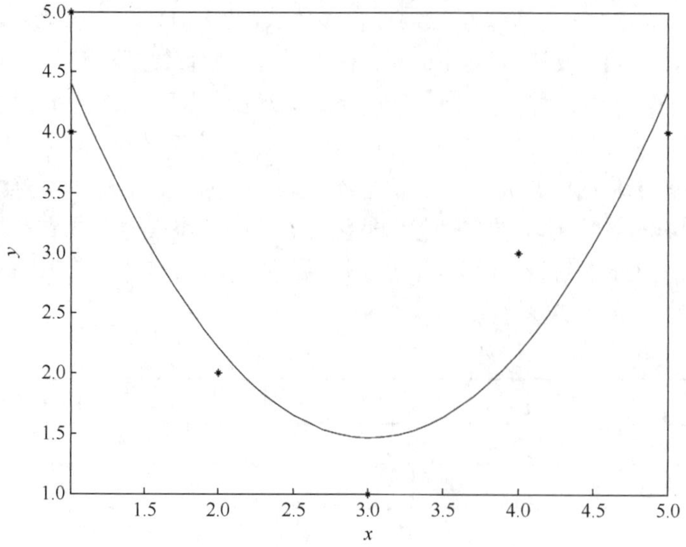

图 2-10 数据点及拟合抛物线

在实际问题中，怎样由测量的数据构造“最贴近”的拟合曲线？关键在于选择适当的拟合曲线类型，这是一个重要而又比较困难的工作，一般根据专业知识和工作经验确定拟合曲线类型. 如果对拟合曲线一无所知，不妨先绘制数据图形，或许能观测出拟合曲线的类型. 更一般地，对数据进行多种曲线类型的拟合并计算均方误差，用数学实验的方法找出在最小二乘意义下(均方误差最小)的拟合函数.

2.5.3 最小二乘多项式拟合应用的扩充

实际问题中，有时需要把观测得到的一组离散数据列拟合成指数函数、双曲线函数等常用函数，这时可以先把数据列进行适当变换，然后利用最小二乘多项式拟合进行拟合. 在实验科学中，经常会遇到把观测得到的一组离散数据列拟合成指数函数 ae^{bx} 的情况，即根据给出的一组离散数据列 (x_i,y_i) $(i=0,1,2,\cdots,n)$ 作拟合曲线 $y=ae^{bx}$. 不失一般性，设 $y_i>0$，做变换 $z=\ln y$. 记 $z_i=\ln y_i$，利用数据列 (x_i,z_i) $(i=0,1,2,\cdots,n)$ 进行线性拟合，得到拟合曲线 $z=A+Bx$，而 $y=e^z=ae^{bx}(a=e^A,b=B)$ 可视为要求的拟合曲线.

例 2-9 利用如下观测数据拟合 $y=ae^{bx}$.

x_i	1	2	3	4	5	6	7	8
y_i	15.3	20.5	27.4	36.6	49.1	65.6	87.8	117.6

解 计算 $z_i=\ln y_i$，作线性拟合曲线 $z=A+Bx$，其法方程组为

$$\begin{pmatrix} 8 & 36 \\ 36 & 204 \end{pmatrix}\begin{pmatrix} A \\ B \end{pmatrix}=\begin{pmatrix} 29.9787 \\ 147.1350 \end{pmatrix}$$

法方程组的解为 $A=2.4369, B=0.2912$，故 $y=\mathrm{e}^{A}\cdot\mathrm{e}^{Bx}=11.4375\mathrm{e}^{0.2912x}$.

类似的问题可以在其他类型的曲线拟合中出现. 例如，对离散数据列 (x_i,y_i) $(i=0,1,2,\cdots,n)$ 作双曲拟合曲线 $y=\dfrac{1}{a+bx}$，做变换 $z=\dfrac{1}{y}$. 记 $z_i=\dfrac{1}{y_i}$，利用数据列 (x_i,z_i) $(i=0,1,2,\cdots,n)$ 进行线性拟合，得到拟合曲线 $z=a+bx$，而 $y=\dfrac{1}{z}=\dfrac{1}{a+bx}$ 可视为要求的拟合曲线.

2.5.4　最小二乘多项式拟合的 MATLAB 命令

MATLAB 中提供的多项式拟合函数是 `polyfit`，其格式是

```
p=polyfit(X,Y,m)
```

它的功能是以 X 和 Y 为样本，返回 m 次拟合多项式的系数(p 中分量从左至右依次对应拟合多项式的高次幂到低次幂系数)，其中 m 要小于样本个数(节点个数，即 X 或 Y 的分量个数)，可以接着用函数

```
polyval(p,x1)
```

计算拟合多项式在 x1 处的值.

```
poly2str(p,'x')
```

可以求出以 x 为自变量的拟合多项式.

例 2-10　根据如下数据表求其拟合直线，并求该函数在 $x=5$ 处的近似值.

x_i	1	2	2	3	4
y_i	1	3	1	4	2

解　在 MATLAB 命令框输入：

```
>>x=[1 2 2 3 4];
>>y=[1 3 1 4 2];
>>p=polyfit(x,y,1)
p=0.5000   1.0000
>> poly2str(p,'x')
ans =
   0.5 x + 1
```

这说明拟合直线为 $y=0.5x+1$.

```
>>v=polyval(p,5)
v=3.5000
```

练习：(1) 给定如下数据表.

x_i	-2	-1	0	1	2
y_i	0	2	5	8	10

利用手工计算与 MATLAB 命令求其最小二乘拟合直线.

参考答案：$y = 2.6x + 5$.

(2) 给定如下数据表.

x_i	-3	-2	0	3	4
y_i	18	10	2	2	5

利用手工计算与 MATLAB 命令求其最小二乘二次拟合抛物线.

参考答案：$\varphi(x) = \dfrac{151}{173}x^2 - \dfrac{1373}{519}x + \dfrac{947}{519} \approx 0.8728x^2 - 2.6455x + 1.8247$.

```
>> x=[-3 -2 0 3 4];y=[18 10 2 2 5];
>> p=polyfit(x,y,2)
p =
    0.8728   -2.6455    1.8247
>> poly2str(p,'x')
ans =
   0.87283 x^2 - 2.6455 x + 1.8247
```

数据点及拟合抛物线如图 2-11 所示.

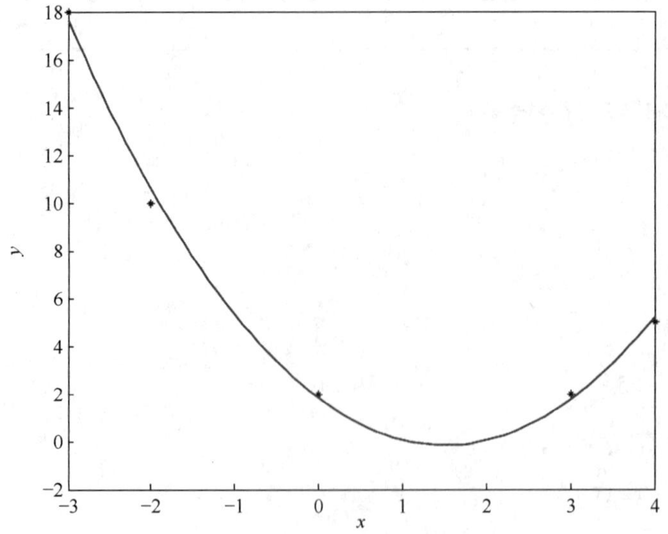

图 2-11　数据点及拟合抛物线图像

2.5.5 最小二乘拟合法求解矛盾方程组

一般地，$\boldsymbol{AX}=\boldsymbol{b}$，

$$\boldsymbol{A}=\begin{pmatrix} a_{11} & a_{12} & \cdots & a_{1n} \\ a_{21} & a_{22} & \cdots & a_{2n} \\ \vdots & \vdots & & \vdots \\ a_{m1} & a_{m2} & \cdots & a_{mn} \end{pmatrix}, \qquad \boldsymbol{X}=\begin{pmatrix} x_1 \\ x_2 \\ \vdots \\ x_n \end{pmatrix}, \qquad \boldsymbol{b}=\begin{pmatrix} b_1 \\ b_2 \\ \vdots \\ b_m \end{pmatrix} \tag{2-35}$$

若 $\operatorname{rank}(\boldsymbol{A},\boldsymbol{b}) \neq \operatorname{rank}(\boldsymbol{A})$，$\boldsymbol{AX}=\boldsymbol{b}$ 称为**矛盾方程组**或**不相容方程组**(incompatible equations). 在最小二乘意义下可求出矛盾方程组的解 $\boldsymbol{X}$，此时 $\boldsymbol{X}$ 满足：

$$\min\|\boldsymbol{AX}-\boldsymbol{b}\|_2^2=\min\sum_{i=1}^{m}(a_{i1}x_1+a_{i2}x_2+\cdots+a_{in}x_n-b_i)^2 \tag{2-36}$$

定理 2-5　矛盾方程组(2-35)的法方程组 $\boldsymbol{A}^{\mathrm{T}}\boldsymbol{AX}=\boldsymbol{A}^{\mathrm{T}}\boldsymbol{b}$ 恒有解，且法方程组 $\boldsymbol{A}^{\mathrm{T}}\boldsymbol{AX}=\boldsymbol{A}^{\mathrm{T}}\boldsymbol{b}$ 的解 $\boldsymbol{X}$ 就是矛盾方程组(2-35)最小二乘意义下的解 $\boldsymbol{X}$，即 $\boldsymbol{X}$ 满足式(2-36).

证明略. 具体方法可参阅张韵华等(2006)或其他教材.

注意：通常 $m \gg n$，若 $\operatorname{rank}(\boldsymbol{A})=n$ ($\boldsymbol{A}$ 是列满秩的)，法方程组的解唯一，即矛盾方程组有唯一的最小二乘解；若 $\operatorname{rank}(\boldsymbol{A})<n$，法方程组有无穷多解，要给出使模达到极小的最小二乘解，其求解方法参考有关书籍.

例 2-11　解矛盾方程组：

$$\begin{cases} x_1+x_2+x_3=2 \\ x_1+3x_2-x_3=-1 \\ 2x_1+5x_2+2x_3=1 \\ 3x_1-x_2+5x_3=-2 \end{cases}$$

解法一　利用式(2-36)及多元函数极值的必要条件进行求解.

令

$$\begin{aligned} g(x_1,x_2,x_3)=&(x_1+x_2+x_3-2)^2+(x_1+3x_2-x_3+1)^2 \\ &+(2x_1+5x_2+2x_3-1)^2+(3x_1-x_2+5x_3+2)^2 \end{aligned}$$

根据多元函数极值的必要条件 $\left(\dfrac{\partial g}{\partial x_1}=\dfrac{\partial g}{\partial x_2}=\dfrac{\partial g}{\partial x_3}=0\right)$ 可得方程组，求解此方程组即得原方程组的最小二乘解.

解法二　利用定理 2-5 进行求解.

法方程组 $\boldsymbol{A}^{\mathrm{T}}\boldsymbol{AX}=\boldsymbol{A}^{\mathrm{T}}\boldsymbol{b}$ 为

$$\begin{pmatrix} 15 & 11 & 19 \\ 11 & 36 & 3 \\ 19 & 3 & 31 \end{pmatrix}\begin{pmatrix} x_1 \\ x_2 \\ x_3 \end{pmatrix}=\begin{pmatrix} -3 \\ 6 \\ -5 \end{pmatrix}$$

解之，得 $x_1=-1.5917, x_2=0.5899, x_3=0.7572$.

练习：(1) 以矛盾方程组

$$\begin{cases} a_{11}x_1 + a_{12}x_2 = b_1 \\ a_{21}x_1 + a_{22}x_2 = b_2 \\ a_{31}x_1 + a_{32}x_2 = b_3 \end{cases}$$

为例，利用式(2-36)推导出矛盾方程组的最小二乘解就是法方程组 $\boldsymbol{A}^{\mathrm{T}}\boldsymbol{A}\boldsymbol{X} = \boldsymbol{A}^{\mathrm{T}}\boldsymbol{b}$ 的解.

(2) 解矛盾方程组

$$\begin{cases} x_1 + 2x_2 = 5 \\ 2x_1 + x_2 = 6 \\ x_1 + x_2 = 4 \end{cases}$$

参考答案：$x_1 = 2.3636, x_2 = 1.3636$.

数值实验四

1. 血药浓度问题.

为实验某种药的疗效，医生对某人用快速静脉注射方式注入该药 300 mg，在一定的时刻 t(h) 采取血样，测得的血药浓度 C(μg/mL) 的数据如下.

血药浓度	t/h								
	0.25	0.5	1	1.5	2	3	4	6	8
C/(μg/mL)	19.21	18.15	15.36	14.10	12.89	9.32	7.45	5.24	3.01

理论上，C 与 t 的时间关系为 $C(t) = a\mathrm{e}^{-bt}(a>0, b>0)$，其中 a,b 为待定经验参数. 请根据给定数据表分别利用手工计算、编程确定 a,b 的值. 画出数据曲线及拟合函数曲线.

提示：对 $C(t) = a\mathrm{e}^{-bt}$ 两端取对数可得 $\ln C(t) = \ln a - bt = A + Bt$，这是一个线性模型，利用最小二乘直线拟合，用变量代换得到对应的法方程组，为

$$\begin{pmatrix} 9 & \sum t_j \\ \sum t_j & \sum t_j^2 \end{pmatrix} \begin{pmatrix} A \\ B \end{pmatrix} = \begin{pmatrix} \sum \ln C_j \\ \sum t_j \ln C_j \end{pmatrix}$$

即

$$\begin{pmatrix} 9 & 26.25 \\ 26.25 & 132.5625 \end{pmatrix} \begin{pmatrix} A \\ B \end{pmatrix} = \begin{pmatrix} 20.7871 \\ 47.4849 \end{pmatrix}$$

手工计算或利用 MATLAB 求解即可.

参考答案：$C(t) = a\mathrm{e}^{-bt} = \mathrm{e}^{2.9943-0.2347t}$.

2. 给定如下数据表，分别利用手工计算、编程求形如 $y = \dfrac{1}{a+bx}$ 的拟合函数.

x	1	2.4	2.8	2.2	2.6
y	0.931	0.473	0.297	0.224	0.168

参考答案：$y=\dfrac{1}{-0.4942+1.7675x}$.

3. 某种合成纤维的强度 $y(\mathrm{N/mm^2})$ 与其拉伸倍数 x 有关，测得实验数据如下.

x_i	y_i	x_i	y_i	x_i	y_i
2.0	16	4.0	35	7.1	65
2.5	24	4.5	42	8.0	73
2.7	25	5.2	50	9.0	80
3.5	27	6.3	64	10.0	81

(1) 分别用一次、二次拟合多项式拟合 y 对 x 的变化规律.

(2) 计算误差平方和，作图比较效果.

本 章 小 结

本章主要介绍了通过多项式函数逼近进行一元数据建模的两类方法：插值法与拟合法. 插值理论是数值微积分、微分方程数值解等内容的基础. 给定一组观测数据后，结构简单的 Lagrange 插值多项式或具有递推特点的 Newton 插值多项式都必须经过这些点. 当插值点较多时，采用高次插值不仅计算量大，而且逼近效果也不一定好，有时会产生 Runge 现象，所以常采用分段插值的方式. 工程实际中用的较多的是三次样条插值，它要求分段插值多项式在节点处具有二阶连续导数，故在整个插值区间上，三次样条插值函数的光滑性较好. 本章对二元双线性插值及其应用进行了介绍.

曲线拟合在工程实际中有广泛的应用. 多项式拟合不要求构造的多项式函数恰好经过给定的所有点，最小二乘拟合法原理可以保证构造的拟合多项式在这些给定点处的误差平方和最小. 本章也介绍了矛盾方程组的解法，它与最小二乘曲线拟合的原理一致.

第 3 章　数值微积分

运用 Newton-Leibniz 公式

$$I=\int_a^b f(x)\mathrm{d}x=F(x)\Big|_a^b=F(b)-F(a)$$

可以计算定积分，但在工程技术和科学研究中常遇到如下情况：

(1) 找原函数 $F(x)$ 困难，甚至找不到用初等函数表示的原函数，如 $f(x)=\dfrac{\sin x}{x}$，$\sin x^2, \cos x^2, \dfrac{1}{\ln x}, \mathrm{e}^{-x^2}$ 等，它们的原函数都不能用初等函数表达成有限形式.

(2) 被积函数 $f(x)$ 是以数据表格形式给出的(表格函数)，更无法得到原函数 $F(x)$.

例如，飞机从地面上升到 H km 高度所需的时间可用公式 $t=\int_0^H \dfrac{1}{v(h)}\mathrm{d}h$ 计算，计算飞机上升到 10 km 高空所需的时间(表 3-1).

表 3-1　$v(h)$ 的数据

h/km	0	2	4	6	8	10
v/(km/s)	50.0	46.0	40.0	32.2	22.5	10.0

(3) 即使有些函数的原函数是初等函数，但在应用 Newton-Leibniz 公式时，会涉及大量的数值计算，还不如应用数值积分的方法方便. 例如，积分

$$\int_{\sqrt{3}}^{\pi}\frac{\mathrm{d}x}{1+x^4}=\left\{\frac{1}{4\sqrt{2}}\ln\frac{x^2+x\sqrt{2}+1}{x^2-x\sqrt{2}+1}\right.$$

$$\left.+\frac{1}{2\sqrt{2}}\left[\arctan(x\sqrt{2}+1)+\arctan(x\sqrt{2}-1)\right]\right\}_{\sqrt{3}}^{\pi}$$

应用 Newton-Leibniz 公式进行计算比较麻烦.

(4) 当 $f(x)$ 是以数据表格形式给出或者 $f(x)$ 比较复杂时，如何求 $f(x)$ 在某些点处的导数?

可见，应用 Newton-Leibniz 公式计算定积分虽然非常精确，但是有很大的局限性. 实际工作中，不一定非得算出定积分的精确值，只要达到工作需求的精度就足够了. 因此，研究定积分和微分的数值(近似)计算方法是非常必要的. 当然，若 $f(x)$ 的原函数 $F(x)$ 形式简单，又容易计算，Newton-Leibniz 公式是首先推荐的求定积分的方法.

构造一个多项式函数，用它近似代替某个表格形式的函数或复杂函数，从而推导、近似计算该函数的定积分或导数的公式及误差，这就是数值积分与数值微分的基本内容.

本章先介绍数值积分，再介绍数值微分(数值方法求导数).

3.1　插值型求积公式

3.1.1　数值积分的基本概念

定义 3-1　对于积分

$$I(f)=\int_a^b f(x)\mathrm{d}x \tag{3-1}$$

利用数值方法求式(3-1)的值，就是用被积函数 $f(x)$ 在区间 $[a,b]$ 上的一些节点 x_k $(k=0,1,2,\cdots,n)$ 的函数值 $f(x_k)$ 的线性组合：

$$I_n(f)=\sum_{k=0}^{n} w_k f(x_k) \tag{3-2}$$

去近似 $I(f)$. 称

$$R[f]=I(f)-I_n(f) \tag{3-3}$$

为求积公式(3-2)的余项或误差. x_k 及 w_k $(k=0,1,2,\cdots,n)$ 分别称为求积公式(3-2)的**求积节点**(quadrature node)及**求积系数**(quadrature coefficent). 这里，求积系数 $w_k(k=0,1,2,\cdots,n)$ 与 $f(x)$ 无关.

数值求积公式(3-2)直接利用某些节点处的函数值计算积分值，而将求积分的问题转化为函数值的计算. 这就避免了 Newton-Leibniz 公式需要寻求原函数的困难.

3.1.2　插值型求积公式的构造

设 $x_0,x_1,\cdots,x_n$ 是区间 $[a,b]$ 上一组互异的节点，给定 $f(x)$ 在这些节点处的函数值 $y_k=f(x_k)$ $(k=0,1,2,\cdots,n)$，则由 Lagrange 插值多项式有

$$f(x)\approx p_n(x)=\sum_{k=0}^{n} y_k l_k(x)=\sum_{k=1}^{n} f(x_k)l_k(x)$$

其中，$l_k(x)$ $(k=0,1,2,\cdots,n)$ 是 Lagrange 插值基函数. 用 $p_n(x)$ 代替 $f(x)$ 求积分，得

$$\int_a^b f(x)\mathrm{d}x\approx\int_a^b p_n(x)\mathrm{d}x=\sum_{k=0}^{n}\left[f(x_k)\int_a^b l_k(x)\mathrm{d}x\right] \tag{3-4}$$

令

$$w_k=\int_a^b l_k(x)\mathrm{d}x \tag{3-5}$$

则式(3-4)可写为

$$\int_a^b f(x)\mathrm{d}x\approx\sum_{k=0}^{n} w_k f(x_k) \tag{3-6}$$

定义 3-2 形如式(3-6)的求积公式称为**机械求积公式**(mechanical quadrature formula)，若求积系数 w_k 由式(3-5)给出，其中 $l_k(x)\ (k=0,1,2,\cdots,n)$ 是 Lagrange 插值基函数，则称式(3-6)为**插值型求积公式**(interpolation quadrature formula).

3.1.3 求积公式的代数精度

怎样判断数值积分的效果？代数精度是衡量数值积分公式优劣的重要指标之一.

定义 3-3 若求积公式(3-6)对于任意不超过 m 次的多项式都精确成立，而对 $m+1$ 次多项式不能精确成立，则称求积公式(3-6)具有 m 次**代数精度**(algebraic accuracy).

因为 m 次多项式的一般形式是 $a_0+a_1x+\cdots+a_kx^m$，所以由定积分的线性性质知，要证求积公式的代数精度为 m，只需验证它对 $x^k\ (k=0,1,2,\cdots,m)$ 精确成立，而对 x^{m+1} 不成立即可. 代数精度是用来衡量机械求积公式精确度的，一个求积公式的代数精度越高，它就能对更多的被积函数 $f(x)$ 准确(或较准确)地成立，从而具有更好的实际计算意义.

例 3-1 已知求积公式

$$\int_{-1}^{1} f(x)\mathrm{d}x \approx A_0 f(-1)+A_1 f(0)+A_2 f(1)$$

试确定系数 $A_i\ (i=0,1,2)$，使其具有尽可能高的代数精度，并指出该求积公式所具有的代数精度.

解 令求积公式对 $f(x)=1,\ x,\ x^2$ 都精确成立，即

$$\begin{cases} A_0+A_1+A_2=\int_{-1}^{1}1\mathrm{d}x=2 \\ -A_0\qquad +A_2=\int_{-1}^{1}x\mathrm{d}x=0 \\ A_0\qquad +A_2=\int_{-1}^{1}x^2\mathrm{d}x=\dfrac{2}{3} \end{cases}$$

解得 $A_0=\dfrac{1}{3}$，$A_1=\dfrac{4}{3}$，$A_2=\dfrac{1}{3}$，于是求积公式为

$$\int_{-1}^{1} f(x)\mathrm{d}x \approx \frac{1}{3}[f(-1)+4f(0)+f(1)]$$

直接验证：当 $f(x)=x^3$ 时，上式左边 = 右边；当 $f(x)=x^4$ 时，上式左边 ≠ 右边，故求积公式的最高代数精度为 3.

定理 3-1 对任给定的 $n+1$ 个互异求积节点 $x_0,x_1,\cdots,x_n$，一个机械求积公式的代数精度至少是 n 次当且仅当它是插值型求积公式：$\int_a^b f(x)\mathrm{d}x\approx\sum_{k=0}^{n}w_kf(x_k)$，其中 $w_k=\int_a^b l_k(x)\mathrm{d}x,\ l_k(x)\ (k=0,1,2,\cdots,n)$ 是 Lagrange 插值基函数.

证 必要性. 设 $\int_a^b f(x)\mathrm{d}x\approx\sum_{k=0}^{n}w_kf(x_k)$ 是插值型求积公式，$f(x)$ 是任意一个次数不超 n 的多项式，$p_n(x)$ 为 $f(x)$ 在 $x_0,x_1,\cdots,x_n$ 上的插值多项式，$p_n(x)=\sum_{k=0}^{n}l_k(x)f(x_k)$，根

据插值多项式的唯一性定理，$f(x)\equiv p_n(x)$，则

$$\int_a^b f(x)\mathrm{d}x=\int_a^b p_n(x)\mathrm{d}x=\sum_{k=0}^{n} f(x_k)\int_a^b l_k(x)\mathrm{d}x=\sum_{k=0}^{n} w_k f(x_k)$$

即 $\int_a^b f(x)\mathrm{d}x\approx\sum_{k=0}^{n} w_k f(x_k)$ 对于任意一个次数不超 n 的多项式 $f(x)$ 精确成立，由定义 3-3 可知，插值型求积公式 $\int_a^b f(x)\mathrm{d}x\approx\sum_{k=0}^{n} w_k f(x_k)$ 的代数精度至少为 n 次.

充分性. 若机械求积公式 $\int_a^b f(x)\mathrm{d}x\approx\sum_{k=0}^{n} w_k f(x_k)$ 的代数精度至少是 n 次，则对于 Lagrange 插值基函数 $l_k(x)\ (k=0,1,2,\cdots,n)$ 应精确成立，有

$$\int_a^b l_k(x)\mathrm{d}x=\sum_{i=0}^{n} w_i l_k(x_i)=w_k \quad (k=0,1,2,\cdots,n)$$

故机械求积公式是插值型的.

3.2　等距节点的插值型求积公式及其误差

回顾插值型求积公式，在积分区间取一组节点 $x_0,x_1,\cdots,x_n\ (a\leqslant x_0<x_1<\cdots<x_n\leqslant b)$，$p_n(x)$ 是 $f(x)$ 关于节点 $x_0,x_1,\cdots,x_n$ 的插值多项式，则有

$$\int_a^b f(x)\mathrm{d}x\approx\int_a^b p_n(x)\mathrm{d}x=\sum_{k=0}^{n} w_k f(x_k)$$

其中，

$$w_k=\int_a^b l_k(x)\,\mathrm{d}x=\int_a^b \frac{(x-x_0)\cdots(x-x_{k-1})(x-x_{k+1})\cdots(x-x_n)}{(x_k-x_0)\cdots(x_k-x_{k-1})(x_k-x_{k+1})\cdots(x_k-x_n)}\mathrm{d}x \quad (k=0,1,2,\cdots,n)$$

为了便于计算，常取积分区间的等分点作为求积节点，此时称式(3-6)为 **Newton-Cotes 公式**. 由于高次插值多项式的插值余项(误差)可能会很大，一般把积分区间仅做 1，2 和 4 等分. 下面分别介绍三个数值积分公式：将积分区间 $[a,b]$ 1 等分(取积分区间 $[a,b]$ 的两个端点为求积节点)的梯形公式、将积分区间 $[a,b]$ 2 等分的 Simpson 公式、将积分区间 $[a,b]$ 4 等分的 Cotes 公式.

3.2.1　梯形公式

取积分区间 $[a,b]$ 的两个端点为求积节点，即以 a,b 为插值节点进行一次插值，此时由式(3-6)可得

$$I=\int_a^b f(x)\mathrm{d}x\approx T=\int_a^b p_1(x)\mathrm{d}x=\frac{b-a}{2}[f(a)+f(b)] \tag{3-7}$$

称式(3-7)为**梯形公式**(trapezoidal formula)，记为 $T=\dfrac{b-a}{2}[f(a)+f(b)]$.

直接验算知，梯形公式具有 1 次代数精度. 其几何意义为，梯形面积近似等于以 $y=f(x)$ 为边的曲边梯形的面积. 可以证明，若 $f''(x)$ 在 $[a,b]$ 上连续，则梯形公式有余项估计式：

$$R_{\mathrm{T}}[f]=I-T=-\frac{(b-a)^3}{12}f''(\xi)\quad(\xi\in(a,b))\tag{3-8}$$

事实上，

$$R_{\mathrm{T}}[f]=\int_a^b f(x)\mathrm{d}x-T=\int_a^b\left[f(x)-p_1(x)\right]\mathrm{d}x=\int_a^b\frac{f''(\zeta)}{2!}(x-a)(x-b)\mathrm{d}x$$

当 $a\leqslant x\leqslant b$ 时，$(x-a)(x-b)\leqslant 0$，应用积分中值定理(可参阅相关数学分析类教材)，存在 $\xi\in[a,b]$，使得 $R_{\mathrm{T}}[f]=\dfrac{f''(\xi)}{2}\displaystyle\int_a^b(x-a)(x-b)\mathrm{d}x=-\dfrac{f''(\xi)}{12}(b-a)^3$，$\xi\in(a,b)$.

梯形公式可以写成如下形式：

$$T=\frac{b-a}{2}[f(a)+f(b)]=(b-a)[C_0\,f(a)+C_1f(b)]$$

其中，$C_0=C_1=\dfrac{1}{2}$，称为梯形公式的 Cotes 系数.

3.2.2 Simpson 公式

取积分区间 $[a,b]$ 的两个端点和中点 $\dfrac{a+b}{2}$ 为求积节点，计算可得

$$w_0=\int_a^b l_0(x)\mathrm{d}x=\int_a^b\frac{\left(x-\frac{a+b}{2}\right)(x-b)}{\left(a-\frac{a+b}{2}\right)(a-b)}\mathrm{d}x=\frac{1}{6}(b-a)$$

$$w_1=\int_a^b l_1(x)\mathrm{d}x=\int_a^b\frac{(x-a)(x-b)}{\left(\frac{a+b}{2}-a\right)\left(\frac{a+b}{2}-b\right)}\mathrm{d}x=\frac{4}{6}(b-a)$$

$$w_2=\int_a^b l_2(x)\mathrm{d}x=\int_a^b\frac{(x-a)\left(x-\frac{a+b}{2}\right)}{(b-a)\left(b-\frac{a+b}{2}\right)}\mathrm{d}x=\frac{1}{6}(b-a)$$

因此，有

$$I\approx S=\frac{b-a}{6}\left[f(a)+4f\left(\frac{a+b}{2}\right)+f(b)\right]\tag{3-9}$$

称式(3-9)为 **Simpson 公式**(Simpson′s formula)或**抛物线求积公式**(parabolic quadrature formula).

直接验算知，Simpson 公式具有 3 次代数精度.

其几何意义为，以二次曲线(抛物曲线)为顶的曲边梯形面积近似等于以 $y=f(x)$ 为边

的曲边梯形的面积.

若 $f(x)$ 在区间 $[a, b]$ 上具有 4 阶连续导数，可证明 Simpson 公式的余项为

$$R_S[f]=\int_a^b f(x)\mathrm{d}x-S=-\frac{1}{2880}(b-a)^5 f^{(4)}(\xi) \quad (\xi\in(a,b)) \tag{3-10}$$

Simpson 公式(3-9)可以写成如下形式：

$$S=(b-a)\left[C_0\ f(a)+C_1 f\left(\frac{a+b}{2}\right)+C_2 f(b)\right]$$

其中，$C_0=C_2=\frac{1}{6}$, $C_1=\frac{4}{6}$，称为 Simpson 公式的 Cotes 系数.

3.2.3 Cotes 公式

取积分区间 $[a,b]$ 的 4 等分节点，计算可得

$$w_0=w_4=\frac{7}{90}(b-a)\,, \qquad w_1=w_3=\frac{32}{90}(b-a)\,, \qquad w_2=\frac{12}{90}(b-a)$$

即有

$$I\approx C=\frac{b-a}{90}[7f(x_0)+32f(x_1)+12f(x_2)+32f(x_3)+7f(x_4)] \tag{3-11}$$

称式(3-11)为 **Cotes 公式**(Cotesian formula). 直接验算知，Cotes 公式具有 5 次代数精度.

其几何意义为，将区间 $[a,b]$ 4 等分，用 5 个插值节点构造的 4 次 Lagrange 插值函数 $p_4(x)$ 近似 $f(x)$，其中以 $p_4(x)$ 为顶的曲边梯形面积近似等于以 $y=f(x)$ 为边的曲边梯形的面积.

若 $f(x)$ 在区间 $[a, b]$ 上具有 6 阶连续导数，可证明 Cotes 公式的余项为

$$R_C[f]=-\frac{2(b-a)}{945}\left(\frac{b-a}{4}\right)^6 f^{(6)}(\xi) \quad (\xi\in(a,b)) \tag{3-12}$$

Cotes 公式(3-11)中，$C_0=C_4=\frac{7}{90}$, $C_1=C_3=\frac{32}{90}$, $C_2=\frac{12}{90}$, 称为 Cotes 公式的 Cotes 系数.

注意：(1) 梯形公式、Simpson 公式、Cotes 公式的 Cotes 系数之和为 1. 当 $f(x)=1$ 时，梯形公式、Simpson 公式、Cotes 公式应精确成立(因为它们的代数精度都大于等于 1)，即有 $\sum_{i=0}^{n}C_i=1$. 同时，由梯形公式、Simpson 公式、Cotes 公式中求积系数 w_k 的计算可知，它们的 Cotes 系数都具有对称性.

(2) 根据定理 3-1，n 阶 Newton-Cotes 公式的代数精度至少为 n. 由梯形公式、Simpson 公式、Cotes 公式的代数精度可知：当 n 为奇数时，n 阶 Newton-Cotes 公式的代数精度为 n；当 n 为偶数时，n 阶 Newton-Cotes 公式的代数精度为 $n+1$.

(3) 可以证明，区间 $[a,b]$ n 等分得到的 Newton-Cotes 公式只有 Cotes 系数全为正时

才是数值稳定的，即初始舍入误差是稳定的，当$n \geqslant 8$时，Cotes 系数开始出现负数，这有可能影响 Newton-Cotes 公式的稳定性.实际中常用的梯形公式$(n=1)$、Simpson 公式$(n=2)$、Cotes 公式$(n=4)$是数值稳定的.

(4) 由于增加节点并不能提高多项式插值的逼近效果及 Newton-Cotes 公式的稳定性要求，不能通过增加求积区间中的节点来提高 Newton-Cotes 公式计算数值积分的精度.为了提高数值积分的计算精度，实际中采取 3.3 节将要介绍的复化求积公式.

例 3-2 分别用梯形公式、Simpson 公式、Cotes 公式计算 $I=\int_0^1 \frac{4}{1+x^2}\mathrm{d}x$ 的近似值.

解 由梯形公式得

$$I \approx T=\frac{1-0}{2}[f(0)+f(1)]=3.00000$$

由 Simpson 公式得

$$I \approx S=\frac{1-0}{6}\left[f(0)+4f\left(\frac{1}{2}\right)+f(1)\right]=\frac{47}{15}\approx 3.13333$$

由 Cotes 公式得

$$I \approx C=\frac{1-0}{90}\left[7f(0)+32f\left(\frac{1}{4}\right)+12f\left(\frac{1}{2}\right)+32f\left(\frac{3}{4}\right)+7f(1)\right]\approx 3.14212$$

事实上，积分的准确值为

$$I=\int_0^1 \frac{4}{1+x^2}\mathrm{d}x=4\arctan x\Big|_0^1=\pi$$

例 3-3 用 Simpson 公式求 $\int_0^1 \mathrm{e}^{-x}\mathrm{d}x$，并估计误差.

解 Simpson 公式为

$$S=\frac{b-a}{6}[f(a)+4f(c)+f(b)] \qquad c=\frac{a+b}{2}$$

此时，$a=0, b=1, f(x)=\mathrm{e}^{-x}$，从而有

$$S=\frac{1}{6}\left(1+4\mathrm{e}^{-1/2}+\mathrm{e}^{-1}\right)=0.63233 \quad (\text{准确值为 } 0.63212\cdots)$$

误差为

$$|R_{\mathrm{S}}[f]|=\left|\int_a^b f(x)\mathrm{d}x-S\right|=\left|-\frac{(b-a)^5}{2880}f^{(4)}(\xi)\right|$$

$$\leqslant \frac{1}{2880}\times \mathrm{e}^0=0.00035 \quad (\xi\in(0,1))$$

练习：分别用梯形公式、Simpson 公式求 $\int_0^1 \mathrm{e}^{x}\mathrm{d}x$，并估计误差.

参考答案：

T=1.8591409，　$|R_T[f]|=\left|-\frac{(b-a)^3}{12}f''(\xi)\right|=\left|-\frac{(b-a)^3}{12}e^{\xi}\right|\leqslant\frac{e}{12}=0.2265235$

S=1.7188612，　$|R_S[f]|=\left|-\frac{(b-a)^5}{2880}f^{(4)}(\xi)\right|=\left|-\frac{1}{2880}e^{\xi}\right|\leqslant\frac{e}{2880}=0.00094385$

3.3　复化求积公式

3.3.1　复化求积基本原理

当积分区间$[a,b]$很大时，3.2 节的三个插值型求积公式(梯形公式、Simpson 公式、Cotes 公式)的误差显然会很大(参见误差公式的式(3-8)、式(3-10)、式(3-12))，而高阶插值多项式本身的误差也很大，为此，可以先把积分区间分成若干小区间，在每个小区间上使用 3.2 节的三个插值型求积公式求积，再将这些结果求和得到所求积分的近似值，这样得到的求积公式称为**复化求积公式**(composite quadrature formula). 复化求积公式既能够提高积分结果的精度，又能使算法简便，且易在计算机上实现，数值积分往往采用更具有实用价值的复化求积公式.

将积分区间$[a,b]$分为n等份，$x_i=a+ih\ (i=0,1,2,\cdots,n)$，其中步长$h=\frac{b-a}{n}$，则$I=\int_a^b f(x)\mathrm{d}x=\sum_{i=0}^{n-1}\int_{x_i}^{x_{i+1}}f(x)\mathrm{d}x=\sum_{i=0}^{n-1}I_i$，其中$I_i=\int_{x_i}^{x_{i+1}}f(x)\mathrm{d}x\ (i=0,1,2,\cdots,n-1)$. 复化求积公式就是在每个子区间$[x_i,x_{i+1}]\ (i=0,1,2,\cdots,n-1)$上用低阶求积公式(梯形公式、Simpson 公式、Cotes 公式)求得I_i的近似值$H_i(i=0,1,2,\cdots,n-1)$，然后将它们累加求和，将$\sum_{i=0}^{n}H_i$作为所求积分$I=\int_a^b f(x)\mathrm{d}x$的近似值.

3.3.2　三种复化求积公式

1. 复化梯形公式

$$T_n=\sum_{i=0}^{n-1}\frac{h}{2}[f(x_i)+f(x_{i+1})]=\frac{h}{2}\left[f(a)+2\sum_{i=1}^{n-1}f(x_i)+f(b)\right] \tag{3-13}$$

设$f(x)\in C^2[a,b]$($f(x)$具有二阶连续导数)，则余项为

$$R[f,T_n]=I-T_n=-\frac{b-a}{12}h^2f''(\xi)\quad (\xi\in[a,b]) \tag{3-14}$$

实际上，令$T^{(i)}=\frac{h}{2}[f(x_i)+f(x_{i+1})]$，有

$$
\begin{aligned}
I-T_n &= \int_a^b f(x)\mathrm{d}x-\sum_{i=0}^{n-1}T^{(i)}=\sum_{i=0}^{n-1}\int_{x_i}^{x_{i+1}} f(x)\mathrm{d}x-\sum_{i=0}^{n-1}T^{(i)} \\
&=\sum_{i=0}^{n-1}\left[\int_{x_i}^{x_{i+1}} f(x)\mathrm{d}x-T^{(i)}\right]=\sum_{i=0}^{n-1}\left[-\frac{h^3}{12}f''(\xi_i)\right] \\
&=-\frac{h^3}{12}\sum_{i=0}^{n-1}[f''(\xi_i)] \quad (\xi_i\in(x_i,x_{i+1}))
\end{aligned}
$$

因 $f(x)$ 具有二阶连续导数，故 $f''(x)$ 在 $[a,b]$ 上连续，由连续函数的介值定理(在闭区间上连续的函数必取得介于最大值与最小值之间的任何值)知，存在 $\xi\in[a,b]$，使得平均值 $\frac{1}{n}\sum_{i=0}^{n-1}f''(\xi_i)=f''(\xi)$. 因此，由上式得

$$
I-T_n=-\frac{nh^3}{12}\frac{1}{n}\sum_{i=0}^{n-1}f''(\xi_i)=-\frac{(b-a)h^2}{12}f''(\xi) \quad (\xi\in[a,b])
$$

2. 复化 Simpson 公式

$$
\begin{aligned}
S_n &= \sum_{i=0}^{n-1}\frac{h}{6}[f(x_i)+4f(x_{i+\frac{1}{2}})+f(x_{i+1})] \\
&=\frac{h}{6}[f(a)+4\sum_{i=0}^{n-1}f(x_{i+\frac{1}{2}})+2\sum_{i=1}^{n-1}f(x_i)+f(b)]
\end{aligned} \tag{3-15}
$$

其中，$x_{i+\frac{1}{2}}=\frac{1}{2}(x_i+x_{i+1})\ (i=0,1,2,\cdots,n-1)$.

设 $f(x)\in C^4[a,b]$，类似于复化梯形公式余项的推导，复化 Simpson 公式的余项为

$$
R[f,S_n]=I-S_n=-\frac{b-a}{180}\left(\frac{h}{2}\right)^4 f^{(4)}(\xi) \quad (\xi\in[a,b]) \tag{3-16}
$$

3. 复化 Cotes 公式

$$
\begin{aligned}
C_n &= \sum_{i=0}^{n-1}\frac{h}{90}[7f(x_i)+32f(x_{i+\frac{1}{4}})+12f(x_{i+\frac{1}{2}})+32f(x_{i+\frac{3}{4}})+7f(x_{i+1})] \\
&=\frac{h}{90}[7f(a)+32\sum_{i=0}^{n-1}f(x_{i+\frac{1}{4}})+12\sum_{i=0}^{n-1}f(x_{i+\frac{1}{2}})+32\sum_{i=0}^{n-1}f(x_{i+\frac{3}{4}})+14\sum_{i=1}^{n-1}f(x_i)+7f(b)]
\end{aligned} \tag{3-17}
$$

其中，$x_{i+\frac{1}{4}}=x_i+\frac{1}{4}h,\ x_{i+\frac{1}{2}}=x_i+\frac{1}{2}h,\ x_{i+\frac{3}{4}}=x_i+\frac{3}{4}h\ (i=0,1,2,\cdots,n-1),\ h=\frac{b-a}{n}$.

设 $f(x)\in C^6[a,b]$，则复化 Cotes 公式的余项为

$$
R[f,C_n]=I-C_n=-\frac{2(b-a)}{945}\left(\frac{h}{4}\right)^6 f^{(6)}(\xi) \quad (\xi\in[a,b]) \tag{3-18}
$$

例 3-4 已知 $f(x)=\frac{\sin x}{x}$，利用表 3-2 分别用复化梯形公式与复化 Simpson 公式计

算 $I=\int_0^1\frac{\sin x}{x}\mathrm{d}x$.

表 3-2　例 3-4 被积函数求积节点信息

x	$f(x)$	x	$f(x)$
0	1.0000000	5/8	0.9361556
1/8	0.9973978	6/8	0.9088516
2/8	0.9896158	7/8	0.8771925
3/8	0.9767267	1	0.8414709
4/8	0.9588510		

解　$n=8$ ，步长 $h=\frac{b-a}{n}=\frac{1}{8}$ ，相应地取 9 个节点，用复化梯形公式(3-13)得

$$
\begin{aligned}
T_8=&\frac{1}{2\times 8}[1+0.8414709+2\times(0.9973978+0.9896158\\
&+0.9767267+0.9588510+0.9361556\\
&+0.9088516+0.8771925)]=0.9456909
\end{aligned}
$$

在 9 个等距节点上用复化 Simpson 公式(3-15)计算 I ， n 应取 4，步长 $h=\frac{1-0}{4}=\frac{1}{4}$ ，于是

$$
\begin{aligned}
S_4=&\frac{1}{6\times 4}[1+0.8414709+4\times(0.9973978+0.9767267\\
&+0.9361556+0.8771925)+2\times(0.9896158\\
&+0.9588510+0.9088516)]=0.9460832
\end{aligned}
$$

一般地，判定一种算法的优劣，计算量是一个重要的因素. 因为在求 $f(x)$ 的函数值时，通常要做很多次四则运算，在统计求积公式 $\sum_{i=0}^{n}A_i f(x_i)$ 的计算量时，只需统计求函数值 $f(x_i)$ 的次数 n 即可. 按照这个标准来比较上面两个结果：T_8 与 S_4 都需要 9 个节点上的函数值，计算量基本相同，然而精度却有很大差别，与准确值 $I=0.9460831$ 相比，$T_8=0.9456909$ 有 2 位有效数字，而 $S_4=0.9460832$ 却有 6 位有效数字. 再从两者的误差估计来看，复化 Simpson 公式比复化梯形公式的精度要高得多. 所以，在实际应用中，复化 Simpson 公式是一种常用的数值积分方法.

例 3-5　用复化梯形公式与复化 Simpson 公式计算 $I=\int_{1.8}^{2.6}f(x)\mathrm{d}x$ 的近似值. $f(x)$ 的函数值见表 3-3.

表 3-3　例 3-5 被积函数求积节点信息

x	1.8	2.0	2.2	2.4	2.6
$f(x)$	3.1	4.4	6.0	8.0	10.0

解 用复化梯形公式进行求解，区间数 n=4，步长 $h=\frac{1}{4}(2.6-1.8)=0.2$，则

$$T_n=\frac{h}{2}\left[f(a)+2\sum_{i=1}^{n-1}f(x_i)+f(b)\right]$$
$$=\frac{0.2}{2}[3.1+2(4.4+6.0+8.0)+10.0]=4.99$$

用复化 Simpson 公式进行求解，区间数 n=2，步长 $h=\frac{1}{2}(2.6-1.8)=0.4$，则

$$S_n=\frac{h}{6}[f(a)+4\sum_{i=0}^{n-1}f(x_{i+\frac{1}{2}})+2\sum_{i=1}^{n-1}f(x_i)+f(b)]$$
$$=\frac{0.4}{6}[3.1+4(4.4+8.0)+2\times 6.0+10.0]=4.98$$

注意：例 3-4、例 3-5 运用 Newton-Leibniz 公式求定积分是无法解决的.

3.3.3 复化梯形公式的 MATLAB 程序

利用复化梯形公式(3-13)编制的 MATLAB 程序如下.

```
function T=tquad(x,y)
%  $Copyright Zhigang Zhou$.
n=length(x);m=length(y);
if n~=m
    error('x 和 y 的长度必须相等!');
    return;
end
T=0;
N=n-1;
h=(x(n)-x(1))/N;
for k=1:N
    T=T+y(k)+y(k+1);
end
T=(h/2)*T;
```

以上程序的运行结果完全与 MATLAB 中 `trapz(X,Y)` 命令的运行结果一样，其中 `X` 为等距节点向量，`Y` 为相应的节点函数值向量.

3.3.4 复化 Simpson 公式的 MATLAB 程序

利用复化 Simpson 公式(3-15)编制的 MATLAB 程序如下.

```
function S=squad(x,y)
```

```
% $Copyright Zhigang Zhou$.
n=length(x);m=length(y);
if n~=m
   error('x和y的长度必须相等!');
   return;
end
if rem(n-1,2)~=0
   S=tquad(x,y);     % 如果n-1不能被2整除，调用复化梯形公式
   return;
end
S=0;
N=(n-1)/2;
h=(x(n)-x(1))/N;
for k=1:N
   S=S+y(2*k-1)+4*y(2*k)+y(2*k+1);
end
S=(h/6)*S;     %用复化Simpson公式所求的积分
```

3.3.5 自适应递归 Simpson 积分及其 MATLAB 程序

从复化梯形公式、复化 Simpson 公式、复化 Cotes 公式的余项估计式(3-14)、式(3-16)、式(3-18)可知：步长 $h=\dfrac{b-a}{n}$ 过大，误差也大，难以达到误差要求；步长过小，计算量会很大. 实际问题中，如果已预先给出积分的误差要求，如何据此来确定步长？在预先给定积分误差要求的情况下采用**自适应递归积分**(adaptive recursive quadrature)，即根据给定的积分误差，将步长逐次分半来增加求积节点，利用步长分半前的积分与分半后积分的递归关系，不断减半步长，直至相邻两次的积分误差满足给定的积分误差要求.

将积分区间 $[a,b]$ 分为 n 等份，$x_i=a+ih\ (i=0,1,2,\cdots,n)$，步长 $h=\dfrac{b-a}{n}$，根据复化 Simpson 公式的余项

$$R[f,S_n]=I-S_n=-\frac{b-a}{180}\left(\frac{h}{2}\right)^4 f^{(4)}(\xi)\quad (\xi\in[a,b])$$

有

$$R[f,S_{2n}]=I-S_{2n}=-\frac{b-a}{180}\left(\frac{h}{4}\right)^4 f^{(4)}(\zeta)\quad (\zeta\in[a,b])$$

且有

$$R[f,S_n]-R[f,S_{2n}]=S_{2n}-S_n=-\frac{b-a}{180}\left(\frac{h}{4}\right)^4[16f^{(4)}(\xi)-f^{(4)}(\zeta)]$$

当n较大时，有$f^{(4)}(\xi)\approx f^{(4)}(\zeta)$，故

$$\frac{S_{2n}-S_n}{15}\approx I-S_{2n} \tag{3-19}$$

若要求绝对误差$|S_{2n}-S_n|<\varepsilon$ $\left(\text{或相对误差}\frac{|S_{2n}-S_n|}{|S_{2n}|}<\varepsilon\right)$，则必有$|I-S_{2n}|<\varepsilon$ $\left(\text{或}\frac{|I-S_{2n}|}{|S_{2n}|}<\varepsilon\right)$，即当步长减半，相邻两次运算的结果之差小于$\varepsilon$时，就可以停止计算，认为$S_{2n}$就是满足精度要求的积分近似值.

将积分区间$[a,b]$分为n等份，记$x_i=a+ih$ $(i=0,1,2,\cdots,n)$，步长$h_n=\dfrac{b-a}{n}$，$x_i=a+ih_n$，$x_{i+\frac{1}{4}}=x_i+\dfrac{h_n}{4}$，$x_{i+\frac{1}{2}}=x_i+\dfrac{h_n}{2}$，$x_{i+\frac{3}{4}}=x_i+\dfrac{3h_n}{4}$，则

$$S_n=\sum_{i=0}^{n-1}\frac{h_n}{6}[f(x_i)+4f(x_{i+\frac{1}{2}})+f(x_{i+1})] \tag{3-20}$$

$$\begin{aligned}S_{2n}&=\sum_{i=0}^{n-1}\left\{\frac{h_n}{12}[f(x_i)+4f(x_{i+\frac{1}{4}})+f(x_{i+\frac{1}{2}})]+\frac{h_n}{12}[f(x_{i+\frac{1}{2}})+4f(x_{i+\frac{3}{4}})+f(x_{i+1})]\right\}\\&=\sum_{i=0}^{n-1}\frac{h_n}{12}[f(x_i)+4f(x_{i+\frac{1}{4}})+2f(x_{i+\frac{1}{2}})+4f(x_{i+\frac{3}{4}})+f(x_{i+1})]\\&=\sum_{i=0}^{n-1}\frac{h_n}{12}[f(x_i)+4f(x_{i+\frac{1}{2}})+f(x_{i+1})]\\&\quad+\sum_{i=0}^{n-1}\frac{h_n}{3}[f(x_{i+\frac{1}{4}})+f(x_{i+\frac{3}{4}})]-\sum_{i=0}^{n-1}\frac{h_n}{6}f(x_{i+\frac{1}{2}})\end{aligned} \tag{3-21}$$

令$H_n(f)=h_n\sum\limits_{i=0}^{n-1}f(x_{i+\frac{1}{2}})$，$H_{2n}(f)=h_n\sum\limits_{i=0}^{n-1}[f(x_{i+\frac{1}{4}})+f(x_{i+\frac{3}{4}})]$，则

$$S_{2n}=\frac{S_n}{2}+\frac{1}{6}[2H_{2n}(f)-H_n(f)] \tag{3-22}$$

根据式(3-19)、式(3-22)，给定精度要求下自适应递归 Simpson 积分算法如下.

步骤 1　输入积分函数、积分区间端点、误差控制精度 eps;

步骤 2　n=1，用 Simpson 公式计算积分 S_n;　　% S_n 表示 n 等分复化 Simpson 积分结果，S_2n 表示 $2n$ 等分复化 Simpson 积分结果

　　E=1;　　% 初始化误差

步骤 3　while E>eps

$n = 2*n$; $h=h/2$; %将积分区间 $2n$ 等分，即步长分半
计算 S_2n %利用式(3-22)
E=abs(S_2n−S_n)/15 %利用式(3-19)
S_n=S_2n;
end
步骤 4 输出积分值 S_2n;

自适应递归 Simpson 积分的 MATLAB 程序如下.

```
function Q=simpson(f,a,b,eps)
%  f,a,b,eps 分别为被积函数，积行下限、积分上限，误差限
%  使用示例：
%      Q =simpson(@myfun,0,1,0.0001);
%      或
%      Q =simpson('myfun',0,1,0.0001)
%
%      %--------------------%
%      function y = myfun(x)% m 函数文件
%      y= 4./(1+x.^2);
%      %--------------------%
%      或
%      Q =simpson(myfun,0,1,0.0001)
%
%      %--------------------%
%      myfun=inline('4./(1+x.^2)')% 内联函数
%      %--------------------%
%      或
%      Q =simpson('myfun',0,1,0.0001)
%      %--------------------%
%      myfun='4./(1+x.^2)'% 字符表达式
%      %--------------------%
% $Copyright Zhigang Zhou$.
if(nargin==3)
   eps=1.0e-6;
end
format long;
n = 1;
```

```
h = (b-a)/2;
f_a_b = feval(f,a) + feval(f,b);
H_n_f = feval(f,a+h);
H_2n_f = 0;
S_n = (f_a_b+4*H_n_f)*h/3;
E= 1;
while E >eps
    n = 2*n;
    h = h/2;
    for i = 1:n
        H_2n_f = H_2n_f+feval(f,a-h+2*i*h);
    end
    S_2n=S_n*0.5+(2* H_2n_f-H_n_f)*2*h/3;      %利用式(3-22)
    H_n_f=H_2n_f;
    H_2n_f = 0;
    E=abs(S_2n-S_n)/15;     %利用式(3-19)
    S_n=S_2n;
end
Q=S_2n;
```

注意：simpson(f,a,b,eps)中的输入参数 f 是被积函数，可用三种形式：M 函数文件名、内联函数或字符表达式. a, b 是积分限，eps 是积分绝对误差限，默认为 10^{-6}. 程序输入参数及使用方法参看程序的说明部分.

MATLAB 有专门用来求数值积分的命令，这里仅介绍常用的 quad 命令. quad 命令也是采取自适应递归 Simpson 积分思想编写的，调用格式为

quad(f,a,b,eps)

其中，输入参数 f 是被积函数，可用三种形式：M 函数文件名、内联函数或字符表达式. 函数表达式中的乘、除和幂运算必须用数组算法符号. a, b 是积分限，eps 是积分绝对误差限，默认为 10^{-6}.

例 3-6 用自适应递归 Simpson 积分计算 $I=\int_0^1 \frac{4}{1+x^2}dx$，绝对误差限取 10^{-6} (结果至少精确到小数点后第五位数字).

解法一 利用程序 Q=simpson(f,a,b,eps).

在当前路径下先编写并保存 M 函数文件 f. m.

```
function y=f(x)
y=4./(1+x.^2);
```

在命令框输入：

```
>> clear
>> Q=simpson(@f,0,1)
Q =
  3.141592651224822
```

或者直接在命令框输入：

```
>> clear
>> format long;      %长格式输出数值结果
>> f=inline('4./(1+x.^2)');     %内联函数
>> Q=simpson(f,0,1,1e-6)     %也可以使用Q=simpson(f,0,1)
Q =
  3.141592651224822
```

解法二　利用 MATLAB 数值计算工具箱的数值积分命令 quad.

该方法需要利用方法一中的 M 函数文件 f.m.

```
>> clear
>> format long;
>> Q=quad(@f,0,1,1e-6)     %也可以使用Q=quad(@f,0,1)
Q =
  3.141592682924567
```

或者直接在命令框输入：

```
>> clear
>> format long;      %长格式输出数值结果
>> f=inline('4./(1+x.^2)');     %内联函数
>> Q=quad(f,0,1,1e-6)     %也可以使用Q=quad(f,0,1)
Q =
  3.141592682924567
```

注意：(1) simpson(f,a,b,eps)中 f 的输入格式参照程序说明，当 f 是字符串形式时，f 要加引号，即 simpson('f',a,b,eps)，quad(f,a,b,eps)中的 f 无须加引号. 当 f 以其他形式输入时，simpson(f,a,b,eps)与 quad(f,a,b,eps)中 f 的输入格式一样.

(2) 本题利用 Newton-Leibniz 公式易得结果为π，其主要目的是让读者体会自适应递归积分的优点. 自适应递归积分的优点是在已知被积函数表达式的情况下能自动控制积分误差，得到预定误差范围内的积分结果.

(3) quad(f,a,b,eps)及 simpson(f,a,b,eps)都不能求解无穷积分与瑕积分等非正常积分，如无穷积分$\int_0^{+\infty} e^{-\frac{x^2+x+1}{x+1}} dx$.

3.4 Gauss 求积公式

任意给定积分区间$[a,b]$上$n+1$个互异的节点x_k $(k=0,1,2,\cdots,n)$及其函数值$f(x_k)$，插值型求积公式$\int_a^b f(x)\mathrm{d}x \approx \sum_{k=0}^{n} w_k f(x_k)$的代数精度至少是$n$次. 本节将讨论具有更高代数精度的机械求积公式，使得积分区间$[a,b]$上$n+1$个互异节点的机械求积公式的代数精度至少为$2n+1$次.

3.4.1 基本定义

对于机械求积公式$\int_a^b f(x)\mathrm{d}x \approx \sum_{k=0}^{n} w_k f(x_k)$，把互异节点$x_k$及系数$w_k$ $(k=0,1,2,\cdots,n)$视为$2n+2$个待定参数，给出$2n+2$个条件，即当$f(x)$取$1, x, x^2,\cdots,x^{2n+1}$时，机械求积公式$\int_a^b f(x)\mathrm{d}x \approx \sum_{k=0}^{n} w_k f(x_k)$精确成立，此时机械求积公式$\int_a^b f(x)\mathrm{d}x \approx \sum_{k=0}^{n} w_k f(x_k)$的代数精度至少为$2n+1$次，称此类高精度的机械求积公式为 **Gauss 求积公式**(Gaussian quadrature formula)，互异节点x_k $(k=0,1,2,\cdots,n)$称为$[a,b]$上的 **Gauss 点**(Gaussian nodes).

3.4.2 Gauss 求积公式的构造

按照 Gauss 求积公式的定义构造$\int_a^b f(x)\mathrm{d}x \approx \sum_{k=0}^{n} w_k f(x_k)$需要求解非线性方程组，有时比较麻烦. 事实上，根据定理 3-1，Gauss 求积公式必须是插值型的，故 Gauss 求积公式的关键问题是确定 Gauss 点. 利用 Gauss 点确定的插值基函数或求解一个线性方程组可得 Gauss 求积公式的求积系数w_k.

例 3-7 导出 2 点 Gauss 求积公式：$\int_a^b f(x)\mathrm{d}x \approx w_0 f(x_0) + w_1 f(x_1)$.

解 先假定$a=-1, b=1$，按照 Gauss 求积公式的定义，当$f(x)$取$1, x, x^2, x^3$时，2 点 Gauss 求积公式准确成立，得非线性方程组：

$$\begin{cases} w_0 + w_1 = \int_{-1}^{1} 1\mathrm{d}x = 2 \\ w_0 x_0 + w_1 x_1 = \int_{-1}^{1} x\mathrm{d}x = 0 \\ w_0 x_0^2 + w_1 x_1^2 = \int_{-1}^{1} x^2\mathrm{d}x = \dfrac{2}{3} \\ w_0 x_0^3 + w_1 x_1^3 = \int_{-1}^{1} x^3\mathrm{d}x = 0 \end{cases}$$

可解得$x_0 = -\dfrac{1}{\sqrt{3}}$，$x_1 = \dfrac{1}{\sqrt{3}}$，$w_0 = w_1 = 1$，即有

$$\int_{-1}^{1} f(x)\mathrm{d}x \approx f\left(-\frac{1}{\sqrt{3}}\right)+f\left(\frac{1}{\sqrt{3}}\right)$$

对于一般情形，通过积分换元 $x=\frac{b-a}{2}t+\frac{a+b}{2}$ 将积分区间 $[a,b]$ 变为 $[-1,1]$，即

$$\int_{a}^{b} f(x)\mathrm{d}x=\int_{-1}^{1} f\left(\frac{b-a}{2}t+\frac{a+b}{2}\right)\frac{b-a}{2}\mathrm{d}t$$

令 $g(t)=f\left(\frac{b-a}{2}t+\frac{a+b}{2}\right)$，

$$\int_{a}^{b} f(x)\mathrm{d}x=\frac{b-a}{2}\int_{-1}^{1} g(t)\mathrm{d}t \approx \frac{b-a}{2}\left[g\left(-\frac{1}{\sqrt{3}}\right)+g\left(\frac{1}{\sqrt{3}}\right)\right]$$

即得具有 3 次代数精度的 2 点 Gauss 求积公式：

$$\int_{a}^{b} f(x)\mathrm{d}x \approx \frac{b-a}{2}\left[f\left(-\frac{b-a}{2\sqrt{3}}+\frac{a+b}{2}\right)+f\left(\frac{b-a}{2\sqrt{3}}+\frac{a+b}{2}\right)\right] \tag{3-23}$$

$[a,b]$ 上的 Gauss 点为 $x_0=-\frac{b-a}{2\sqrt{3}}+\frac{a+b}{2}$，$x_1=\frac{b-a}{2\sqrt{3}}+\frac{a+b}{2}$.

更多 Gauss 点的 Gauss 求积公式的构造类似例 3-7，但求解非线性方程组比较困难，一般利用定理 3-2 求解 Gauss 点，然后利用它们构造 Gauss 求积公式.

定理 3-2　$[-1,1]$ 上的 n 个 Gauss 点恰为 n 次 Legendre 多项式 $\frac{\mathrm{d}^n}{\mathrm{d}x^n}(x^2-1)^n$ 的根.

当 $n=1$ 时，$\frac{\mathrm{d}}{\mathrm{d}x}(x^2-1)=2x=0$，故 $[-1,1]$ 上的 Gauss 点为 $x_0=0$；当 $n=2$ 时，$\frac{\mathrm{d}^2}{\mathrm{d}x^2}(x^2-1)^2=12x^2-4=0$，故 $[-1,1]$ 上的 Gauss 点为 $x_0=-\frac{1}{\sqrt{3}}$，$x_1=\frac{1}{\sqrt{3}}$，结果与例 3-7 一致. 类似地，当 $n=3$ 时，$[-1,1]$ 上的 Gauss 点为 $x_0=-\sqrt{\frac{3}{5}}$. $x_1=0$，$x_2=\sqrt{\frac{3}{5}}$. 然后，利用插值基函数计算求积系数 $w_k=\int_{-1}^{1} l_k(x)\mathrm{d}x\ (k=0,1,2)$，或者类似例 3-1 通过求解一个线性方程组得到求积系数，从而得到 3 点 Gauss 求积公式：

$$\int_{-1}^{1} f(x)\mathrm{d}x \approx \frac{5}{9}f\left(-\sqrt{\frac{3}{5}}\right)+\frac{8}{9}f(0)+\frac{5}{9}f\left(\sqrt{\frac{3}{5}}\right) \tag{3-24}$$

根据 $\int_{a}^{b} f(x)\mathrm{d}x=\int_{-1}^{1} f\left(\frac{b-a}{2}t+\frac{a+b}{2}\right)\frac{b-a}{2}\mathrm{d}t$，再利用式(3-24)，可得区间 $[a,b]$ 上的 3 点 Gauss 求积公式：

$$\int_{a}^{b} f(x)\mathrm{d}x \approx \frac{b-a}{2}\left[\frac{5}{9}f\left(-\frac{b-a}{2}\sqrt{\frac{3}{5}}+\frac{a+b}{2}\right)+\frac{8}{9}f\left(\frac{a+b}{2}\right)+\frac{5}{9}f\left(\frac{b-a}{2}\sqrt{\frac{3}{5}}+\frac{a+b}{2}\right)\right] \tag{3-25}$$

可证明 Gauss 求积公式 $\int_a^b f(x)\mathrm{d}x \approx \sum_{k=0}^{n} w_k f(x_k)$ 的余项为

$$R_{\mathrm{G}} = \frac{f^{(2n+2)}(\xi)}{(2n+2)!}\int_a^b \prod_{i=0}^{n}(x-x_i)^2\mathrm{d}x \quad (\xi\in[a,b])$$

练习：(1) 推导 1 点 Gauss 求积公式：$\int_a^b f(x)\mathrm{d}x \approx w_0 f(x_0)$.

参考答案：$\int_a^b f(x)\mathrm{d}x \approx (b-a)f\left(\frac{a+b}{2}\right)$，称为中矩形求积公式.

(2) 推导式(3-25).

(3) 利用(1)的结果及式(3-23)、式(3-25)计算 $\int_0^1 \frac{4}{1+x^2}\mathrm{d}x$，结果保留 4 位有效数字，与精确结果 π 进行比较.

参考答案：3.200，3.148，3.141.

$\int_{-1}^{1} f(x)\mathrm{d}x$ 常用的 1 点、2 点、3 点 Gauss 求积公式的 Gauss 点及对应的求积系数见表 3-4.

表 3-4　Gauss 求积公式的 Gauss 点及对应的求积系数

Gauss 点个数	Gauss 点	求积系数	代数精度
1	0	2	1
2	$\pm 1/\sqrt{3}$	1	3
3	0	8/9	5
	$\pm\sqrt{3/5}$	5/9	

3.4.3　复化 Gauss 求积公式的 MATLAB 程序

根据复化求积思想，将积分区间等分，在每个子区间使用 Gauss 求积公式，所有子区间的 Gauss 求积结果求和为最终的积分结果，从而进一步提高计算精度. 利用表 3-4 及练习(1)的结果、式(3-23)、式(3-25)编写的复化 Gauss 求积公式的 MATLAB 程序如下.

```
function g=gauss(fname,a,b,n,m)
%用途：复化 Gauss 求积公式
%fname 为被积函数，a,b 分别为积分下、上限，n 为等分区间数
%m 为每个区间使用的 Gauss 点个数
switch m
       case 1
       t=0;w=2;
       case 2
       t=[-1/sqrt(3),1/sqrt(3)];w=[1,1];
```

```
        case 3
        t=[-sqrt(0.6) 0 sqrt(0.6)];w=[5/9,8/9,5/9];
        otherwise
        error('本程序 Gauss 点个数只取 1,2,3');
end
x=linspace(a,b,n+1);
%从 a 开始，到 b 结束，生成等差数列，等差数列的长度为 n+1
g=0;     %存储积分结果
for i=1:n
    g=g+gs(fname,x(i),x(i+1),w,t);
end
%被主程序调用的子函数，用 Gauss 积分公式计算函数在区间 [a,b]上的积分
function g=gs(fname,a,b,w,t)
g=(b-a)/2*sum(w.* fname((b-a)/2.*t+(a+b)/2));
```

例 3-8　用编写的复化 Gauss 求积公式的 MATLAB 程序计算 $\int_0^1 \frac{4}{1+x^2}\mathrm{d}x$.

解　在命令框输入：

```
>> format long;
>> gauss(@(x)4./(1+x.^2),0,1,10,3)
ans =
   3.141592653560033
```

例 3-8 中将积分区间 $[0,1]$ 10 等分，在每个子区间使用 3 点 Gauss 积分公式，与解析解 3.14159265358…相比可知，程序计算结果的精度非常高，若将积分区间进行更多等分，程序计算结果的精度将不断提高.

3.5　MATLAB 常用数值积分命令简介

MATLAB 除 quad(f,a,b,eps)外，还有其他基于不同数值算法的数值积分命令. 基于科研及一些实际问题解决的需要，本节着重介绍部分常用数值积分的 MATLAB 命令的使用方法. 在 MATLAB 命令框输入 help funfun，可以查询数值积分的所有命令，包括二重积分、三重积分. 单击相应的命令可查询它的使用方法及命令中参数的意义.

在 MATLAB 命令框输入：>> doc integral，>> doc integral2，>> doc integral3，按回车键后可以分别查询定积分、二重积分、三重积分三个常用的高精度数值积分命令，利用 MATLAB 的帮助功能可以了解这些数值积分命令的使用方法.

例 3-9　计算无穷积分 $\int_0^{+\infty} \mathrm{e}^{-\frac{x^2+x+1}{x+1}}\mathrm{d}x$.

解　在 MATLAB 命令框输入：

```
>> format long;
>> q=integral(@(x)exp(-(x.^2+x+1). /(x+1)),0,inf)
q =
   0.564134605548975
```

例 3-10 计算瑕积分 $\int_{-1}^{1}\frac{1}{\sqrt{1-x^2}}\mathrm{d}x$.

解 在 MATLAB 命令框输入:

```
>> format long;
>> q=integral(@(x)(1./sqrt(1-x.^2)),-1,1)
q =
   3.141592653589342
```

例 3-11 计算: (1) $\int_0^1\mathrm{d}x\int_0^3\frac{1}{(1+x+y)^2}\mathrm{d}y$;

(2) $\iint\limits_{x^2+y^2\leqslant 1}\ln(2+x^3+y\cos x)\mathrm{d}x\mathrm{d}y$;

(3) $\iiint\limits_{0\leqslant x\leqslant 1,x^2+y^2+z^2\leqslant 1}(x\sin y+z^2\cos y)\mathrm{d}x\mathrm{d}y\mathrm{d}z$.

解 (1) 在 MATLAB 命令框输入:

```
>> format long;
>> fun1=@(x,y)1./(1+x+y). ^2;
>> q1=integral2(fun1,0,1,0,3)
q1 =
   0.470003628953873
```

(2) 在 MATLAB 命令框输入:

```
>> format long;
>> fun2=@(x,y)log(2+x.^3+y.*cos(x));
>> ymin=@(x)-sqrt(1-x.^2);
>> ymax=@(x)sqrt(1-x.^2);
>> q2=integral2(fun2,-1,1,ymin,ymax)
q2 =
   2.054474938842316
```

(3) 在 MATLAB 命令框输入:

```
>> format long;
>> fun3=@(x,y,z)x.*sin(y)+z.^2.*cos(y);
>> ymin=@(x) -sqrt(1-x.^2);
>> ymax=@(x) sqrt(1-x.^2);
>> zmin=@(x,y) -sqrt(1-x.^2-y.^2);
```

```
>> zmax=@(x,y) sqrt(1-x.^2-y.^2);
>> q3=integral3(fun3,0,1,ymin,ymax,zmin,zmax)
q3 =
   0.389777727264364
```

值得注意的是，MATLAB 有符号积分命令 int，但是当被积函数的初等原函数不存在时，命令 int 失效，只能用数值积分命令. 另外，介绍如下几个常用数值积分命令.

(1) [q,fcnt] = quadl(fun,a,b,tol,trace,varargin)，自适应 Lobatto 数值积分，适用于精度要求高、被积函数曲线比较平滑的数值积分. 输出 q 是积分结果，fcnt 是积分过程中计算函数值的次数. 注意事项为，积分限[a, b]必须是有限的. 运行时可能出现警告：'Minimum step size reached'，意味着子区间的长度与计算机的舍入误差相当，无法继续计算，原因可能是有不可积的奇点；'Maximum function count exceeded'，意味着积分递归计算超过了 10000 次，原因可能是有不可积的奇点；'Infinite or Not-a-Number function value encountered'，意味着在积分计算时，区间内出现了浮点数溢出或者被零除.

(2) [q,errbnd] = quadgk(fun,a,b,param1,val1,param2, val2, ...)，适用于高精度和振荡数值积分，支持无穷区间，并且能够处理端点包含奇点的情况，同时支持不连续函数积分、复数域线性路径的围道积分. 输出 q 是积分结果，errbnd 是积分绝对误差的一个近似上界. 注意事项：被积函数 fun 必须是函数句柄；积分限[a, b]可以是[-inf, inf]，但必须快速衰减；被积函数在端点可以有奇点，如果区间内部有奇点，利用奇点将积分区间划分成多个子区间进行积分，也就是说奇点只能出现在积分区间的端点上.

例 3-12　计算无穷积分 $\int_0^{+\infty} e^{-\frac{x^2+x+1}{x+1}} dx$.

解法一　在 MATLAB 命令框输入：

```
>> clear
>> format long;
>> f=@(x)exp(-(x.^2+x+1)./(x+1))        %句柄函数，且“.”不能缺少
f =
    @(x)exp(-(x.^2+x+1). /(x+1))
>> Q = quadgk(f,0,inf)
Q =
   0.564134605548975
```

解法二　在当前路径下建立 M 函数文件 f.m.

```
function y=f(x)
y=exp(-(x.^2+x+1). /(x+1));
```

在 MATLAB 命令框输入：

```
>> clear
```

```
>> format long;
>> Q = quadgk(@f,0,inf)
Q =
   0.564134605548975
```

例 3-13 计算瑕积分$\int_{-1}^{1}\frac{1}{\sqrt{1-x^2}}\mathrm{d}x$(1，−1 都是瑕点或无界点，容易计算该积分的解析解是π).

解 在 MATLAB 命令框输入：

```
>> clear
>> format long;
>> f=@(x)(1./sqrt(1-x.^2));
>> Q = quadgk(f,-1,1)
Q =
   3.141592653589342
```

(3) `q = quad2d(fun,a,b,c,d,param1,val1,param2,val2,...)`，求解二元函数 `fun(x,y)` 在$a\leqslant x\leqslant b, c(x)\leqslant y\leqslant d(x)$范围的二重积分，其中$c(x)$，$d(x)$可为一元函数，也可以是常数.

例 3-14 计算$\iint\limits_D \frac{1}{(1+x+y)^2\sqrt{x+y}}\mathrm{d}x\mathrm{d}y$，其中，$D:\{(x,y)\,|\,0\leqslant x\leqslant 1, 0\leqslant y\leqslant 1-x\}$ $\left(\text{解析解为}\frac{\pi}{4}-\frac{1}{2}\right)$.

解 在 MATLAB 命令框输入：

```
>> clear
>> format long;
>> fun = @(x,y) 1./(sqrt(x + y).* (1 + x + y). ^2);
>> ymax = @(x) 1 - x;
>> Q = quad2d(fun,0,1,0,ymax)
Q =
   0.285398259384449
```

数值实验一

1. 已知$f(x)$的函数值如下表所示，分别用复化梯形公式与复化 Simpson 公式手工和编程计算$I=\int_{1.8}^{2.6}f(x)\mathrm{d}x$的近似值.

x	1.8	2.0	2.2	2.4	2.6
$f(x)$	3.1	4.4	6.0	8.0	10.0

参考答案：用复化梯形公式进行计算，在命令框输入如下程序.

```
>> x=[1.8 2 2.2 2.4 2.6];
>> y=[3.1 4.4 6 8 10];
>> T=tquad(x,y)
```

按回车键，得

```
T =
    4.9900
```

或者直接调用 MATLAB 函数 `trapz(x,y)` 进行计算.

```
>> T=trapz(x,y)
T =
    4.9900
```

用复化 Simpson 公式进行计算，在命令框输入如下程序.

```
>> x=[1.8 2 2.2 2.4 2.6];
>> y=[3.1 4.4 6 8 10];
>> S=squad(x,y)
S =
    4.9800
```

2. 用复化梯形公式 T_4、复化 Simpson 公式 S_4 求 $I=\int_1^9 \sqrt{x}\mathrm{d}x$ 的近似值 $\left(\text{本题的解析解显然为}\dfrac{2}{3}x^{3/2}=17.333333\cdots\right)$.

参考答案：用复化梯形公式 T_4 计算时，在命令框输入如下程序.

```
>> X=1:2:9;Y=X.^(1/2);
>> T=tquad(X,Y)
T =
   17.2277
```

用复化 Simpson 公式 S_4 计算时，在命令框输入如下程序.

```
>> X=1:1:9;Y=X.^(1/2);
>> S=squad(X,Y)
S =
   17.3321
```

请思考：T_4, S_4 分别需要多少个节点？其函数值分别是多少？为什么 T_4 使用 `X=1:2:9`，而 S_4 使用 `X=1:1:9`？把以上两个近似解与解析解比较，说明什么问题？

3. 将积分区间 6 等分，用复化 Simpson 公式计算

$$I=\int_0^{\frac{\pi}{6}} \sqrt{4-\sin^2 x}\mathrm{d}x$$

参考答案：在命令框输入如下程序.

```
>> X=0:pi/36:pi/6 ;Y=sqrt((4-sin(X). ^2));
>> S=squad(X,Y)
```

按回车键，得

```
S =
    1.0358
```

需要注意的是，本题被积函数的原函数不是初等函数，利用 Newton-Leibniz 公式无法求解.

4. 已知飞机从地面上升到 H km 高度所需的时间可用公式 $t=\int_0^H \frac{1}{v(h)}\mathrm{d}h$ 计算，根据下表计算飞机上升到10 km 高空所需的时间.

h/km	0	2	4	6	8	10
v/(km/s)	50.0	46.0	40.0	32.2	22.5	10.0

参考答案：利用 `T=tquad(X,Y)` 或者直接调用 MATLAB 函数 `trapz(X,Y)` 计算得出 t= 0.3645.

5. 用自适应递归 Simpson 积分计算第 3 题中的积分：

$$I=\int_0^{\frac{\pi}{6}}\sqrt{4-\sin^2 x}\mathrm{d}x$$

绝对误差限取10^{-6}，与第 3 题的结果比较，体会自适应递归 Simpson 积分的优点.

参考答案：在命令框输入如下程序.

```
>> f=inline('sqrt(4-sin(x)^2)');
>> Q=simpson(f,0,pi/6)
```

按回车键，得

```
Q =
   1.035763950958156
```

或者，输入：

```
>>  f=@(x)(sqrt(4-sin(x). ^2));
>> Q=simpson(f,0,pi/6)
```

按回车键，得

```
Q =
   1.035763950958156
```

6. 对于积分 $\int_0^1 \frac{4}{1+x^2}\mathrm{d}x$，将区间 10 等分，使用复化 3 点 Gauss 求积公式程序 `g=gauss(fname,a,b,n,m)`、复化梯形公式程序 `T=tquad(x,y)`、复化 Simpson 公式程序 `S=squad(x,y)`、自适应递归 Simpson 积分程序 `Q=simpson(f,a,b)` 计算结果，与精确结果 π 比较，哪种算法的计算效果好？

参考答案：在 MATLAB 命令框输入并运行如下程序.

```
>> format long;
>> x=linspace(0,1,11);
>> y=4./(1+x.^2);
>> S=tquad(x,y)
S =
   3.139925988907159
>> S=squad(x,y)
S =
   3.141592613939215
>> simpson(@(x)4./(1+x.^2),0,1)
Elapsed time is 0.001291 seconds.
ans =
   3.141592651224822
>> gauss(@(x)4./(1+x.^2),0,1,10,3)
ans =
   3.141592653560033
>> pi
ans =
   3.141592653589793
```

7. 用 quadgk(fun,a,b)计算反常积分：$I=\int_0^{+\infty}\dfrac{1}{\sqrt{x(x+1)^3}}\mathrm{d}x$ (此积分既是无穷积分，又有瑕点 0，解析解为 2).

参考答案：在 MATLAB 命令框输入如下程序.

```
>> clear
>> format long;
>> f=@(x)(1./sqrt(x.*(x+1). ^3));
>> Q=quadgk(f,0,inf)
Q =
   2.000000000000000
```

8. 计算 $\iint\limits_D(y\sin x+x\cos y)\mathrm{d}x\mathrm{d}y$,其中, $D:\{(x,y)\mid\pi\leqslant x\leqslant 2\pi,0\leqslant y\leqslant\pi\}$ (解析解为 $-\pi^2$).

参考答案：–9.869604400888917.

3.6　数值微分法

利用函数 $f(x)$ 在某些节点 $x_0<x_1<\cdots<x_n$ 上的给定值，近似地求出它在某点的导数

值，即**数值微分**(numerical differentiation).

3.6.1 插值型求导公式原理

插值型求导公式的构造原理是，对于函数 $y=f(x)$，给定离散点 $x_0<x_1<\cdots<x_n$ 及相应的函数值，建立插值多项式函数 $p_n(x)$，因多项式函数求导比较容易，且 $p_n(x)\approx f(x)$，则有

$$p_n'(x)\approx f'(x) \tag{3-26}$$

必须指出，即使 $p_n(x)$ 与 $f(x)$ 相差不多，导数的近似值 $p_n'(x)$ 与导数的真实值 $f'(x)$ 仍然可能差别很大，因而在利用求导公式(3-26)时应特别注意误差分析. 容易证明，在节点 x_k 处(非节点处式(3-27)不成立)，有如下误差公式：

$$f'(x_k)-p_n'(x_k)=\frac{f^{(n+1)}(\xi)}{(n+1)!}\omega_{n+1}'(x_k) \tag{3-27}$$

式中，$\omega_{n+1}(x)=\prod_{k=0}^{n}(x-x_k)$.

3.6.2 插值型求导公式的构造

为简化讨论，下面考察等距节点处的导数值.

1. 两点公式

设已给出两个节点 x_0,x_1 上面的函数值 $f(x_0),f(x_1)$，做线性插值，得

$$p_1(x)=\frac{x-x_1}{x_0-x_1}f(x_0)+\frac{x-x_0}{x_1-x_0}f(x_1)$$

对此式两端求导，记 $x_1-x_0=h$，得

$$p_1'(x)=\frac{1}{h}[-f(x_0)+f(x_1)]$$

此时有下列求导公式：

$$f'(x_0)\approx p_1'(x_0)=\frac{1}{h}[f(x_1)-f(x_0)] \tag{3-28}$$

$$f'(x_1)\approx p_1'(x_1)=\frac{1}{h}[f(x_1)-f(x_0)] \tag{3-29}$$

由式(3-27)容易计算误差，为 $f'(x_0)-p_1'(x_0)=-\frac{h}{2}f''(\xi)$，$f'(x_1)-p_1'(x_1)=\frac{h}{2}f''(\xi)$.

一般地，记 $x_{i+1}-x_i=h$，称

$$f'(x_i)\approx\frac{f(x_i+h)-f(x_i)}{h} \tag{3-30}$$

$$f'(x_i)\approx\frac{f(x_i)-f(x_i-h)}{h} \tag{3-31}$$

为**向前差商**(forward difference quotient)和**向后差商**(backward difference quotient)公式. 取

式(3-30)、式(3-31)的均值，得

$$f'(x_i) \approx \frac{f(x_i+h)-f(x_i-h)}{2h} \tag{3-32}$$

称式(3-32)为**中心差商**(central difference quotient)公式. 就精度而言，用中心差商公式计算导数更为可取(从导数的几何意义很容易明白其原因). 带余项的中心差商公式为

$$f'(x_i) = \frac{f(x_i+h)-f(x_i-h)}{2h} - \frac{h^2}{6} f'''(\xi) \quad (\xi \in (x_i-h, x_i+h))$$

从截断误差的角度看，步长越小，中心差商公式计算的导数越精确. 从舍入误差的角度看，步长较小，$f(x_i+h)-f(x_i-h)$ 会造成有效数字的严重损失，因此利用中心差商公式计算导数需要一个合适的步长.

2. 三点公式

设已给出三个节点 $x_0, x_1 = x_0+h, x_2 = x_1+h$ 上面的函数值，做二次插值多项式：

$$\begin{aligned} p_2(x) = & \frac{(x-x_1)(x-x_2)}{(x_0-x_1)(x_0-x_2)} f(x_0) + \frac{(x-x_0)(x-x_2)}{(x_1-x_0)(x_1-x_2)} f(x_1) \\ & + \frac{(x-x_0)(x-x_1)}{(x_2-x_0)(x_2-x_1)} f(x_2) \end{aligned}$$

令 $x = x_0 + th$，上式可表示为

$$p_2(x_0+th) = \frac{1}{2}(t-1)(t-2)f(x_0) - t(t-2)f(x_1) + \frac{1}{2}t(t-1)f(x_2)$$

两端对 t 求导，有

$$p_2'(x_0+th) = \frac{1}{2h}\left[(2t-3)f(x_0) - (4t-4)f(x_1) + (2t-1)f(x_2)\right] \tag{3-33}$$

式(3-33)中的 t 分别取 0, 1, 2，可得以下三种三点一阶求导公式：

$$f'(x_0) \approx p_2'(x_0) = \frac{1}{2h}\left[-3f(x_0) + 4f(x_1) - f(x_2)\right] \tag{3-34}$$

$$f'(x_1) \approx p_2'(x_1) = \frac{1}{2h}\left[-f(x_0) + f(x_2)\right] \tag{3-35}$$

$$f'(x_2) \approx p_2'(x_2) = \frac{1}{2h}\left[f(x_0) - 4f(x_1) + 3f(x_2)\right] \tag{3-36}$$

带余项的三点一阶求导公式为

$$f'(x_0) = \frac{1}{2h}\left[-3f(x_0) + 4f(x_1) - f(x_2)\right] + \frac{h^2}{3} f'''(\xi) \tag{3-37}$$

$$f'(x_1) = \frac{1}{2h}\left[-f(x_0) + f(x_2)\right] - \frac{h^2}{6} f'''(\xi) \tag{3-38}$$

$$f'(x_2) = \frac{1}{2h}\left[f(x_0) - 4f(x_1) + 3f(x_2)\right] + \frac{h^2}{3} f'''(\xi) \tag{3-39}$$

将式(3-33)对 t 再一次求导，可推出三点二阶求导公式：

$$f''(x_1) \approx p_2''(x_1) = \frac{1}{h^2}\left[f(x_1-h) - 2f(x_1) + f(x_1+h)\right] \tag{3-40}$$

利用 Taylor 展开式可证明带余项的三点二阶求导公式为

$$f''(x_1) = \frac{1}{h^2}\left[f(x_1-h) - 2f(x_1) + f(x_1+h)\right] - \frac{h^2}{12} f^{(4)}(\xi) \tag{3-41}$$

3. 五点公式

设已给出五个节点 $x_i = x_0 + ih \ (i = 0,1,2,3,4)$ 上的函数值，类似三点一阶求导公式的推导过程，不难导出下列五点一阶求导公式：

$$f'(x_0) \approx \frac{1}{12h}\left[-25f(x_0) + 48f(x_1) - 36f(x_2) + 16f(x_3) - 3f(x_4)\right] \tag{3-42}$$

$$f'(x_1) \approx \frac{1}{12h}\left[-3f(x_0) - 10f(x_1) + 18f(x_2) - 6f(x_3) + f(x_4)\right] \tag{3-43}$$

$$f'(x_2) \approx \frac{1}{12h}\left[f(x_0) - 8f(x_1) + 8f(x_3) - f(x_4)\right] \tag{3-44}$$

$$f'(x_3) \approx \frac{1}{12h}\left[-f(x_0) + 6f(x_1) - 18f(x_2) + 10f(x_3) + 3f(x_4)\right] \tag{3-45}$$

$$f'(x_4) \approx \frac{1}{12h}\left[3f(x_0) - 16f(x_1) + 36f(x_2) - 48f(x_3) + 25f(x_4)\right] \tag{3-46}$$

对于给定的等距节点及函数值数据表，用上述五点一阶求导公式求节点上的导数值一般可获得满意的结果. 五个相邻节点的选取原则一般是，在所考察的节点的两侧各取两个邻近的节点，若一侧的节点不够两个(一侧只有一个节点或没有节点)，则用另一侧的节点补足. 类似地，还可以导出五点二阶求导公式，感兴趣的读者可以参阅相关书籍.

利用插值多项式求数值导数时，插值多项式 $P_n(x)$ 可以收敛到 $f(x)$，但 $P_n'(x)$ 不一定收敛到 $f'(x)$；此外，当 h 缩小时，截断误差减小，但舍入误差可能增加.

3.6.3 MATLAB 五点一阶求导公式的程序

MATLAB 中没有直接提供求数值导数的函数(命令). 将五点一阶求导公式式(3-42)～式(3-46)作为算法容易编写如下 MATLAB 求导程序.

```
function deri=FivePoint_deri(f,x0,index,h)
% $Copyright Zhigang Zhou$.
if nargin == 3 || isempty(h)
    h = 0.01;
else if (nargin == 4 && h == 0.0)
        disp('h不能为0! ');
        return;
```

```
    end
end
y0 = f(x0); y1 = f(x0+h); y2 = f(x0+2*h); y3 = f(x0+3*h); y4 =
f(x0+4*h);
y_1 = f(x0-h); y_2 = f(x0-2*h); y_3 = f(x0-3*h); y_4 = f(x0-4*h);
switch index
    case 1
        deri=(-25*y0+48*y1-36*y2+16*y3-3*y4)/(12*h);    %式(3-42)
    case 2
        deri=(-3*y_1-10*y0+18*y1-6*y2+y3)/(12*h);    %式(3-43)
    case 3
        deri=(y_2-8*y_1+8*y1-y2)/(12*h);    %式(3-44)
    case 4
        deri=(3*y1+10*y0-18*y_1+6*y_2-y_3)/(12*h);    %式(3-45)
    case 5
        deri=(25*y0-48*y_1+36*y_2-16*y_3+3*y_4)/(12*h);    %式(3-46)
end
```

3.6.4 Richardson 一阶求导算法及其 MATLAB 程序

用一个步长为 h 的函数 F 去逼近一个函数 F^* ($F^*=\lim\limits_{h\to0}F$)，其误差为

$$E(F^*)=F^*-F(h)=a_1h^{p_1}+a_2h^{p_2}+\cdots+a_kh^{p_k}+\cdots \tag{3-47}$$

其中，$p_k>p_{k-1}>\cdots>p_2>p_1>0$，$a_i,p_i$ 是与 h 无关的常数，即 F 逼近 F^* 的误差的阶是 h^{p_1}.

如果令

$$F_2(h)=\frac{1}{1-q^{p_1}}\left[F(qh)-q^{p_1}F(h)\right],\qquad 1-q^{p_1}\neq0$$

容易验证 F 逼近 F^* 的误差的阶是 h^{p_2}. 重复这样的做法，有

$$\begin{cases}F_1(h)=F(h)\\ F_{m+1}(h)=\dfrac{1}{1-q^{p_m}}\left[F_m(qh)-q^{p_m}F_m(h)\right]\quad(m=1,2,\cdots)\end{cases} \tag{3-48}$$

其中，q 是满足 $1-q^{p_m}\neq0$ $(m=1,2,\cdots)$ 的适当正数，式(3-48)称为 **Richardson 加速算法** (Richardson acceleration algorithm).

用中心差商公式计算导数值，有 $f'(x)\approx G(h)=\dfrac{f\left(x+\dfrac{h}{2}\right)-f\left(x-\dfrac{h}{2}\right)}{h}$，利用 $f\left(x+\dfrac{h}{2}\right)$，$f\left(x-\dfrac{h}{2}\right)$ 在 x 处展开成的 Taylor 级数，有

$$f'(x)-G(h)=a_1h^2+a_2h^4+a_3h^6+\cdots$$

其中，a_i 与 h 无关. 利用 Richardson 加速算法，取 $q=\dfrac{1}{2}$，有

$$\begin{cases} G_1(h)=G(h) \\ G_{m+1}(h)=\dfrac{1}{1-\left(\dfrac{1}{2}\right)^{2m}}\left[G_m\left(\dfrac{h}{2}\right)-\left(\dfrac{1}{2}\right)^{2m}G_m(h)\right] \quad (m=1,2,\cdots) \end{cases} \tag{3-49}$$

算法(3-49)就是 Richardson 一阶求导算法，计算过程如图 3-1 所示. Richardson 一阶求导算法的截断误差为 $f'(x)-G_{m+1}(h)=o[h^{2(m+1)}]$，所以 m 越大，越精确，但算法中要计算 $G\left(\dfrac{h}{2^m}\right)$，故该算法也受到舍入误差$\left(m\text{ 较大，}f\left(x+\dfrac{h}{2^m}\right)\text{与 }f\left(x-\dfrac{h}{2^m}\right)\text{相减会损失有效数字}\right)$的影响，$m$ 不能取得很大.

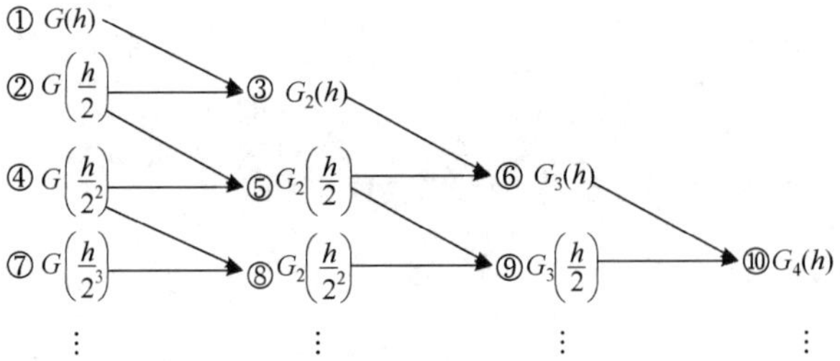

图 3-1　Richardson 一阶求导算法计算步骤

Richardson 一阶求导算法的 MATLAB 程序如下.

```
function [deri,G]=Richardson_deri(f, x0, n, h)
% $Copyright Zhigang Zhou$.
if nargin < 4 || isempty(h)
   h= 1;
else if nargin == 4 && h== 0
        disp('h 不能为 0');
        return;
   end
end
if nargin < 3 || isempty(n)
   n=5;
else if nargin == 3 && n>20
        disp('受舍入误差的影响，n 不能取值很大！');
        return;
```

```
    end
end
G=zeros(n,n);
for i=1:n
    y1 =f(x0+h/(2^i));
    y2 =f(x0-h/(2^i));
    G(i,1) = 2^(i-1)*(y1-y2)/h;
end
fprintf('\n\nRichardson 一阶求导算法计算步骤\n');
fprintf('\n(%3d)%10.7f',1,G(1,1));
k=1;
for i=2:n    % 控制行
    k=k+1;
    fprintf('\n(%3d)%10.7f',k,G(i,1));
    for j=2:i    % 控制列
        k=k+1;
        G(i,j)=(G(i,j-1)-0.5^(2*(i-1))*G(i-1,j-1))/(1-0.5^(2*(i-1)));
        fprintf('(%3d)%10.7f',k,G(i,j));
    end
end
% format long
deri=G(n,n);
fprintf('\n\n 函数在点 %f 的一阶导数值为%10.7f\n',x0,deri);
```

当函数表达式已知但比较复杂时，用此程序可以计算函数在某点处的一阶导数. 为了熟悉程序的使用及对程序运行结果的考察，利用此程序计算 $y=\sqrt{x}$ 在 $x=25$ 处的导数，在 MATLAB 命令框输入：

```
>> f=inline('sqrt(x)');
>> Richardson_deri(f,25);
```

按回车键，得如下结果.

```
Richardson 一阶求导算法计算步骤
(1) 0.1000050
(2) 0.1000013  (3) 0.1000000
(4) 0.1000003  (5) 0.1000003  (6) 0.1000003
(7) 0.1000001  (8) 0.1000001  (9) 0.1000001  (10)0.1000001
(11)0.1000000  (12)0.1000000  (13)0.1000000  (14)0.1000000  (15)0.1000000
函数在点 25.000000 的一阶导数值为 0.1000000
```

注意：对于[a,b]=Richardson_deri(f,25)，a 为导数值，b 为图 3-1 中各步

骤的结果矩阵.

Richardson 加速算法(3-48)也可用于二阶数值导数的计算. 仍采用中心差商公式(3-40)来计算导数值:

$$f''(x) \approx \frac{1}{h^2}[f(x-h)-2f(x)+f(x+h)]$$

利用 $f(x+h)$, $f(x-h)$ 在 x 处展开成的 Taylor 级数，有

$$f''(x)-G(h)=c_1h^2+c_2h^4+c_3h^6+\cdots$$

由此可导出如同式(3-49)的 Richardson 二阶求导算法.

数值实验二

1. 已知 $f(x)=\sqrt{x}$, $x=100,101,102,103,104,105$, $f'(x)=\dfrac{1}{2\sqrt{x}}$, 利用五点一阶求导公式及 Richardson 一阶求导算法分别计算 $f(x)$ 在 $x=100,101,102,103,104,105$ 的导数值，对结果进行比较.

参考答案：以在 $x=102$ 处的计算为例，具体如下.

```
>> x=[100 101 102 103 104 105];
>> Df_x=1./(2.*sqrt(x))     %计算 f'(x)
Df_x =
  Columns 1 through 4
  0.050000000000000  0.049751859510499  0.049507377148834
  0.049266463908215
  Columns 5 through 6
  0.049029033784546  0.048795003647427
>> f=@(x)(sqrt(x));
>> deri=FivePoint_deri(f,102,3,1)
%命令参数 index=3，其他点的参数值相应改变
deri =
   0.049507377048755
>> d=Richardson_deri(f, 102)
Richardson 一阶求导算法计算步骤
(1) 0.0495075
(2) 0.0495074  (3) 0.0495074
(4) 0.0495074  (5) 0.0495074  (6) 0.0495074
(7) 0.0495074  (8) 0.0495074  (9) 0.0495074  (10)0.0495074
(11)0.0495074  (12)0.0495074  (13)0.0495074  (14)0.0495074  (15)0.0495074
函数在点 102.000000 的一阶导数值为 0.0495074
```

```
d =
   0.049507377704548
```

注意：标黑体的数值就是在 $x=102$ 处各种计算方法的导数值. 计算其他点时，仅变动 `deri=FivePoint_deri(f,x0,index,1)` 中的 x0 及 index，`d=Richardson_deri(f, x0)` 中的 x0.

2. 已知 $f(x)=\arctan x$，则 $f'(x)=\dfrac{1}{1+x^2}$，利用 $f'(x)=\dfrac{1}{1+x^2}$ 计算 $x=2,\sqrt{2},3$ 处的一阶导数，再利用数值求导算法计算 $x=2,\sqrt{2},3$ 处的一阶导数，对结果进行比较.

参考答案：使用 `deri=FivePoint_deri(f,x0,index,h)` 或 `[deri,G]=Richardson_deri(f, x0, n, h)` 均可. 解题过程参照第 1 题.

本 章 小 结

将数值积分与数值微分归结为函数值的四则运算，从而使计算过程可以在计算机上完成. 处理数值积分与数值微分的基本方法是，构造某个近似 $f(x)$ 的简单函数 $p(x)$，然后对 $p(x)$ 求积(求导)得到 $f(x)$ 的积分(导数)的近似值. 本章基于插值原理介绍了数值积分与数值微分的基本公式.

本章重点介绍了各种数值积分，如等距节点的梯形公式、Simpson 公式、Cotes 公式、复化梯形公式、复化 Simpson 公式、自适应递归 Simpson 积分、复化 Gauss 求积公式. 在等距节点的求积公式中，最常用的是梯形公式、Simpson 公式. 虽然梯形公式、Simpson 公式是低精度公式，但它们对被积函数的光滑性要求不高，因此它们对光滑性较差的被积函数的积分很有效. 高阶等距节点的求积公式稳定性较差，收敛较慢. 为了提高收敛速度而建立的复化 Simpson 公式，以及满足给定积分误差要求的自适应递归 Simpson 积分、复化 Gauss 求积公式是目前人们广泛使用的数值积分方法. 本章重点介绍了实用的五点数值微分公式及 Richardson 求导算法. 五点数值微分公式用于表格函数求导数，Richardson 求导算法主要用于解析式已知但比较复杂的函数求导数. 鉴于科研及实际需要，本章提供了这些方法的 MATLAB 程序，也介绍了部分常用的 MATLAB 数值积分命令.

限于篇幅，本章略去了 Romberg 积分法. Romberg 积分法的原理是，利用 Richardson 加速算法加速复化梯形公式. 它的特点是算法简单，计算量不大(当节点加密时，前面计算的结果可被后面的计算使用)，并有简单的误差估计方法，是一个重要的数值积分算法，有兴趣的读者可以参阅相关文献.

第 4 章　非线性方程(组)的数值解法

非线性方程(组)求解是科学与工程中经常碰到的数值计算问题. 方程(组)的一般形式是 $f(x)=0$.

若方程中的 $f(x)$ 是有限个指数函数、对数函数、三角函数、反三角函数或幂函数的组合，则 $f(x)=0$ 称为**超越方程**(transcendental equation)，如 $\sin x-\mathrm{e}^x=0$.

若 $f(x)=a_nx^n+a_{n-1}x^{n-1}+\cdots+a_1x+a_0\ (a_n\neq 0)$，则称 $f(x)=0$ 为 n 次**代数方程**(algebraic equation). 若 $\boldsymbol{x},\boldsymbol{0}$ 都是 n 维向量，则 $f(\boldsymbol{x})=\boldsymbol{0}$ 就是方程组. 高次代数方程及超越方程统称为**非线性方程**(nonlinear equation). 一般，稍复杂的三次以上的代数方程或超越方程，很难甚至无法求得精确解. 事实上，实际应用中只要得到满足一定精度要求的近似解即可. 对于大多数非线性方程(组)，只能用数值方法求出解的近似值.

下面看一个简单的实例：在相距 100m 的两座建筑物(高度相等的点)之间悬挂一根电缆，允许电缆在中间最多下垂 1m，求所需电缆的长度.

因空中电缆的曲线是悬链线，建立如图 4-1 所示的坐标，悬链线函数为 $y=\dfrac{a\left(\mathrm{e}^{\frac{x}{a}}+\mathrm{e}^{-\frac{x}{a}}\right)}{2}, x\in[-50,50]$. 由题设有 $\dfrac{a\left(\mathrm{e}^{\frac{50}{a}}+\mathrm{e}^{-\frac{50}{a}}\right)}{2}=a+1$，要计算电缆长度，必须先解出上述方程中的 a，再利用定积分求曲线弧长的公式求出电缆长度. 因它是关于 a 的非线性方程，没有现成的公式可用，只能寻求数值解法.

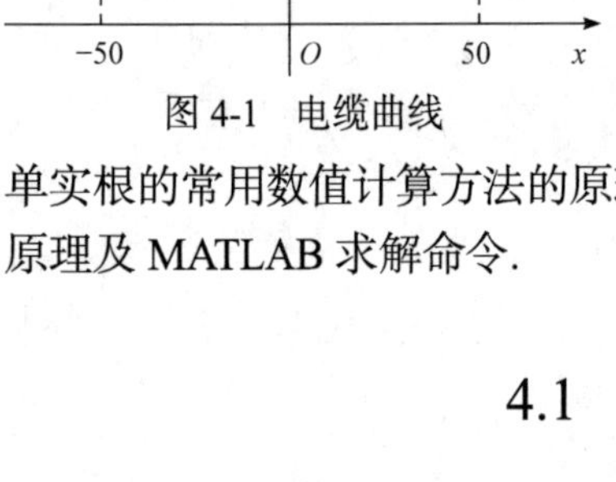

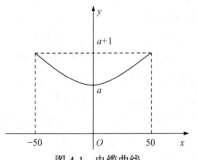

图 4-1　电缆曲线

另外，工程和科研中也经常需要求解非线性方程组. 例如，一个看似简单的二元方程组 $\begin{cases}x^2+y^2=4\\ \mathrm{e}^x+y=1\end{cases}$，也只能用数值解法求解.

本章先介绍求解非线性方程 $f(x)=0, x\in[a,b]$ 的单实根的常用数值计算方法的原理及 MATLAB 求解命令，再介绍非线性方程的迭代法原理及 MATLAB 求解命令.

4.1　求方程实根的二分法

设函数 $f(x)$ 在 $[a,b]$ 上连续，且 $f(a)f(b)<0$, 为方便起见，不妨设 $f(a)>0, f(b)<0$，由零点定理可知方程 $f(x)=0$ 在 $[a,b]$ 必有根(图 4-2).

二分法(bisection method)的计算过程是，用$[a,b]$的中点$b_1=\dfrac{a+b}{2}$分$[a,b]$为两个区间. 计算$f(b_1)$，若$f(b_1)=0$, 那么$x=b_1$就是方程的根；若$f(b_1)\neq 0$, 那么有两种情况，一种情况是根位于区间(a,b_1)，此时$f(b_1)$与$f(a)$异号，另一种情况是根位于区间(b_1,b)，此时$f(b_1)$与$f(a)$同号.

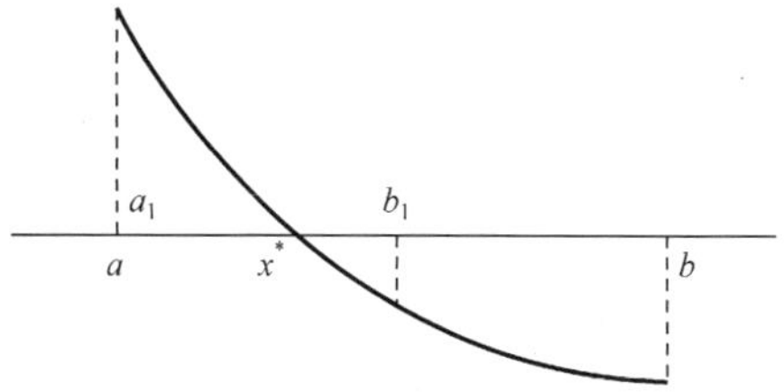

图 4-2　二分法的几何解释

令$[a_1,b_1]$为新的有根区间，则$[a_1,b_1]\subseteq[a,b]$，且区间$[a_1,b_1]$的长度是原区间$[a,b]$长度的一半. 继续这个过程，记第k次得到的有根区间为$[a_k,b_k]$，满足：

$$[a,b]=[a_0,b_0]\supseteq[a_1,b_1]\supseteq[a_2,b_2]\supseteq\cdots\supseteq[a_k,b_k]\supseteq\cdots$$

$[a_k,b_k]$的长度为$b_k-a_k=\dfrac{1}{2}(b_{k-1}-a_{k-1})=\cdots=\dfrac{1}{2^k}(b-a)$，且$f(a_k)f(b_k)<0$, 当$k$充分大时，便可将最后一个区间的中点$x_k=\dfrac{a_k+b_k}{2}$作为$f(x)=0$的根的近似值，且误差满足

$$\left|x_k-x^*\right|\leqslant\frac{b-a}{2^{k+1}}\quad(k=0,1,2,\cdots)\tag{4-1}$$

这里，k为二分(对分)次数，x^*表示$f(x)=0$的根的准确值(当$k\to\infty$时，$x_k\to x^*$，二分法是收敛的). 对于有根区间$[a,b]$，由式(4-1)知，满足精度ε要求的二分次数k满足：

$$k\geqslant\frac{\ln(b-a)-\ln\varepsilon}{\ln 2}-1\tag{4-2}$$

练习：(1) 证明方程$1-x-\sin x=0$在区间[0,1]内有且仅有一个根，且使用二分法求得误差不超过0.5×10^{-4}(精确到小数点后第四位)的根至少要迭代 14 次.

参考答案：$k\geqslant\dfrac{\ln(b-a)-\ln\varepsilon}{\ln 2}-1=\dfrac{-\ln 0.5+4\ln 10}{\ln 2}-1=13.2877.$

(2) 用二分法求方程$f(x)=x^3-x-1=0$在区间$[1.0,1.5]$内的一个根，要求精度为 0.005(精确到小数点后第二位，即对小数点后第三位进行四舍五入).

参考答案：$a=1.0, b=1.5, f(a)<0, f(b)>0$, 故在$[1.0,1.5]$中有根，由

$$\left|x_n-x^*\right|\leqslant\frac{b-a}{2^{n+1}}\leqslant\frac{1}{2}\times10^{-2}$$

得$n\geqslant 6$，即当$n=6$时，$\left|x_n-x^*\right|\leqslant 0.005$，达到精度要求. 计算结果如下表所示.

n	a_n	b_n	x_n	$f(x_n)$ 的符号
0	1.0	1.5	1.25	−
1	1.25	1.5	1.375	+
2	1.25	1.375	1.3125	−
3	1.3125	1.375	1.3438	+
4	1.3125	1.3438	1.3282	+

续表

n	a_n	b_n	x_n	$f(x_n)$ 的符号
5	1.3125	1.3282	1.3204	–
6	1.3204	1.3282	1.3243	–

二分法的优点：程序简单；收敛性总可以得到保证；通常用于提供迭代法求解(4.2节的内容)的一个足够好的初始近似值；对 $f(x)$ 要求不高(只要连续即可). 二分法的主要缺点是收敛速度较慢.

4.2 求方程实根的迭代法

4.2.1 迭代法的基本原理

迭代法(iteration method)是数值计算中的一种重要方法，用途很广，求解线性方程组和矩阵特征值时也要用到迭代法. 本节结合非线性方程的迭代求解介绍一下它的基本原理.

迭代法的基本原理是，构造一个迭代公式，反复用它得出一个逐渐逼近方程根的数列，数列中每个元素都是方程根的近似值，只是精度不同.

迭代法求解方程 $f(x)=0$ 时，先把方程等价地变换成

$$x=\varphi(x) \tag{4-3}$$

然后取根的初始近似值 x_0，用迭代格式

$$x_{k+1}=\varphi(x_k) \quad (k=0,1,2,\cdots) \tag{4-4}$$

产生一个序列 $\{x_k\}$，并称 $\varphi(x)$ 为迭代函数. 若 $\varphi(x)$ 连续，且 $\lim\limits_{k\to\infty} x_k = x^*$，则 x^* 必满足式(4-3)，即 x^* 就是方程 $f(x)=0$ 的解，此时称迭代过程(迭代格式)式(4-4)收敛.

因为在求 x_{k+1} 时，只用到了函数 $\varphi(x)$ 在点 x_k 的值，所以这种迭代也称为单点迭代或简单迭代.

4.2.2 迭代法的几何意义

从几何上看，满足方程 $x=\varphi(x)$ 的根是直线 $y=x$ 与曲线 $y=\varphi(x)$ 的交点的横坐标(图 4-3). 迭代格式式(4-4)收敛就等价于从图中 x_0 出发得到一系列的点 $p_0, p_1, \cdots$，这些点趋向于直线 $y=x$ 与曲线 $y=\varphi(x)$ 的交点，$p_0, p_1, \cdots$ 的 x 坐标则趋于方程 $f(x)=0$ 的根.

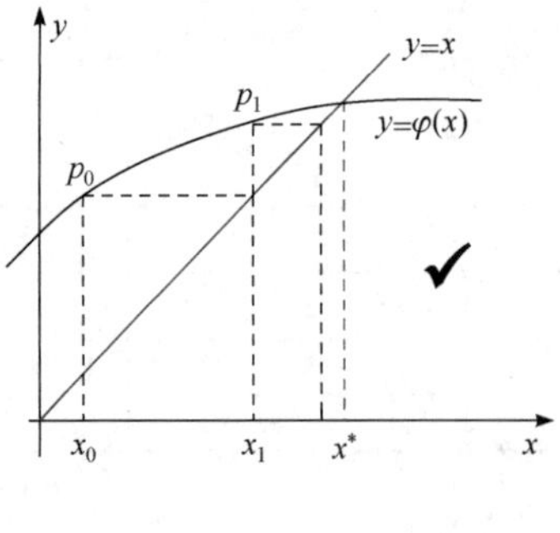

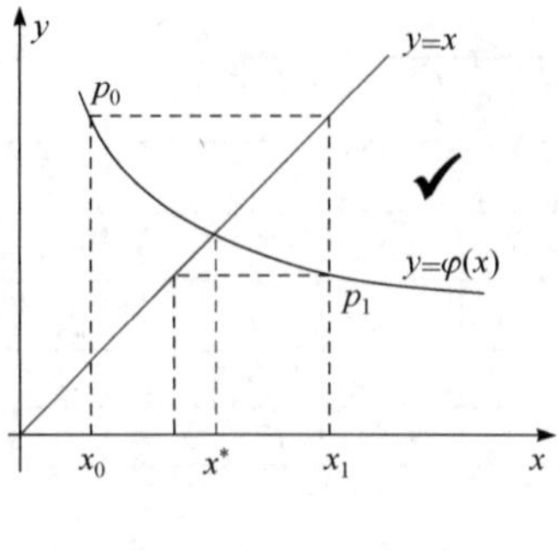

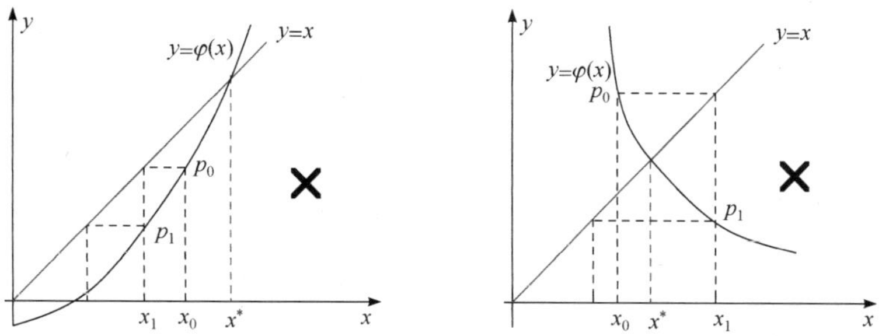

图 4-3　迭代法的几何解释

例 4-1　用迭代法求解方程 $x^3+4x^2-10=0$ 在 $[1,2]$ 内的一个实根.

解　将方程改写为等价形式.

迭代格式一：$x=\frac{1}{2}\sqrt{10-x^3}$，即取迭代函数 $\varphi(x)=\frac{1}{2}\sqrt{10-x^3}$，可得迭代公式

$$x_{k+1}=\frac{1}{2}\sqrt{10-x_k^3}\quad(k=0,1,2,\cdots)$$

取 $x_0=1.5$，将精度为 10^{-7} 的迭代计算结果记录在表 4-1 中，其中 $x_{23}=x_{24}=1.3652300$，可以认为所得序列是收敛的，将 $x_{23}=1.3652300$ 作为根的近似值.

表 4-1　不同迭代格式下的计算结果

k	$x_{k+1}=\frac{1}{2}\sqrt{10-x_k^3}$	$x_{k+1}=\sqrt{\frac{10}{x_k}-4x_k}$	$x_{k+1}=x_k-x_k^3-4x_k^2+10$
0	1.5	1.5	1.5
1	1.2869538	0.8165	−0.875
2	1.4025408	2.9969	6.732
3	1.3454584	$\sqrt{-8.65}$	−469.7
4	1.3125		1.03×10^8
5	1.3600942		
⋮	⋮	⋮	⋮
22	1.3652302		
23	1.3652300		
24	1.3652300		

迭代格式二：$x=\sqrt{\frac{10}{x}-4x}$，即取迭代函数 $\varphi(x)=\sqrt{\frac{10}{x}-4x}$，可得迭代公式

$$x_{k+1}=\sqrt{\frac{10}{x_k}-4x_k}\quad(k=0,1,2,\cdots)$$

迭代格式三：$x=x-x^3-4x^2+10$，即取迭代函数 $\varphi(x)=x-x^3-4x^2+10$，可得迭代

公式

$$x_{k+1}=x_k-x_k^3-4x_k^2+10 \quad (k=0,1,2,\cdots)$$

同样取 $x_0=1.5$ 进行迭代计算，如表 4-1 所示. 迭代格式二的计算过程中出现了负数的开方，无法继续进行；迭代格式三中可以认为迭代序列不会趋于方程的根(迭代不收敛或迭代发散).

由此可见，迭代法是否收敛(甚至解是否存在且唯一)需进一步讨论.

迭代法的优点是其形式简便，迭代函数 $\varphi(x)$ 的选择具有灵活性；缺点是：不是对于任意选取的 $\varphi(x)$，迭代过程 $x_{k+1}=\varphi(x_k)$ $(k=0,1,2,\cdots)$ 都收敛.

方程 $f(x)=0$ 改写为等价形式 $x=\varphi(x)$ 不是唯一的，各等价形式的迭代情况不一样，有的使迭代收敛快，有的使迭代收敛慢，甚至有的发散，迭代函数 $\varphi(x)$ 满足什么样的条件，可以保证迭代法的收敛性呢？下面介绍求方程 $x=\varphi(x)$($x=\varphi(x)$ 是 $f(x)=0$ 的等价形式)的根的迭代法的收敛性定理及误差估计.

4.2.3 迭代法的收敛性

定理 4-1(不动点定理) 若 $x=\varphi(x)$ 中的迭代函数 $\varphi(x)$ 在有限区间 $[a,b]$ 连续，且满足下列两个条件：

(1) (映内性)对任意的 $x\in[a,b]$ 有 $a\leqslant\varphi(x)\leqslant b$；

(2) (压缩性)存在常数 $0\leqslant L<1$，使 $\varphi(x)$ 在 $[a,b]$ 上满足

$$|\varphi(x_1)-\varphi(x_2)|\leqslant L|x_1-x_2| \quad (\forall x_1,x_2\in[a,b])$$

则对任意的初值 $x_0\in[a,b]$，由 $x_{k+1}=\varphi(x_k)$ $(k=0,1,2,\cdots)$ 产生的序列 $\{x_k\}$ 收敛到方程 $x=\varphi(x)$ 的根 x^*，且有估计式

$$|x^*-x_k|\leqslant\frac{L}{1-L}|x_k-x_{k-1}| \tag{4-5}$$

$$|x^*-x_k|\leqslant\frac{L^k}{1-L}|x_1-x_0| \tag{4-6}$$

证 因为 x^* 是方程 $f(x)=0$ 的根，所以 $x^*=\varphi(x^*)$. 由条件(1)知，$x_{k+1}=\varphi(x_k)\in[a,b]$. 由条件(2)得

$$|x^*-x_k|=|\varphi(x^*)-\varphi(x_{k-1})|\leqslant L|x^*-x_{k-1}|\leqslant L^2|x^*-x_{k-2}|\leqslant\cdots\leqslant L^k|x^*-x_0|$$

因为 $L<1$，所以当 $k\to\infty$ 时，对任意的初值 $x_0\in[a,b]$，序列 $\{x_k\}$ 收敛到 x^*.

再由条件(2)得

$$|x_{k+1}-x_k|=|\varphi(x_k)-\varphi(x_{k-1})|\leqslant L|x_k-x_{k-1}| \tag{4-7}$$

对任意的正整数 p，有

$$\begin{aligned}|x_{k+p}-x_k|&=|x_{k+p}-x_{k+p-1}+x_{k+p-1}-x_{k+p-2}+\cdots+x_{k+1}-x_k|\\&\leqslant|x_{k+p}-x_{k+p-1}|+|x_{k+p-1}-x_{k+p-2}|+\cdots+|x_{k+1}-x_k|\end{aligned} \tag{4-8}$$

由式(4-7)、式(4-8)知

$$\left|x_{k+p}-x_k\right| \leqslant (L^{p-1}+L^{p-2}+\cdots+L+1)\left|x_{k+1}-x_k\right| \leqslant \frac{1}{1-L}\left|x_{k+1}-x_k\right| \leqslant \frac{L}{1-L}\left|x_k-x_{k-1}\right|$$

若在上式中令 $p\to\infty$，则对任意的 k，都有 $k+p\to\infty$，进而 $\lim\limits_{k+p\to\infty} x_{k+p}=x^*$，于是

$$\left|x^*-x_k\right| \leqslant \frac{L}{1-L}\left|x_k-x_{k-1}\right|$$

再由式(4-7)得

$$|x_k-x_{k-1}| \leqslant L|x_{k-1}-x_{k-2}| \leqslant \cdots \leqslant L^{k-1}\left|x_1-x_0\right|$$

故

$$\left|x^*-x_k\right| \leqslant \frac{L^k}{1-L}\left|x_1-x_0\right|$$

证毕.

注意：(1) 在实际应用中，定理 4-1 的条件(2)可以换成更强的条件，即存在正常数 $0<L<1$ (称为压缩系数)，使得对任意的 $x\in[a,b]$，有 $\left|\varphi'(x)\right|\leqslant L<1$. 这是由中值定理有 $\left|\varphi(x_1)-\varphi(x_2)\right|=\left|\varphi'(\xi)\right|\left|x_1-x_2\right|\leqslant L\left|x_1-x_2\right|$，从而定理 4-1 的条件(2)必然成立.

(2) 在实际计算中，往往很难确定 L 的值，一般是通过选择“充分小”的 ε 来控制精度. 由式(4-5)可知，只要相邻的两次计算结果的偏差 $|x_k-x_{k-1}|$ 足够小，就可以保证近似值 x_k 具有足够的精度. 也就是说，通过检查相邻两次计算结果的偏差 $|x_k-x_{k-1}|$ 的精度来判断迭代过程是否应该终止，即只要 $\left|x_k-x_{k-1}\right|<\varepsilon\left(\text{或}\dfrac{\left|x_k-x_{k-1}\right|}{\left|x_k\right|}<\varepsilon\right)$，就认为 $\left|x^*-x_k\right|<\varepsilon$，此时将 x_k 作为方程的近似根.

例 4-2　求方程 $f(x)=x^3+2x-5=0$ 的根，要求精度 $\varepsilon<10^{-6}$ (结果至少精确到小数点后第五位).

解　先确定方程的有根区间. 因为 $f(1)f(2)<0$，所以由零点定理知，方程在区间(1, 2)内至少有一个根. 因为 $f'(x)=3x^2+2>0$，所以 $f(x)$ 在 $(-\infty,+\infty)$ 上严格单调增加，故方程在(1, 2)上至多有一个(实)根.

把方程 $f(x)=0$ 化为等价形式 $x=\sqrt[3]{5-2x}$，迭代函数为 $\varphi(x)=\sqrt[3]{5-2x}$，相应的迭代格式为

$$x_{k+1}=\sqrt[3]{5-2x_k}\quad(k=0,1,2,\cdots)$$

因为 $\varphi'(x)=-\dfrac{2}{3}\dfrac{1}{\sqrt[3]{(5-2x)^2}}$，$x\in[1,2]$，所以 $1\leqslant\varphi(x)\leqslant 2$，$\left|\varphi'(x)\right|\leqslant\dfrac{2}{3}<1$，满足定理 4-1 的条件，故迭代格式 $x_{k+1}=\sqrt[3]{5-2x_k}$ 收敛. 取 $x_0=1.5$，迭代过程列于表 4-2 中.

表 4-2 例 4-2 的迭代过程

k	x_k	$\lvert x_k - x_{k-1}\rvert$
0	1.50000000	
1	1.25992105	0.24007895
2	1.35360862	0.09368757
3	1.31862398	0.03498464
4	1.33190336	0.01327938
5	1.32689408	0.00500928
6	1.32878813	0.00189405
7	1.32807261	0.00071552
8	1.32834301	0.00027040
9	1.32824084	0.00010217
10	1.32827944	0.00003861
11	1.32826486	0.00001459
12	1.32827037	0.00000551
13	1.32826828	0.00000208
14	1.32826907	0.00000079

由表 4-2 中的结果知，$x_{14}=1.32826907$ 是满足条件的近似根，而方程的根为 $x^*=1.3282688556686089\cdots$.

例 4-2 中，若将方程 $f(x)=0$ 化为等价形式 $x=(5-x^3)/2$，即迭代函数为 $\varphi(x)=(5-x^3)/2$，$\varphi'(x)=-3x^2/2$ 在区间 $[1,2]$ 内有 $|\varphi'(x)|\geqslant\dfrac{3}{2}\geqslant 1$，相应的迭代格式 $x_{k+1}=(5-x_k^3)/2$ 发散. 事实上，取 $x_0=1.5$，由迭代格式 $x_{k+1}=(5-x_k^3)/2$ 得 $x_1=0.8125, x_2=2.23181152, x_3=-3.05830727,\cdots, x_8=1.591538\times10^{87},\cdots$，显然发散.

4.3 求方程实根的 Newton 迭代法

求解非线性方程 $f(x)=0$ 的 Newton 迭代法是从函数曲线上的一点出发，不断用曲线的切线代替曲线，求得收敛于根的数列的一种迭代方法，也称切线法. Newton 迭代法是最有影响力的求解方程的迭代方法之一，它在单根附近具有较高阶的收敛速度.

4.3.1 Newton 迭代法的原理

Newton 迭代法的基本思想是，将非线性方程利用 Taylor 展开技巧不断转化为一系列线性方程来求近似解. 设 $f(x)$ 连续可微，且 $f(x^*)=0$，x_0 是 x^* 的一个近似值，将 $f(x^*)$ 在 x_0 处 Taylor 展开，即

$$0 = f(x^*) = f(x_0) + f'(x_0)(x^* - x_0) + o(x^* - x_0) \tag{4-9}$$

只要 $f'(x_0) \neq 0$，取线性部分，有 $0 = f(x^*) \approx f(x_0) + f'(x_0)(x^* - x_0)$，得 $f(x) = 0$ 的近似方程 $f(x_0) + f'(x_0)(x - x_0) = 0$，可得到 $f(x) = 0$ 的根 x^* 的一个近似值 x_1：

$$x_1 = x_0 - \frac{f(x_0)}{f'(x_0)}$$

再将 $f(x^*)$ 在 x_1 处 Taylor 展开，只要 $f'(x_1) \neq 0$，取线性部分，有 $0 = f(x^*) \approx f(x_1) + f'(x_1)(x^* - x_1)$，得 $f(x) = 0$ 的近似方程 $f(x_1) + f'(x_1)(x - x_1) = 0$，可得到 $f(x) = 0$ 的根 x^* 的又一近似值 x_2：

$$x_2 = x_1 - \frac{f(x_1)}{f'(x_1)}$$

如此继续，一般地，有

$$x_{k+1} = x_k - \frac{f(x_k)}{f'(x_k)} \quad (k = 0, 1, 2, \cdots) \tag{4-10}$$

式(4-10)就是著名的 Newton 迭代公式(自然假定 $f'(x_k) \neq 0$)，其迭代函数就是 $\varphi(x) = x - \dfrac{f(x)}{f'(x)}$，Newton 迭代公式得到的序列 $x_1, x_2, \cdots$ 在一定条件下收敛到方程 $f(x) = 0$ 的根. 显然，Newton 迭代公式以在 x^* 附近将函数 $f(x)$ 线性化为基础，并以 $f'(x_k) \neq 0 (k = 0, 1, 2, \cdots)$ 为前提.

4.3.2　Newton 迭代法的几何意义

几何意义：取初始值 x_0，过 $(x_0, f(x_0))$ 作 $f(x)$ 的切线，其切线方程为 $y - f(x_0) = f'(x_0)(x - x_0)$，此切线与 x 轴的交点(图 4-4)就是 $x_1 = x_0 - \dfrac{f(x_0)}{f'(x_0)}$，不断作切线，并求其与 x 轴的交点，得到点列 $x_1, x_2, \cdots$，它们逐渐逼近方程的根 x^*. 因为这一明显的几何意义，所以 Newton 迭代法称为切线法.

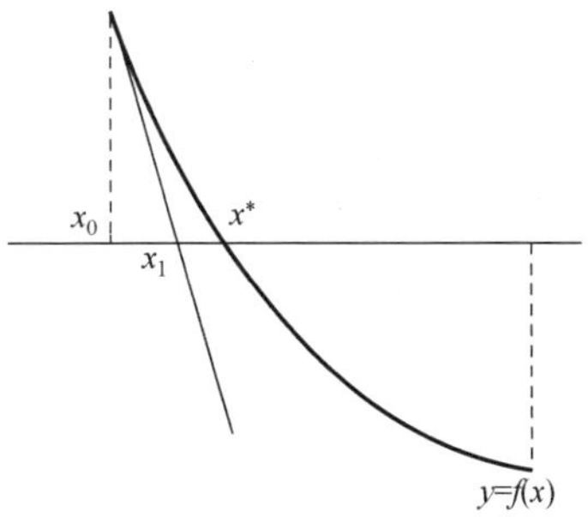

图 4-4　Newton 迭代法的几何解释

例 4-3　用Newton迭代法求方程 $f(x) = x^3 + 2x - 5 = 0$ 的根，要求 $|x_{k+1} - x_k| < 10^{-6}$.

解　$f(x) = x^3 + 2x - 5 = 0$，$f'(x) = 3x^3 + 2$，据此建立 Newton 迭代公式：

$$x_{k+1} = x_k - \frac{f(x_k)}{f'(x_k)} = x_k - \frac{x_k^3 + 2x_k - 5}{3x_k^2 + 2} \quad (k = 0, 1, 2, \cdots)$$

取 $x_0 = 1.5$，迭代过程列于表 4-3 中.

表 4-3 例 4-3 的迭代过程

k	x_k	$\lvert x_k - x_{k-1}\rvert$
1	1.34285714	0.157143
2	1.32838414	0.014473
3	1.32826886	0.000115279
4	1.32826886	7.26162×10^{-9}

满足要求的近似解为 x=1.32826886.

由表 4-3 中的结果知，$x_4 = 1.32826886$ 是 x^* 的满足条件的近似值，与例 4-2 的结果相比，Newton 迭代法显得快而精.

4.3.3 Newton 迭代法的收敛性

定义 4-1 设由迭代格式 $x_{k+1} = \varphi(x_k)$ $(k = 0, 1, 2, \cdots)$ 产生的序列 $\{x_k\}$ 收敛到方程 $x = \varphi(x)$ 的根 x^*. 记 $e_k = x_k - x^*$，并称 e_k 为迭代格式 $x_{k+1} = \varphi(x_k)$ 的第 k 次迭代的误差，若存在实数 $p \geqslant 1$ 和非零常数 c，使得

$$\lim_{k\to\infty} \frac{\lvert e_{k+1}\rvert}{\lvert e_k\rvert^p} = c \tag{4-11}$$

成立，则称序列 $\{x_k\}$ (或迭代格式 $x_k = \varphi(x_k)$)是 p 阶收敛的. 当 $p = 1$ 时，称序列 $\{x_k\}$ (或迭代格式 $x_k = \varphi(x_k)$)**线性收敛**(linear convergence)；当 $p > 1$ 时，称序列 $\{x_k\}$ **超线性收敛**(super linear convergence)，特别地，当 $p = 2$ 时，称序列 $\{x_k\}$ **平方收敛**(quadratic convergence). **收敛阶**(order of convergence) p 是迭代格式收敛速度即迭代误差下降速度的一种度量，p 越大，序列 $\{x_k\}$ 的收敛速度越快.

定理 4-2 设 $\{x_k\}$ 是由迭代格式 $x_{k+1} = \varphi(x_k)$ $(k = 0, 1, 2, \cdots)$ 产生的序列，x^* 是方程 $x = \varphi(x)$ 的根. 若迭代函数 $\varphi(x)$ 在 x^* 邻近有连续的 p $(p > 1)$ 阶导数，且满足条件：

(1) $\varphi^{(p-1)}(x^*) = 0$ $(p = 2, 3, \cdots)$；

(2) $\varphi^{(p)}(x^*) \neq 0$，

则称序列 $\{x_k\}$ 是 p 阶收敛的，若 $p = 1$，要求 $0 < \lvert\varphi'(x^*)\rvert < 1$.

证 将 $\varphi(x_k)$ 在 x^* 处 Taylor 展开：

$$\begin{aligned}\varphi(x_k) &= \varphi(x^*) + \varphi'(x^*)(x_k - x^*) + \frac{\varphi''(x^*)}{2!}(x_k - x^*)^2 \\ &\quad + \cdots + \frac{\varphi^{(p-1)}(x^*)}{(p-1)!}(x_k - x^*)^{p-1} + \frac{\varphi^{(p)}(\xi)}{p!}(x_k - x^*)^p\end{aligned} \tag{4-12}$$

式中，ξ 介于 x_k 与 x^* 之间.

利用已知条件，并注意到 $x_{k+1} = \varphi(x_k)$ 及 $x^* = \varphi(x^*)$，式(4-12)可以化为 $x_{k+1} - x^* =$

$\frac{\varphi^{(p)}(\xi)}{p!}(x_k - x^*)^p$，即 $\frac{e_{k+1}}{e_k^p} = \frac{\varphi^{(p)}(\xi)}{p!}$，于是

$$\lim_{k\to\infty}\frac{e_{k+1}}{e_k^p} = \frac{\varphi^{(p)}(x^*)}{p!} \neq 0$$

因此，由收敛阶的定义知，序列 $\{x_k\}$ 是 p 阶收敛的，类似可以证明，当 $0 < \left|\varphi'(x^*)\right| < 1$ 时，序列 $\{x_k\}$ 线性收敛.

特别地，由定理 4-2 可知，当 $\varphi'(x^*) = 0$，但 $\varphi''(x^*) \neq 0$ 时，序列 $\{x_k\}$ 平方收敛.

设 x^* 是 $f(x) = 0$ 的单根，即 $f(x^*) = 0$，但 $f'(x^*) \neq 0$. Newton 迭代法的迭代函数为 $\varphi(x) = x - \frac{f(x)}{f'(x)}$，迭代格式为 $x_{k+1} = \varphi(x_k)$. 为了证明收敛性，根据定理 4-2，需要求 $\varphi(x)$ 的导数，即

$$\varphi'(x) = 1 - \frac{[f'(x)]^2 - f(x)f''(x)}{[f'(x)]^2} = \frac{f(x)f''(x)}{[f'(x)]^2} \tag{4-13}$$

显然，$\varphi'(x^*) = 0$，且有

$$\varphi''(x) = \frac{[f'(x)]^2[f'(x)f''(x) + f(x)f''(x)] - 2f(x)f'(x)[f''(x)]^2}{[f'(x)]^4}$$

$$\varphi''(x^*) = \frac{f''(x^*)}{f'(x^*)} \neq 0 \quad (f''(x^*) \neq 0)$$

由定理 4-2 可知，Newton 迭代法是平方收敛的.

注意：(1) Newton 迭代法是平方收敛的是对于 $f(x) = 0$ 的单根 x^* 而言的；

(2) Newton 迭代法的收敛是局部收敛，也就是说它对初值的选取有一定的要求，只有 x_0 充分靠近 x^*，才能保证其平方收敛.

例 4-4　用 Newton 迭代法计算 $\sqrt{6}$ 的近似值(8 位有效数为 2.4494897).

解　设 $f(x) = x^2 - 6$，求解 $f(x) = x^2 - 6 = 0$ 得到的一个正的数值解就是 $\sqrt{6}$ 的一个近似值. 因为 $f(2) < 0, f(3) > 0$，所以 $x^* \in [2,3]$.

取 $x_0 = 2.5$，Newton 迭代公式为

$$x_{k+1} = x_k - \frac{f(x_k)}{f'(x_k)} = \frac{1}{2}x_k + \frac{3}{x_k}$$

计算结果为

$$x_1 = 2.4500000, \qquad x_2 = 2.4494898, \qquad x_3 = 2.4494897$$

Newton 迭代法的优点是：程序简单，收敛速度快. Newton 迭代法的缺点是：每迭代一步都要计算 $f(x_k)$ 及 $f'(x_k)$，且初始值 x_0 只有在根 x^* 附近才能保证收敛，x_0 取得不合适，可能不收敛. 为了扩大收敛范围(更方便地取迭代初始值 x_0)，使得对任意的初始值 x_0，产生的迭代序列 $\{x_k\}$ $(k = 0,1,2,\cdots)$ 都收敛到 $f(x) = 0$ 的根 x^*，下面介绍求非线性方

程 $f(x)=0$ 的 Newton 下山迭代法，此法是对 Newton 迭代法的一种改进.

4.3.4 Newton 下山迭代法

将 Newton 迭代公式(4-10)改为

$$x_{k+1}=x_k-\lambda_k\frac{f(x_k)}{f'(x_k)} \quad (k=0,1,2,\cdots) \tag{4-14}$$

式中，$0<\lambda_k\leqslant 1$，称为下山因子，且应满足下山条件：

$$|f(x_{k+1})|<|f(x_k)| \tag{4-15}$$

式(4-14)称为 Newton 下山迭代法.

若令

$$\bar{x}_{k+1}=x_k-\frac{f(x_k)}{f'(x_k)}$$

则式(4-14)等价于

$$x_{k+1}=\lambda_k\bar{x}_{k+1}+(1-\lambda_k)x_k \tag{4-16}$$

使用 Newton 下山迭代法求根时，下山因子 λ_k 可用逐次减半法确定，即先令 $\lambda_k=1$，判断条件(4-15)是否成立，若不成立，将 λ_k 缩小 $\frac{1}{2}$，直至条件(4-15)成立为止. 需要注意的是，式(4-14)表明每一次迭代都要从 1 开始逐次减半确定 λ_k. 这样做增加了计算量，但减少了对初始近似值 x_0 的限制.

例 4-5 用 Newton 迭代法及 Newton 下山迭代法求解

$$f(x)=x^3-x-1=0$$

解 Newton 迭代法的计算公式为

$$x_{k+1}=x_k-\frac{f(x_k)}{f'(x_k)}=x_k-\frac{x_k^3-x_k-1}{3x_k^2-1} \quad (k=0,1,2,\cdots) \tag{4-17}$$

当 $x_0=1.5$ 时，计算三步得 $x_3=1.32472$，因 x_0 与 x^* 很靠近，故收敛很快. 但当 $x_0=0.6$ 时，由式(4-17)求得 $x_1=17.9$，继续计算下去得 $x_{13}=1.32472$. 如果用 Newton 下山迭代法式(4-16)，令 $\bar{x}_1=17.9$，从 $\lambda_0=1$ 开始逐半搜索试算，当 $\lambda_0=\frac{1}{32}$ 时，可得

$$x_1=\frac{1}{32}\bar{x}_1+\frac{31}{32}x_0=1.140625$$

且满足下山条件 $|f(x_1)|<|f(x_0)|$，x_1 已修正了 $\bar{x}_1=17.9$ 的严重偏差. 在 x_1 以后的计算中，由于 $\lambda_k=1$ 就能使下山条件(4-15)成立，Newton 下山迭代法与 Newton 迭代法的结果一样，计算得 $x_4=\bar{x}_4=1.32472$.

Newton 下山迭代法的优点为，对迭代初始值 x_0 的要求不高，保持了 Newton 迭代法收敛快的优点，但由于要搜索下山因子，增加了计算量.

4.4　求方程实根的割线法

Newton 迭代法的每一步都要计算 $f'(x_k)$，一般来说计算量比较大. 此外，若函数 $f(x)$ 不可导，就不能使用 Newton 迭代法. 为了克服这些困难，可用差商近似代替微商，即 $f'(x_k)\approx\dfrac{f(x_k)-f(x_{k-1})}{x_k-x_{k-1}}$，这样 Newton 迭代法就变为

$$x_{k+1}=x_k-\frac{x_k-x_{k-1}}{f(x_k)-f(x_{k-1})}f(x_k)\quad(k=1,2,3,\cdots)\tag{4-18}$$

在几何上，式(4-18)中的 x_{k+1} 恰好就是过曲线 $y=f(x)$ 上两点 $M_1(x_{k-1},f(x_{k-1}))$, $M_2(x_k,f(x_k))$ 的割线与 x 轴交点的横坐标，因此这种方法称为**割线法**(secant method).

割线法的优点为，不需要计算导数值；割线法的缺点为，不如 Newton 迭代法收敛快，且要有两个初始值 x_0,x_1 才能进行迭代.

注意：(1) 可以证明，在一定条件下，割线法的收敛速度是超线性的.

(2) 割线法与 Newton 迭代法有本质区别，Newton 迭代法是单步法(不动点迭代法)，割线法必须给出两个初始值，它为两步法，不属于不动点迭代法.

例 4-6　用割线法求方程 $f(x)=x^3+2x-5=0$ 的根，要求 $|x_k-x_{k-1}|<10^{-6}$.

解　因为 $f(x)=x^3+2x-5$，所以建立迭代公式：

$$\begin{aligned}x_{k+1}&=x_k-\frac{x_k-x_{k-1}}{f(x_k)-f(x_{k-1})}f(x_k)\\&=x_k-\frac{x_k^3+2x_k-5}{x_k^2+x_kx_{k-1}+x_{k-1}^2+2}\quad(k=0,1,2,3,\cdots)\end{aligned}$$

取 $x_0=1.5$，$x_1=1.4$，迭代结果如下.

k	x_k	$\|x_k-x_{k-1}\|$
0	1.50000000(初值)	
1	1.40000000(初值)	
2	1.33453670	0.06546330
3	1.32850891	0.00602780
4	1.32826968	0.00023923
5	1.32826886	0.00000082

由以上结果可知，$x_5=1.32826886$ 是 x^* 的满足条件的近似根，割线法的收敛速度也很快，精度也很高.

最后值得进一步指出的是，割线法用曲线 $f(x)$ 上的两点确定的直线(割线)来近似曲

线 $f(x)$，并求得方程 $f(x)=0$ 的近似根，如果用曲线 $f(x)$ 上的三个点作抛物线来近似曲线，并求得方程 $f(x)=0$ 的近似根，这种方法称为抛物线法(其改进后的方法称为逆二次曲线法). 更一般地，用 $f(x)$ 的 n 次插值多项式 $p_n(x)$ 近似 $f(x)$ 来求方程的根是插值求根法，属于非线性方程求根的多步法(初始点需要两个或两个以上).

4.5 迭代加速技术：Aitken 加速法

由定理 4-2 可知，$x_{k+1}=\varphi(x_k)\ (k=0,1,2,\cdots)$ 的收敛速度与迭代函数 $\varphi(x)$ 有关. 在许多情况下，可以由 $\varphi(x)$ 构造一个新的迭代函数 $\Phi(x)$，使：

(1) 方程 $x=\Phi(x)$ 与 $x=\varphi(x)$ 具有相同的根 x^*；

(2) 由迭代公式 $x_{k+1}=\Phi(x_k)\ (k=0,1,2,\cdots)$ 产生的迭代序列 $\{x_k\}$ 收敛于 x^* 的阶高于 $x_{k+1}=\varphi_k(x)\ (k=0,1,2,\cdots)$ 产生的迭代序列的阶，即由迭代公式 $x_{k+1}=\Phi(x_k)\ (k=0,1,2,\cdots)$ 产生的迭代序列 $\{x_k\}$ 收敛于 x^* 的速度更快.

设迭代格式 $x_{k+1}=\varphi_k(x)\ (k=0,1,2,\cdots)$ 是线性收敛的,即

$$\lim_{k\to\infty}\frac{e_{k+1}}{e_k}=\lim_{k\to\infty}\frac{x^*-x_{k+1}}{x^*-x_k}=c\quad (c\neq 0)$$

等价地有

$$\lim_{k\to\infty}\frac{e_{k+2}}{e_{k+1}}=\lim_{k\to\infty}\frac{x^*-x_{k+2}}{x^*-x_{k+1}}=c$$

于是，当 k 充分大时，有 $\dfrac{x^*-x_{k+1}}{x^*-x_k}\approx\dfrac{x^*-x_{k+2}}{x^*-x_{k+1}}$，

$$x^*\approx\frac{x_k x_{k+2}-x_{k+1}^2}{x_{k+2}-2x_{k+1}+x_k}=x_{k+2}-\frac{(x_{k+2}-x_{k+1})^2}{x_{k+2}-2x_{k+1}+x_k}\tag{4-19}$$

即

$$x^*\approx x_{k+2}-\frac{(x_{k+2}-x_{k+1})^2}{x_{k+2}-2x_{k+1}+x_k}\tag{4-20}$$

把式(4-20)的等号右边作为新的近似值可望得到更好的近似结果，于是提出如下 **Aitken 加速法**.

校正：$\tilde{x}_{k+1}=\varphi(x_k)$.

再校正：$\bar{x}_{k+1}=\varphi(\tilde{x}_{k+1})$.

加速：$x_{k+1}=\bar{x}_{k+1}-\dfrac{(\bar{x}_{k+1}-\tilde{x}_{k+1})^2}{\bar{x}_{k+1}-2\tilde{x}_{k+1}+x_k}$.

可以证明，用 Aitken 加速法得到的迭代序列比原序列更快地收敛于 $x=\varphi(x)$ 的根. Aitken 加速法主要用于改善线性收敛或不收敛的迭代.

4.6　非线性方程数值解的 MATLAB 命令

求解方程 $f(x)=0$ 的实数根就是求函数 $f(x)$ 的零点. 本节主要介绍 MATLAB 求函数零点的命令 `fzero`. 该命令的核心算法之一就是利用逆二次曲线法寻找方程根的近似值，其调用格式为

```
[X,FVAL,EXITFLAG]=fzero(fun,x0,options)
```

(1) 输入参数 `fun` 为函数 $f(x)$ 的 M 函数文件名、内联函数或字符表达式.

(2) 输入参数 `x0` 为某个零点的大概位置或存在的区间 $[a,b]$. 若输入的 `x0` 是一个实数(零点的大概位置)，命令首先寻找包含 `x0` 且端点值异号的一个区间，然后在此区间寻找方程实根的近似解，若未找到包含 `x0` 且端点值异号的一个区间，返回 `NaN` 等求解失败信息. 若输入的参数 `x0` 是一个区间 $[a,b]$，则要求 $f(a)f(b)<0$.

(3) 输入参数 `options` 可有多种选择，当用 `optimset('Disp', 'iter')` 代替 `options` 时，将输出寻找零点的中间数据.

(4) 输出 `X` 返回 `fzero` 命令寻找函数 `fun` 零点的结果，输出 `FVAL` 返回函数 `fun` 相应于 `X` 的函数值，`EXITFLAG` 返回 1, −1, −3, −4, −5, −6，代表 `fzero` 命令寻找函数 `fun` 在 `x0` 的零点的不同情况：

1 表示命令 `fzero` 返回的 `X` 值是函数 `fun` 的零点；

−1 表示命令 `fzero` 执行过程中，由于函数 `fun` 的非正常值，算法终止了执行；

−3 表示命令 `fzero` 在寻找包含 `x0` 且端点值异号的子区间的过程中出现了函数值为无穷或非数(`NaN`)情况；

−4 表示命令 `fzero` 在寻找包含 `x0` 且端点值异号的子区间的过程中函数值出现了复值；

−5 表示命令 `fzero` 执行过程中函数值收敛到函数的奇点；

−6 表示命令 `fzero` 执行过程中检测不到函数值符号的变化.

(5) 该命令对于代数方程和超越方程都适用，但每次只能求出方程的一个根. 为了能成功找到方程的数值解，使用前最好了解方程根的大体范围，尽量将靠近零点的初始值或包含零点的区间作为 `x0`. 若零点的大致初始位置或初始区间不恰当，则会导致求解失败. 为此，常用绘图命令 `ezplot`，`fplot` 或 `plot` 画出函数 $f(x)$ 的曲线，从图上估计出函数零点恰当的大概位置.

例 4-7　求方程 $\dfrac{a\left(e^{\frac{50}{a}}+e^{-\frac{50}{a}}\right)}{2}=a+1$ 的实根.

解　首先确定方程实根的大致位置. 将方程化为标准形式：

$$f(a)=\frac{a\left(e^{\frac{50}{a}}+e^{-\frac{50}{a}}\right)}{2}-a-1=0$$

在命令框输入：

```
>> clf
>> clear
>> ezplot('0',[-6000,6000]);        %画与横轴重合的直线，可不输入执行
>> grid;                             %画网格线，便于观察零点的初始位置
>> hold on
>> ezplot('a*(exp(50/a)+exp(-50/a))/2-a-1',[-6000,6000]);
%  ezplot 命令会在图像上方自动添加函数表达式.
```

运行以上程序得到图 4-5.

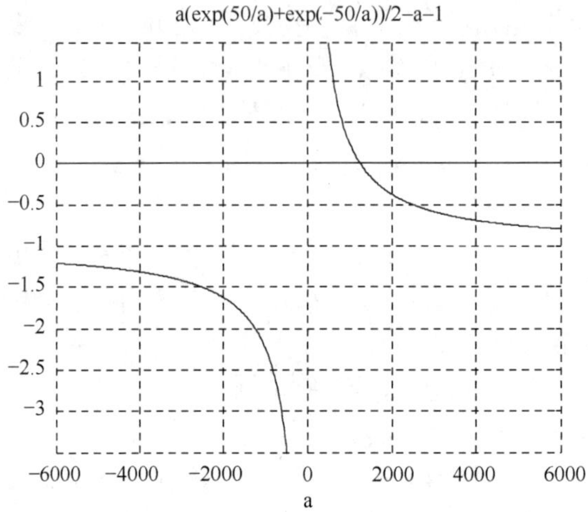

图 4-5　例 4-7 求零点的函数图像

从图 4-5 中可知，函数的零点在 1000 附近(也可取 1500，2000 等大概位置)，然后在命令框输入：

```
>>[X,FVAL,EXITFLAG]=fzero(@(a)a*(exp(50/a)+exp(-50/a))/2-a-1
,1000)
X =
   1.2502e+03
FVAL =
   0
EXITFLAG =
   1
```

由结果可知求解成功，方程实根的数值解是 $a=1250.2$.

此题也可以按如下方式求解.

先定义名为 f.m 的 M 函数文件：

```
function y=f(a)
y=a*(exp(50/a)+exp(-50/a))/2-a-1;
```

保存成文件名为 f.m 的 M 函数文件后，取零点初始值 1000，在命令框输入：

```
>> [X,FVAL,EXITFLAG]=fzero('f',1000)
```

按回车键，得

```
X =
   1.2502e+03
FVAL =
   0
EXITFLAG =
   1
```

MATLAB 中还有专门针对代数方程求数值解的 roots 命令，读者可使用命令 doc roots 查询其用法.

数值实验一

1. 用迭代法求方程 $f(x)=x^3+2x-5=0$ 的根，要求精度 $\varepsilon<10^{-6}$. 分别用迭代函数 $\varphi(x)=\sqrt[3]{5-2x}$ 和 $\varphi(x)=(5-x^3)/2$ 实验，分析迭代收敛或发散的原因(提示：方程在区间 $[1,2]$ 有根).

参考答案：编写 Iterative_method.m 文件.

```
%迭代法求方程 f(x)=x^3+2*x-5=0 的根的程序
clear
x0=input('输入迭代初始点=');
tol=input('输入精度=');      %可按照需要输入不同的精度
N=input('输入最大迭代次数 N=');
fprintf('k=          x[k]              |(x[k]-x[k-1])|\n');
fprintf('%3d       %10.8f               \n',0,x0);
k=1;flag=0;
while k<=N
    x=(5-2*x0)^(1/3);     %选用迭代函数 x=(5-2*x)^(1/3)
    e=abs(x-x0);
    fprintf('%3d       %10.8f        %10.8f\n',k,x,e);
    if e<tol
        flag=1;break;
    end
    x0=x;
    k=k+1;
end
if flag==1
```

```
fprintf('求解成功! 第%d 次迭代满足精度要求的解 x=%10.8f\n',k,x);
else
   fprintf('求解失败!!\n');
end
```

编写好后存盘在当前目录上，在命令框输入如下命令和数据：

```
>> Iterative_method
   输入迭代初始点=1.5
   输入精度=10^-6
   输入最大迭代次数 N=20
```

按回车键后，得如下结果：

```
  k=        x[k]          |(x[k]-x[k-1])|
  0      1.50000000
  1      1.25992105       0.24007895
  2      1.35360862       0.09368757
  3      1.31862398       0.03498464
  4      1.33190336       0.01327938
  5      1.32689408       0.00500928
  6      1.32878813       0.00189405
  7      1.32807261       0.00071552
  8      1.32834301       0.00027040
  9      1.32824084       0.00010217
 10      1.32827944       0.00003861
 11      1.32826486       0.00001459
 12      1.32827037       0.00000551
 13      1.32826828       0.00000208
 14      1.32826907       0.00000079
```

求解成功！第 14 次迭代满足精度要求的解 x=1.32826907

2. 用 Newton 迭代法求方程 $f(x)=x^3+2x-5=0$ 的根，要求精度 $\varepsilon<10^{-6}$ (取初始值 $x_0=1.5$，注意与第 1 题进行比较).

参考答案：首先编写 M 函数文件 fun.m.

```
function f=fun(x)
%fun(x)的第一个分量是函数值，第二个分量是导数值
f=[x^3+2*x-5,3*x^2+2];
```

将 M 函数文件 fun.m 存盘于当前目录.

再编写 M 函数文件 Newton.m.

```
function x=newton(fun,x0,n)
%用途：用 Newton 迭代法解非线性方程 f(x)=0
%fun 的第一个分量是函数值，第二个分量是导数值
```

```
%x0 为迭代初值
%设置迭代次数上限 n，以防发散(默认 500 次)
%x 为返回的数值解
if nargin<3
n=500;     %若函数 newton 的输入变量数为前 2 个，则取 n 为默认值 500
end
eps=1e-6;     %eps 为迭代精度
fprintf('迭代次数       x[k]                   |x[k]-x[k-1]|\n');
fprintf('k=%d           x[%2d]=%10.8f         \n',0,0,x0);
k=1;
flag=0;     %求解成功与否的标示，flag=1 表示求解成功
while k<=n
    f=feval(fun,x0);
    if f(2)==0
        break;     %若函数导数为零，则跳出循环
    end
    x1=x0-f(1)/f(2);
fprintf('k=%d   x[%2d]=%10.8f   %10.8f\n',k,k,x1,abs(x1-x0));
    if abs(x1-x0)<eps
       flag=1;break;
    end
    x0=x1;
    k=k+1;
end
x=x1;
if flag==1
   fprintf('在预定迭代次数内求解成功!满足要求的近似解:x=%10.8f\n', x);
else
   fprintf('在预定迭代次数内求解失败! 最终迭代值为%10.8f',x);
end
```

在命令框输入 newton(@fun,1.5)或 newton('fun',1.5)，按回车键，得结果：

```
迭代次数     x[k]                  |x[k]-x[k-1]|
k=0          x[0]=1.50000000
k=1          x[1]=1.34285714       0.15714286
k=2          x[2]=1.32838414       0.01447300
k=3          x[3]=1.32826886       0.00011528
k=4          x[4]=1.32826886       0.00000001
在预定迭代次数内求解成功! 满足要求的近似解: x=1.32826886
```

3. 利用 Newton 下山迭代法编程求解 $f(x)=x^3-x-1=0$，取初始值 $x_0=0.6$，计算精确到10^{-5}.

参考答案：首先，编写 M 函数文件 f.m.

```
function [f,d]=f(x)
f=x^3-x-1;
d=3*x^2-1;
```

然后，利用 Newton 下山迭代法编写如下 M 函数文件 Newton_xs.m.

```
function [x1,n]=Newton_xs(f,x0,e1,e2)
n=0;      %用于记录迭代次数
u=1;
[f0,d0]=f(x0);
x1=x0-f0/d0;
[f1,d1]=f(x1);
while abs(x1-x0)>e1 && abs(f1)>e2
    while abs(f1)>=abs(f0)
        u=u/2;
        x1=x0-u*(f0/d0);
        [f1,d1]=f(x1);
    end
    n=n+1;
    x0=x1;
    [f1,d1]=f(x1);
    x1=x1-f1/d1;
end
```

将 M 函数文件 f.m 及 Newton_xs.m 保存在当前目录下，在命令框输入：

```
>> clear
>> clc
>> format long;
>> [x,n]=Newton_xs(@f,0.6,1e-5,1e-5)
x =
   1.324717957249541     %至少精确到小数点后第四位数字
n =
   4
```

4. 利用 fzero 命令求下列方程的实数根的数值解：

(1) $f(x)=x^3+2x-5=0$.

参考答案：见第 1 题或第 2 题.

(2) $x^2+4\sin x=25$.

参考答案：$x = -4.586052690568049$ 或 $x = 5.318580248846235$.

(3) $f(x) = 1000\mathrm{e}^x + \dfrac{435}{x}(\mathrm{e}^x - 1) - 1564 = 0$.

参考答案：$x = 0.100997929685750$.

*4.7　非线性方程组求解

非线性方程组的一般表达式为

$$\begin{cases} f_1(x_1, x_2, \cdots, x_n) = 0 \\ \quad\cdots\cdots \\ f_n(x_1, x_2, \cdots, x_n) = 0 \end{cases} \tag{4-21}$$

采用向量记号，为

$$\boldsymbol{F}(\boldsymbol{X}) = \begin{pmatrix} f_1(\boldsymbol{X}) \\ \vdots \\ f_n(\boldsymbol{X}) \end{pmatrix}, \qquad \boldsymbol{X} = \begin{pmatrix} x_1 \\ \vdots \\ x_n \end{pmatrix}, \qquad \boldsymbol{0} = \begin{pmatrix} 0 \\ \vdots \\ 0 \end{pmatrix}$$

则方程组(4-21)可写为

$$\boldsymbol{F}(\boldsymbol{X}) = \boldsymbol{0} \tag{4-22}$$

4.7.1　数学基础

向量范数及矩阵范数是在广义长度意义下对向量或矩阵的一种度量.

定义 4-2　设 n 维向量 $\boldsymbol{X} = (x_1, x_2, \cdots, x_n)^{\mathrm{T}} \in \mathbf{R}^n$ ，$\|\cdot\|$ 是一个从 $\mathbf{R}^n$ 到 $\mathbf{R}$ 的函数，满足如下性质：

(1) (正定性) $\|\boldsymbol{X}\| \geqslant 0$ ，且 $\|\boldsymbol{X}\| = 0$ 当且仅当 $\boldsymbol{X} = \boldsymbol{0}$ ；

(2) (齐次性) $\|\alpha \boldsymbol{X}\| = |\alpha| \cdot \|\boldsymbol{X}\|$ ，$\alpha \in \mathbf{R}$ ；

(3) (三角不等式) $\|\boldsymbol{X} + \boldsymbol{Y}\| \leqslant \|\boldsymbol{X}\| + \|\boldsymbol{Y}\|$ ，

则称 $\|\cdot\|$ 为 $\mathbf{R}^n$ 上的**向量范数**(vector norm).

向量 $\boldsymbol{X} = (x_1, x_2, \cdots, x_n)^{\mathrm{T}}$ 的常用范数 $\|\boldsymbol{X}\|$ 有三种：①1–范数，$\|\boldsymbol{X}\|_1 = \sum_{i=1}^{n} |x_i|$ ；②无穷范数，$\|\boldsymbol{X}\|_\infty = \max_{1 \leqslant i \leqslant n} \{|x_i|\}$ ；③2–范数，$\|\boldsymbol{X}\|_2 = \sqrt{\sum_{i=1}^{n} x_i^2}$ ，2–范数就是线性代数中向量的模(或长度).

练习：设 $\boldsymbol{X} = (2, -4, 3)^{\mathrm{T}}$ ，求 $\|\boldsymbol{X}\|_1, \|\boldsymbol{X}\|_\infty, \|\boldsymbol{X}\|_2$.

参考答案：$\|\boldsymbol{X}\|_1 = |2| + |-4| + |3| = 9$ ，$\|\boldsymbol{X}\|_\infty = \max\{|2|, |-4|, |3|\} = 4$ ，$\|\boldsymbol{X}\|_2 = \sqrt{29}$.

定义 4-3　设 $\{\boldsymbol{X}^{(k)}\}$ 为 $\mathbf{R}^n$ 中的一个向量序列，$\boldsymbol{X}^* \in \mathbf{R}^n$ ，记

$$\boldsymbol{X}^* = (x_1^*, x_2^*, \cdots, x_n^*)^{\mathrm{T}}, \qquad \boldsymbol{X}^{(k)} = (x_1^{(k)}, x_2^{(k)}, \cdots, x_n^{(k)})^{\mathrm{T}}$$

若 $\lim\limits_{k\to\infty} x_i^{(k)} = x_i^*\ (i=1,2,\cdots,n)$，则称 $\boldsymbol{X}^{(k)}$ 收敛于向量 $\boldsymbol{X}^*$，记作 $\lim\limits_{k\to\infty}\boldsymbol{X}^{(k)}=\boldsymbol{X}^*$.

定理 4-3 $\lim\limits_{k\to\infty}\boldsymbol{X}^{(k)}=\boldsymbol{X}^* \Leftrightarrow \left\|\boldsymbol{X}^{(k)}-\boldsymbol{X}^*\right\|\to 0\,(k\to\infty)$，其中 $\|\cdot\|$ 为向量的任一范数.

证明略.

定理 4-3 表明，若在一种范数意义下向量序列收敛，则在任何一种范数意义下该向量序列都收敛.

定义 4-4 $\mathbf{R}^{n\times n}$ 表示所有 $n\times n$ 矩阵的集合，$\forall \boldsymbol{A},\boldsymbol{B}\in\mathbf{R}^{n\times n}$，向量 $\boldsymbol{X}\in\mathbf{R}^n$ 及 $k\in\mathbf{R}$，若 $\mathbf{R}^{n\times n}$ 上的某个实值函数 $\|\cdot\|$ 满足如下性质：

(1) (正定性) $\|\boldsymbol{A}\|\geqslant 0$，且 $\|\boldsymbol{A}\|=0$ 当且仅当 $\boldsymbol{A}=\boldsymbol{O}$；

(2) (齐次性) $\|k\boldsymbol{A}\|=|k|\cdot\|\boldsymbol{A}\|$；

(3) (三角不等式) $\|\boldsymbol{A}+\boldsymbol{B}\|\leqslant\|\boldsymbol{A}\|+\|\boldsymbol{B}\|$；

(4) (相容性) $\|\boldsymbol{AB}\|\leqslant\|\boldsymbol{A}\|\|\boldsymbol{B}\|$；

(5) (相容性) $\|\boldsymbol{AX}\|\leqslant\|\boldsymbol{A}\|\|\boldsymbol{X}\|$，

则称 $\|\cdot\|$ 为 $\mathbf{R}^{n\times n}$ 上的**矩阵范数**(matrix norm). 定义 4-4 中的性质(4)是矩阵范数的相容性，性质(5)是矩阵范数与向量范数的相容性.

设 $\boldsymbol{A}=(a_{ij})\in\mathbf{R}^{n\times n}$，常用的矩阵范数 $\|\boldsymbol{A}\|$ 有三种：①1–范数(列范数)，$\|\boldsymbol{A}\|_1=\max\limits_{1\leqslant j\leqslant n}\sum\limits_{i=1}^{n}|a_{ij}|$；②无穷范数(行范数)，$\|\boldsymbol{A}\|_\infty=\max\limits_{1\leqslant i\leqslant n}\sum\limits_{j=1}^{n}|a_{ij}|$；③2–范数，$\|\boldsymbol{A}\|_2=\sqrt{\lambda_{\max}(\boldsymbol{A}^{\mathrm{T}}\boldsymbol{A})}$，其中 $\lambda_{\max}(\boldsymbol{A}^{\mathrm{T}}\boldsymbol{A})$ 是矩阵 $\boldsymbol{A}^{\mathrm{T}}\boldsymbol{A}$ 的最大特征值.

练习：设 $\boldsymbol{A}=\begin{pmatrix}1 & 1\\ -3 & 3\end{pmatrix}$，计算 $\boldsymbol{A}$ 的各种范数.

参考答案：$\|\boldsymbol{A}\|_1=\max\{1+|-3|,1+3\}=4$；$\|\boldsymbol{A}\|_\infty=\max\{1+1,|-3|+3\}=6$；$\boldsymbol{A}^{\mathrm{T}}\boldsymbol{A}=\begin{pmatrix}1 & -3\\ 1 & 3\end{pmatrix}\begin{pmatrix}1 & 1\\ -3 & 3\end{pmatrix}=\begin{pmatrix}10 & -8\\ -8 & 10\end{pmatrix}$，$\boldsymbol{A}^{\mathrm{T}}\boldsymbol{A}$ 的两个特征值为 $\lambda_1=18$，$\lambda_2=2$，$\|\boldsymbol{A}\|_2=\sqrt{18}=3\sqrt{2}$.

注意：常用的三种向量范数之间在某种意义上是等价的，常用的三种矩阵范数之间在某种意义上也是等价的，实际应用中一般取较易计算的 $\|\cdot\|_\infty$.

定义 4-5 若 $\boldsymbol{F}(\boldsymbol{X})=\begin{pmatrix}f_1(\boldsymbol{X})\\ \vdots\\ f_n(\boldsymbol{X})\end{pmatrix},\boldsymbol{X}=\begin{pmatrix}x_1\\ \vdots\\ x_n\end{pmatrix}$，称

$$\boldsymbol{F}'(\boldsymbol{X})=\begin{pmatrix}\dfrac{\partial f_1}{\partial x_1} & \cdots & \dfrac{\partial f_1}{\partial x_n}\\ \vdots & & \vdots\\ \dfrac{\partial f_n}{\partial x_1} & \cdots & \dfrac{\partial f_n}{\partial x_n}\end{pmatrix} \tag{4-23}$$

为 $\boldsymbol{F}(\boldsymbol{X})$ 的 **Jacobi 矩阵**(Jacobi matrix).

多元函数 $\boldsymbol{F}(\boldsymbol{X})$ 在点 $\boldsymbol{X}_0$ 处的一阶 Taylor 展开式为

$$\boldsymbol{F}(\boldsymbol{X})=\boldsymbol{F}(\boldsymbol{X}_0)+\boldsymbol{F}'(\boldsymbol{X}_0)(\boldsymbol{X}-\boldsymbol{X}_0)+R(\boldsymbol{X}-\boldsymbol{X}_0) \tag{4-24}$$

式中，$R(\boldsymbol{X}-\boldsymbol{X}_0)$ 称为余项，$\|\boldsymbol{X}-\boldsymbol{X}_0\|\to 0, \dfrac{\|R(\boldsymbol{X}-\boldsymbol{X}_0)\|}{\|\boldsymbol{X}-\boldsymbol{X}_0\|}\to 0$.

式(4-24)在形式上完全类似于一元函数 $f(x)$ 在一点 x_0 处的一阶 Taylor 展开式：$f(x)=f(x_0)+f'(x_0)(x-x_0)+o(x-x_0)$.

4.7.2 非线性方程组求解的 Newton 迭代法原理

与一元非线性方程求解的 Newton 迭代法原理一样，非线性方程组 $\boldsymbol{F}(\boldsymbol{X})=\boldsymbol{0}$ 求解的 Newton 迭代法是利用多元函数 $\boldsymbol{F}(\boldsymbol{X})$ 的一阶 Taylor 展开把 $\boldsymbol{F}(\boldsymbol{X})=\boldsymbol{0}$ 线性化，不断迭代求解与 $\boldsymbol{F}(\boldsymbol{X})=\boldsymbol{0}$ 近似的线性方程组，从而求出 $\boldsymbol{F}(\boldsymbol{X})=\boldsymbol{0}$ 的数值解.

假定 $\boldsymbol{X}^*$ 是 $\boldsymbol{F}(\boldsymbol{X})=\boldsymbol{0}$ 的解，$\boldsymbol{X}_0$ 是 $\boldsymbol{X}^*$ 的一个近似值，且 $\boldsymbol{F}'(\boldsymbol{X}_0)$ 可逆，将 $\boldsymbol{F}(\boldsymbol{X}^*)$ 在 $\boldsymbol{X}_0$ 处进行一阶 Taylor 展开，有

$$\boldsymbol{0}=\boldsymbol{F}(\boldsymbol{X}^*)=\boldsymbol{F}(\boldsymbol{X}_0)+\boldsymbol{F}'(\boldsymbol{X}_0)(\boldsymbol{X}^*-\boldsymbol{X}_0)+R(\boldsymbol{X}^*-\boldsymbol{X}_0) \tag{4-25}$$

略去式(4-25)中的余项 $R(\boldsymbol{X}^*-\boldsymbol{X}_0)$，即用线性方程组

$$\boldsymbol{F}(\boldsymbol{X}_0)+\boldsymbol{F}'(\boldsymbol{X}_0)(\boldsymbol{X}-\boldsymbol{X}_0)=\boldsymbol{0}$$

的解去近似 $\boldsymbol{F}(\boldsymbol{X})=\boldsymbol{0}$ 的解 $\boldsymbol{X}^*$，从而得到 $\boldsymbol{X}^*$ 的一个新的近似值 $\boldsymbol{X}_1$：

$$\boldsymbol{X}_1=\boldsymbol{X}_0-\boldsymbol{F}'(\boldsymbol{X}_0)^{-1}\boldsymbol{F}(\boldsymbol{X}_0)$$

将 $\boldsymbol{F}(\boldsymbol{X}^*)$ 在 $\boldsymbol{X}_1$ 处进行一阶 Taylor 展开，且 $\boldsymbol{F}'(\boldsymbol{X}_1)$ 可逆，类似以上过程，又得 $\boldsymbol{F}(\boldsymbol{X})=\boldsymbol{0}$ 的一个新的近似线性方程组，即

$$\boldsymbol{F}(\boldsymbol{X}_1)+\boldsymbol{F}'(\boldsymbol{X}_1)(\boldsymbol{X}-\boldsymbol{X}_1)=\boldsymbol{0}$$

它的解就是 $\boldsymbol{X}^*$ 的一个新的近似值 $\boldsymbol{X}_2$：

$$\boldsymbol{X}_2=\boldsymbol{X}_1-\boldsymbol{F}'(\boldsymbol{X}_1)^{-1}\boldsymbol{F}(\boldsymbol{X}_1)$$

如此继续，可得迭代序列：

$$\boldsymbol{X}_{k+1}=\boldsymbol{X}_k-\boldsymbol{F}'(\boldsymbol{X}_k)^{-1}\boldsymbol{F}(\boldsymbol{X}_k) \quad (k=0,1,2,\cdots) \tag{4-26}$$

式(4-26)就是解非线性方程组的 Newton 迭代法，在形式上完全类似于一元非线性方程的 Newton 迭代法. 式(4-25)迭代到 $\|\boldsymbol{X}_{k+1}-\boldsymbol{X}_k\|$ 小于给定精度为止. 类似于一元非线性方程的 Newton 迭代法的收敛特性，当 $\|\boldsymbol{F}'(\boldsymbol{X})\|\leqslant L<1$，而初始值 $\boldsymbol{X}_0$ 充分接近 $\boldsymbol{F}(\boldsymbol{X})=\boldsymbol{0}$ 的解 $\boldsymbol{X}^*$ 时，式(4-26)迭代收敛. 为了利用线性方程组的数值解法，非线性方程组求解的 Newton 迭代法式(4-26)常采用如下计算步骤(算法)：

(1) 计算 $\boldsymbol{F}(\boldsymbol{X}_k)$ 及 $\boldsymbol{F}'(\boldsymbol{X}_k)$；

(2) 解线性方程组 $\boldsymbol{F}'(\boldsymbol{X}_k)\Delta\boldsymbol{X}_k=-\boldsymbol{F}(\boldsymbol{X}_k)$，求得 $\Delta\boldsymbol{X}_k$；

(3) 计算 $\boldsymbol{X}_{k+1}=\boldsymbol{X}_k+\Delta\boldsymbol{X}_k$.

类似于一元非线性方程求解的Newton下山迭代法，为了扩大Newton迭代法式(4-26)的收敛范围，即更方便地取初始值 $\boldsymbol{X}_0$，可构造非线性方程组求解的Newton下山迭代法.

例 4-8 已知非线性方程组 $\begin{cases} f_1(x,y)=4-x^2-y^2=0 \\ f_2(x,y)=1-\mathrm{e}^x-y=0 \end{cases}$，取初始值 $\begin{pmatrix} x_0 \\ y_0 \end{pmatrix}=\begin{pmatrix} 1 \\ -1.7 \end{pmatrix}$，按Newton迭代法计算一次.

解 步骤1：计算 $\boldsymbol{F}(\boldsymbol{X}_k)$ 及 $\boldsymbol{F}'(\boldsymbol{X}_k)$.

$$\boldsymbol{X}_0=\begin{pmatrix} x_0 \\ y_0 \end{pmatrix},\qquad \boldsymbol{F}(\boldsymbol{X}_0)=\begin{pmatrix} f_1(x_0,y_0) \\ f_2(x_0,y_0) \end{pmatrix}=\begin{pmatrix} 0.11 \\ -0.01828 \end{pmatrix}$$

$$\boldsymbol{F}'(\boldsymbol{X})=\begin{pmatrix} \dfrac{\partial f_1}{\partial x} & \dfrac{\partial f_1}{\partial y} \\ \dfrac{\partial f_2}{\partial x} & \dfrac{\partial f_2}{\partial y} \end{pmatrix}=\begin{pmatrix} -2x & -2y \\ -\mathrm{e}^x & -1 \end{pmatrix},\qquad \boldsymbol{F}'(\boldsymbol{X}_0)=\begin{pmatrix} -2 & 3.4 \\ -2.71828 & -1 \end{pmatrix}$$

步骤2：解线性方程组 $\boldsymbol{F}'(\boldsymbol{X}_k)\Delta\boldsymbol{X}_k=-\boldsymbol{F}(\boldsymbol{X}_k)$，求得 $\Delta\boldsymbol{X}_k$.

$$\begin{cases} -\quad 2\Delta x+3.4\Delta y=-0.11 \\ -2.71828\Delta x-\quad \Delta y=0.01828 \end{cases}$$

解方程组得 $\Delta\boldsymbol{X}_0=\begin{pmatrix} \Delta x \\ \Delta y \end{pmatrix}=\begin{pmatrix} 0.004256 \\ -0.029849 \end{pmatrix}$.

步骤3：计算 $\boldsymbol{X}_{k+1}=\boldsymbol{X}_k+\Delta\boldsymbol{X}_k$.

$$\boldsymbol{X}_1=\boldsymbol{X}_0+\Delta\boldsymbol{X}_0=\begin{pmatrix} x_0 \\ y_0 \end{pmatrix}+\begin{pmatrix} \Delta x \\ \Delta y \end{pmatrix}=\begin{pmatrix} 1.004256 \\ -1.729849 \end{pmatrix}$$

重复以上过程，直到 $\|\boldsymbol{X}_{k+1}-\boldsymbol{X}_k\|=\|\Delta\boldsymbol{X}_k\|<\varepsilon$ 时终止，就可以得到方程组满足精度要求的数值解 $\boldsymbol{X}_k$(或 $\boldsymbol{X}_{k+1}$).

练习：已知非线性方程组 $\begin{cases} f_1(x,y)=4x^2+y^2-4=0 \\ f_2(x,y)=x+y-\sin(x-y)=0 \end{cases}$，取初始值 $\begin{pmatrix} x_0 \\ y_0 \end{pmatrix}=\begin{pmatrix} 1 \\ 0 \end{pmatrix}$，按Newton迭代法计算一次.

参考答案：$\boldsymbol{X}_1=\boldsymbol{X}_0+\Delta\boldsymbol{X}_0=\begin{pmatrix} x_0 \\ y_0 \end{pmatrix}+\begin{pmatrix} \Delta x \\ \Delta y \end{pmatrix}=\begin{pmatrix} 1 \\ -0.10292 \end{pmatrix}$.

4.7.3 非线性方程组求解的 Newton 下山迭代法

非线性方程组求解的Newton下山迭代法如下：

$$\boldsymbol{X}_{k+1}=\boldsymbol{X}_k-\omega_k\boldsymbol{F}'(\boldsymbol{X}_k)^{-1}\boldsymbol{F}(\boldsymbol{X}_k)\quad (k=0,1,2,\cdots) \tag{4-27}$$

式中，ω_k 称为下山因子，$0<\omega_k\leqslant 1$，且

$$\|\boldsymbol{F}(\boldsymbol{X}_{k+1})\|<\|\boldsymbol{F}(\boldsymbol{X}_k)\| \tag{4-28}$$

使用Newton下山迭代法求解非线性方程组 $\boldsymbol{F}(\boldsymbol{X})=\boldsymbol{0}$ 时，下山因子 ω_k 可用逐次减半

法确定，即先令 $\omega_k=1$，判断条件(4-28)是否成立，若不成立，将 ω_k 缩小 $\frac{1}{2}$，直至条件(4-28)成立为止. 需要注意的是，式(4-27)表明每一次迭代都要从 1 开始逐次减半确定 ω_k. 这样做增加了计算量，但减少了对初始近似值 $\boldsymbol{X}_0$ 的限制.

4.8　非线性方程组数值解的 MATLAB 命令

MATLAB 命令 fsolve 用于非线性方程组 $\boldsymbol{F}(\boldsymbol{X})=\boldsymbol{0}$ 的求解. 它的常用格式为

```
[X,FVAL,EXITFLAG] =fsolve(FUN,X0)
```

(1) 输入参数 FUN 是编辑存盘的 M 函数文件，表示 $\boldsymbol{F}(\boldsymbol{X})=\boldsymbol{0}$ 中等号左边的函数 $\boldsymbol{F}(\boldsymbol{X})$.

(2) 输入参数 X0 是方程求解的初始点，行向量或列向量均可，越靠近 $\boldsymbol{F}(\boldsymbol{X})=\boldsymbol{0}$ 的解 $\boldsymbol{X}^*$ 越好. 当 X0 是二维以上的向量(方程组是三元及三元以上的非线性方程组)时，由于无法用画图方法确定 X0，实际问题中往往根据专业知识或物理意义等进行估计.

(3) 输出 X 是命令找到的最靠近 X0 的近似解；FVAL 是方程组中 $\boldsymbol{F}(\boldsymbol{X})$ 在 X 处的值；EXITFLAG 有八种取值，只有输出 EXITFLAG=1 时才表示求解成功，其他取值代表命令执行后出现的各种异常情况.

fsolve 的其他调用格式可用 doc fsolve 命令查阅.

例 4-9　求 $\begin{cases} x^2+y^2=4 \\ e^x+y=1 \end{cases}$ 的数值解.

解　对于二元非线性方程组，可以画图确定初始值 X0. 在命令框输入：

```
>> ezplot('x^2+y^2=4')
>> hold on
>> ezplot('exp(x)+y=1')
>> grid
>> title('x^2+y^2=4, exp(x)+y=1 ')
```

结果如图 4-6 所示.

由图 4-6 可知，初始点 X0 取(−2, 1)或(2, −2)将会得到方程组的两个不同的数值解.

首先，编辑输入函数 FUN. 打开编辑调试窗，输入：

```
function Z=myfun(X)
Z(1)=X(1)^2+X(2)^2-4;
Z(2)=exp(X(1))+X(2)-1;
```

然后，在命令框输入：

```
>> [X,FVAL,EXITFLAG]=fsolve(@myfun,[-2 1])
```

或

```
[X,FVAL,EXITFLAG]=fsolve('myfun',[-2 1])
```

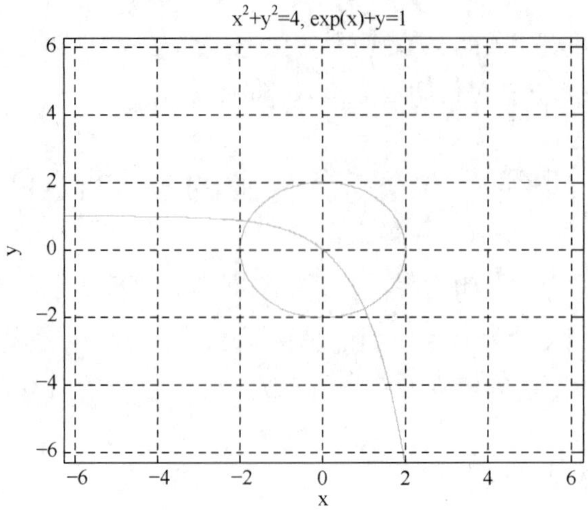

图 4-6 例 4-9 方程组的函数图像

按回车键，得

```
X =
   -1.8163    0.8374
FVAL =
   1.0e-08 *
    0.2123    0.0140
EXITFLAG =
     1
```

由结果可知求解成功，得到了靠近初始值 X0=(-2,1) 的数值解 X=(-1.8163, 0.8374)，即方程组的一组解为 $x=-1.8163, y=0.8374$.

取 X0=(2,-2)，在命令框输入：

```
>> [X,FVAL,EXITFLAG]=fsolve(@myfun,[2 -2])
```

按回车键，得

```
X =
    1.0042   -1.7296
FVAL =
   1.0e-11 *
    0.1153    0.1529
EXITFLAG =
     1
```

由结果可知求解成功，得到了靠近初始值 X0=(2, −2)的数值解 X=(1.0042, −1.7296),

即方程组的另一组解为 $x = 1.0042, y = -1.7296$.

数值实验二

1. 用 Newton 迭代法及 Newton 下山迭代法编程求解(利用例 4-9 求解的初始点)：

$$\begin{cases} x^2 + y^2 = 4 \\ e^x + y = 1 \end{cases}$$

参考答案：将方程组化为标准形式 $\boldsymbol{F}(\boldsymbol{X}) = \boldsymbol{0}$ ，先编写两个 M 函数文件 Z=myfun(X) 和 df=dmyfun(X)，用它们分别表示 $\boldsymbol{F}(\boldsymbol{X})$ 及 $\boldsymbol{F}'(\boldsymbol{X})$.

```
function Z=myfun(X)
Z=[X(1)^2+X(2)^2-4,exp(X(1))+X(2)-1]';
function df=dmyfun(X)
df=[2*X(1),2*X(2);exp(X(1)),1];
```

将以上两个 M 函数文件分别存盘.

编写 Newton 迭代法 M 函数文件 [X,n]=Mult_Newton(x0,eps)，具体如下.

```
function [X,n]=Mult_Newton(x0,eps)
% $Copyright Zhigang Zhou$.
if nargin==1
    eps=1.0e-6;
end
X=x0-dmyfun(x0)\myfun(x0);
% Newton 迭代法式(4-26),"\"运算比 MATLAB 求逆命令 inv 更稳定,"\"避免了 MATLAB 求逆命令 inv
n=1;
tol=1;
while tol>eps
    x0=X;
    X=x0-dmyfun(x0)\myfun(x0);
    tol=norm(X-x0);     %计算 X-x0 的 2-范数
    n=n+1;     %记录迭代次数
    if(n>100000)
        disp('迭代可能发散！ ');
        return;
    end
end
```

在命令框输入：

```
>> [X,n]=Mult_Newton([-2 1]')        %注意：初始点必须以列向量形式输入
```

按回车键，得

```
X =
   -1.8163
    0.8374
n =
     4
```

再在命令框输入：

```
>> [X,n]=Mult_Newton([2 -2]')
```

按回车键，得

```
X =
    1.0042
   -1.7296
n =
     6
```

编写 Newton 下山迭代法 M 函数文件[X,n]=Mult_Newton_xs(x0,eps)，具体如下.

```
function [X,n]=Mult_Newton_xs(x0,eps)
%  $Copyright Zhigang Zhou$.
if nargin==1
    eps=1.0e-6;
end
X=x0-dmyfun(x0)\myfun(x0);
n=1;
tol=1;
while tol>eps
    x0=X;
    ttol=1;
    w=1;
    F2=norm(myfun(x0));
    while ttol>=0
        X=x0-w*dmyfun(x0)\myfun(x0);
        ttol=norm(myfun(X))-F2;
        w=w/2;
    end
    tol=norm(X-x0);
    n=n+1;
```

```
        if(n>10000)
            disp('迭代可能发散!');
            return;
        end
    end
```

在命令框输入:

```
>> [X,n]=Mult_Newton_xs([-2 1]')
```

按回车键，得

```
X =
   -1.8163
    0.8374
n =
     4
```

再在命令框输入:

```
>> [X,n]=Mult_Newton_xs([2 -2]')
```

按回车键，得

```
X =
    1.0042
   -1.7296
n =
     6
```

2. 求解方程组:

$$\begin{cases} x^2+y^2+z+7=10x \\ xy^2=2z \\ x^2+y^2+z^2=3y \end{cases}$$

在 $x_0=1, y_0=1, z_0=1$ 附近的数值解.

参考答案: $x=1.1042, y=1.3485, z=1.0039$.

本 章 小 结

非线性方程 $f(x)=0$ 求根有多种方法，本章重点介绍了 Newton 迭代法. Newton 迭代法是一种行之有效的求根方法，在单根附近具有较高的收敛速度. 应用 Newton 迭代法的关键在于选取足够精确的初始值. 若初始值偏离所求的根比较远，Newton 迭代法可能发散，此时可选择两种途径：一是用二分法寻找靠近方程根的初始值；二是使用 Newton 下山迭代法求解. Newton 迭代法的另一个局限性是要计算导数值，若 $f(x)$ 不便于求导，则用差商代替导数，从而得到近似的 Newton 迭代法，即割线法. 割线法的本质是用线性

插值代替 $f(x)$，将线性插值函数的根作为 $f(x)=0$ 的根的近似值. 类似地，若用二次插值代替 $f(x)$，则得到求根的抛物线法. 限于篇幅，抛物线法等其他方法未介绍，请参考有关文献.

非线性方程组 $\boldsymbol{F}(\boldsymbol{X})=\mathbf{0}$ 的求解主要介绍了 Newton 迭代法及 Newton 下山迭代法，还有其他很多重要的方法，如一类无约束优化方法、非线性最小二乘拟合法等.

第 5 章　线性方程组求解

线性方程组求解是科学与工程中经常碰到的数值计算问题. 例如：样条插值、曲线拟合等最后都需要求解线性方程组；在石油勘探、天气预报等工程实际中，往往需要求解成百上千阶的线性方程组. 线性代数中关于线性方程组求解的 Cramer 法则在实际计算中由于计算量太大并不实用，仅具有理论意义. 针对线性方程组，给出满足工程实际应用要求的快速、合理的数值解法非常重要.

线性方程组的数值解法分为直接法和迭代法两类. 从理论上讲，直接法只经过有限次四则运算，假定每一步运算过程中没有舍入误差，那么最后得到的线性方程组的解就是精确解. 但是，在计算过程中由于初始数据转化为机器数而产生的误差及计算过程中产生的舍入误差都对解的精确度产生影响，直接法实际上也只能求出线性方程组的近似解. 线性方程组求解的直接法主要有消元法及分解法. 本章重点介绍直接法中较常用的 Gauss 列主元消元法，它是求解低阶稠密矩阵及某些大型稀疏方程组(如三对角线性方程组)的有效解法.

解线性方程组的迭代法的基本思想与解一元非线性方程的迭代法类似. 它从任意给定的初始解向量开始，按照某种方法逐步生成近似解向量序列，并使得此序列的极限为方程组的解. 当然，实际使用迭代法时，只能迭代有限多次，从而得到满足一定精度的方程组的近似解. 迭代法主要有 Jacobi 迭代法、Gauss-Seidel 迭代法、逐次超松弛(successive over relaxation，SOR)迭代法等.

一般来说，由于直接法的准确性和可靠性，求解中小规模(阶数不太高，如未知量不超过 1000 个)、系数矩阵稠密(矩阵的绝大多数元素都是非零的)而又没有任何特殊结构的线性方程组的最常用的方法就是属于直接法的 Gauss 列主元消元法. 对于大规模的线性方程组和稀疏方程组(非零元素较少)，一般使用迭代法求解.

5.1　线性方程组直接解法——Gauss 列主元消元法

5.1.1　Gauss 消元法

Gauss 消元法就是初等数学中的消元法，计算过程分为两步：第一步是消元过程，即把原方程组变换成等价的系数矩阵是三角阵的方程组；第二步是回代过程，通过回代最终求出方程组的解.

对于一般的线性方程组：

$$\begin{cases} a_{11}x_1 + a_{12}x_2 + \cdots + a_{1n}x_n = b_1 \\ a_{21}x_1 + a_{22}x_2 + \cdots + a_{2n}x_n = b_2 \\ \quad\cdots\cdots \\ a_{n1}x_1 + a_{n2}x_2 + \cdots + a_{nn}x_n = b_n \end{cases} \tag{5-1}$$

矩阵形式为

$$\boldsymbol{AX} = \boldsymbol{b}$$

其中，

$$\boldsymbol{A} = \begin{pmatrix} a_{11} & a_{12} & \cdots & a_{1n} \\ a_{21} & a_{22} & \cdots & a_{2n} \\ \vdots & \vdots & & \vdots \\ a_{n1} & a_{n2} & \cdots & a_{nn} \end{pmatrix}, \quad \boldsymbol{X} = \begin{pmatrix} x_1 \\ x_2 \\ \vdots \\ x_n \end{pmatrix}, \quad \boldsymbol{b} = \begin{pmatrix} b_1 \\ b_2 \\ \vdots \\ b_n \end{pmatrix}$$

设方程组(5-1)为恰定的，即 $\mathrm{rank}(\boldsymbol{A},\boldsymbol{b}) = \mathrm{rank}(\boldsymbol{A}) = n$ ，则方程组(5-1)有唯一解. 方程组(5-1)的增广矩阵为

$$\boldsymbol{B} = (\boldsymbol{A},\boldsymbol{b}) = \left(\begin{array}{cccc|c} a_{11} & a_{12} & \cdots & a_{1n} & b_1 \\ a_{21} & a_{22} & \cdots & a_{2n} & b_2 \\ \vdots & \vdots & & \vdots & \vdots \\ a_{n1} & a_{n2} & \cdots & a_{nn} & b_n \end{array}\right)$$

Gauss 消元法求解方程组(5-1)过程如下.

1. 消元过程

第一次消元：设 $a_{11} \neq 0$ (否则进行换行，把第一列不为零的行调到首行)，用第 i ($i = 2,3,\cdots,n$)行的各元素减去第一行对应元素的 a_{i1}/a_{11} 倍，于是增广矩阵变为

$$\left(\begin{array}{cccc|c} a_{11} & a_{12} & \cdots & a_{1n} & b_1 \\ 0 & a_{22}^{(1)} & \cdots & a_{2n}^{(1)} & b_2^{(1)} \\ \vdots & \vdots & & \vdots & \vdots \\ 0 & a_{n2}^{(1)} & \cdots & a_{nn}^{(1)} & b_n^{(1)} \end{array}\right)$$

第二次消元：设 $a_{22}^{(1)} \neq 0$ (否则进行换行)，用第 i ($i = 3,4,\cdots,n$)行的各元素减去第二行对应元素的 $a_{i2}^{(1)} / a_{22}^{(1)}$ 倍.

依次不断进行消元，经过 $n-1$ 次消元，最终增广矩阵变为

$$\left(\begin{array}{cccc|c} a_{11} & a_{12} & \cdots & a_{1n} & b_1 \\ 0 & a_{22}^{(1)} & \cdots & a_{2n}^{(1)} & b_2^{(1)} \\ \vdots & \vdots & & \vdots & \vdots \\ 0 & 0 & \cdots & a_{nn}^{(n-1)} & b_n^{(n-1)} \end{array}\right) \tag{5-2}$$

至此，完成消元过程. 由于未知量逐个按照在方程组中的自然顺序被消去，Gauss 消元法也称为顺序 Gauss 消元法.

2. 回代过程

从矩阵(5-2)对应的三角方程组的最后一个方程逐个向上回代，最终可求出方程组(5-1)的解.

Gauss 消元法的计算量比 Cramer 法则的计算量小得多. 矩阵(5-2)中，当 $|a_{11}|$，$\left|a_{22}^{(1)}\right|$，…，$\left|a_{n-1,n-1}^{(n-2)}\right|$ 很小时，Gauss 消元法虽可进行，但是把它们作为除数会导致所得数值结果的较大误差，甚至失真，在例 1-3 中已看到此种情况. 为避免此种情况，采用 Gauss 列主元消元法.

5.1.2　Gauss 列主元消元法及 MATLAB 程序

Gauss 列主元消元法(Gaussian elimination with maximal column pivoting)的基本思想是，在进行第 k $(k=1,2,\cdots,n-1)$ 步消元时，从第 k 列的 a_{kk} 及其以下的各元素中选取绝对值最大的元素，然后通过行变换将它交换到 a_{kk} 的位置上，再进行消元.

例 5-1　采用 Gauss 列主元消元法求解线性方程组：

$$\begin{pmatrix} 2 & 2 & 3 \\ 4 & 7 & 7 \\ -2 & 4 & 5 \end{pmatrix}\begin{pmatrix} x_1 \\ x_2 \\ x_3 \end{pmatrix}=\begin{pmatrix} 3 \\ 1 \\ -7 \end{pmatrix}$$

解　对增广矩阵进行初等行变换：

$$\begin{pmatrix} 2 & 2 & 3 & 3 \\ \underline{4} & 7 & 7 & 1 \\ -2 & 4 & 5 & -7 \end{pmatrix} \xrightarrow{r_2\leftrightarrow r_1} \begin{pmatrix} 4 & 7 & 7 & 1 \\ 2 & 2 & 3 & 3 \\ -2 & 4 & 5 & -7 \end{pmatrix} \xrightarrow[r_3+\left(\frac{1}{2}\right)r_1]{r_2+\left(\frac{-1}{2}\right)r_1} \begin{pmatrix} 4 & 7 & 7 & 1 \\ 0 & -1.5 & -0.5 & 2.5 \\ 0 & \underline{7.5} & 8.5 & -6.5 \end{pmatrix}$$

$$\xrightarrow{r_3\leftrightarrow r_2} \begin{pmatrix} 4 & 7 & 7 & 1 \\ 0 & 7.5 & 8.5 & -6.5 \\ 0 & -1.5 & -0.5 & 2.5 \end{pmatrix} \xrightarrow{r_3+\left(\frac{1}{5}\right)r_2} \begin{pmatrix} 4 & 7 & 7 & 1 \\ 0 & 7.5 & 8.5 & -6.5 \\ 0 & 0 & 1.2 & 1.2 \end{pmatrix}$$

回代求解，得

$$x_3=1,\qquad x_2=-2,\qquad x_1=2$$

注意：上面矩阵中的下划线元素为列主元素.

例 5-2　以二元线性方程组

$$\begin{pmatrix} a_{11} & a_{12} \\ a_{21} & a_{22} \end{pmatrix}\begin{pmatrix} x_1 \\ x_2 \end{pmatrix}=\begin{pmatrix} b_1 \\ b_2 \end{pmatrix}$$

为例，说明 Gauss 列主元消元法的好处.

解　设 $a_{11}\neq 0$，Gauss 消元法的过程如下：

$$\begin{pmatrix} a_{11} & a_{12} & b_1 \\ a_{21} & a_{22} & b_2 \end{pmatrix} \to \begin{pmatrix} a_{11} & a_{12} & b_1 \\ 0 & a_{22}-la_{12} & b_2-lb_1 \end{pmatrix}$$

式中，$l=\dfrac{a_{21}}{a_{11}}$. 若 a_{12} 有一个误差 ε_1，b_1 有一个误差 ε_2，则 Gauss 消元法的结果为

$$\begin{pmatrix} a_{11} & a_{12}+\varepsilon_1 & b_1+\varepsilon_2 \\ a_{21} & a_{22} & b_2 \end{pmatrix} \to \begin{pmatrix} a_{11} & a_{12}+\varepsilon_1 & b_1+\varepsilon_2 \\ 0 & a_{22}-la_{12}-l\varepsilon_1 & b_2-lb_1-l\varepsilon_2 \end{pmatrix}$$

若 $|l|>1$，矩阵第一行的 ε_1，ε_2 会放大 $|l|$ 倍传播到矩阵第二行，且有可能造成大数"吃掉"小数的现象. 因此，在消元过程中设法使得 $|l|\leqslant 1$，即在消元前先比较增广矩阵第一列的两个元素，若 $|a_{21}|>|a_{11}|$，则将增广矩阵的第一行和第二行交换，交换后再进行消元(Gauss 列主元消元法)，此时 $|l|\leqslant 1$，从而保证误差不会放大传播，避免大数"吃掉"小数的现象.

练习：采用 Gauss 列主元消元法求解线性方程组：

$$\begin{pmatrix} 1 & 2 & 3 \\ 0 & 1 & 2 \\ 2 & 4 & 1 \end{pmatrix}\begin{pmatrix} x_1 \\ x_2 \\ x_3 \end{pmatrix}=\begin{pmatrix} 14 \\ 8 \\ 13 \end{pmatrix}$$

参考答案：$x_3=3, x_2=2, x_1=1$.

以下给出 Gauss 列主元消元法的算法描述.

输入：方程组的未知量个数 n；增广矩阵 $\boldsymbol{A}=(a_{ij})=\begin{pmatrix} \alpha_1 \\ \alpha_2 \\ \vdots \\ \alpha_n \end{pmatrix}$，其中，$i=1,2,\cdots,n$ 且 $j=1,2,\cdots,n+1$.

输出：方程组的解 $x_1,x_2,\cdots,x_n$ 或求解失败信息.

for $i \leftarrow 1$ to $n-1$ do　　%操作对象是增广矩阵的第 1 行到第 $n-1$ 行

　temp $\leftarrow |a_{ii}|$; $p \leftarrow i$;

　for $j \leftarrow i+1$ to n do　　%操作对象是增广矩阵的第 $i+1$ 行到第 n 行

　　if $|a_{ji}|>$ temp then

　　temp $\leftarrow |a_{ji}|$;　　%对于 a_{ii} 所在的列，从 a_{ii} 及下方元素中找绝对值最大的元素

　　$p \leftarrow j$;　　%将 a_{ii} 所在列中绝对值最大的元素的行标赋给 p

　　end

　end

　if temp=0 then

　　return false;

end
if $p \neq i$ then
　$\alpha_p \leftrightarrow \alpha_i$;　　%交换两行位置
end
　%%%%%%%%%%%%%%%%%%%%%%%%%以上过程是选择列主元
for $j \leftarrow i+1$ to n do　　%操作对象是增广矩阵的第 $i+1$ 行到第 n 行

$$m_{ji} \leftarrow \frac{a_{ji}}{a_{ii}}; \alpha_j \leftarrow \alpha_j - m_{ji}\alpha_i;$$　　%消元

end
end
if $a_{nn}=0$ then
　return false;
end
%%%%%%%%%%%%%%%%%%%%%%%%%%以下是回代过程
$x_n \leftarrow a_{n,n+1} / a_{nn}$;　　%开始回代
for i=n−1 to 1 do

$$x_i \leftarrow \frac{a_{i,n+1} - \sum_{j=i+1}^{n} a_{ij}x_j}{a_{ii}};$$

end
%%%%%%%%%%%%%%%%%%%%%%%%%%回代过程结束
　输出方程组的解 $x_1, x_2, \cdots, x_n$.

按以上算法编写的 MATLAB 程序如下.

```
function x=gauss(a)
%  $Copyright Zhigang Zhou$.
tic    %开始计时
A=a;
s=size(A);n=s(1);

for i=1:n
    %选主元
    temp=abs(A(i,i));p=i;
    for k=i+1:n
        if abs(A(k,i))>temp
            temp=abs(A(k,i)); p=k;
```

```
        end
    end

    if temp==0
        fprintf('\n无法求解');
    end

    if p~=i           %交换主元所在的行
        for j=1:n+1
            temp=A(i,j);
            A(i,j)=A(p,j);
            A(p,j)=temp;
        end
    end

    for k=i+1:n     %消元过程
        m=A(k,i)/A(i,i);
        for j=i+1:n+1
            A(k,j)= A(k,j)-m*A(i,j);
        end
    end
end
    for i=n:-1:1    %回代过程
        x(i)=A(i,n+1);
        for j=i+1:n
            x(i)=x(i)-A(i,j)*x(j);
        end
        x(i)=x(i)/A(i,i);

    end

    fprintf('\nx= \n');
    for i=1:n
        fprintf(' %f\n',x(i));
    end
toc     %结束计时
```

例 5-3 利用以上 MATLAB 程序求解例 5-1 中的线性方程组：

$$\begin{pmatrix} 2 & 2 & 3 \\ 4 & 7 & 7 \\ -2 & 4 & 5 \end{pmatrix}\begin{pmatrix} x_1 \\ x_2 \\ x_3 \end{pmatrix}=\begin{pmatrix} 3 \\ 1 \\ -7 \end{pmatrix}$$

解　在 MATLAB 命令框输入：

```
>> a=[2 2 3 3;4 7 7 1;-2 4 5 -7];
>> gauss(a);
```

按回车键，得如下结果：

```
x=
 2.000000
 -2.000000
 1.000000
```

时间已过 0.000889 秒.

此题也可以利用 MATLAB 运算符“\”求解，具体过程如下.

```
>> a=[2 2 3;4 7 7;-2 4 5];
>> b=[3 1 -7]';
>> x=a\b
x =
    2.0000
   -2.0000
    1.0000
```

5.1.3　三对角线性方程组的追赶法及 MATLAB 程序

三次样条插值常常需要求解如下三对角线性方程组：

$$\begin{pmatrix} b_1 & c_1 & & & \\ a_2 & b_2 & c_2 & & \\ & \ddots & \ddots & \ddots & \\ & & a_{n-1} & b_{n-1} & c_{n-1} \\ & & & a_n & b_n \end{pmatrix}\begin{pmatrix} x_1 \\ x_2 \\ \vdots \\ x_{n-1} \\ x_n \end{pmatrix}=\begin{pmatrix} d_1 \\ d_2 \\ \vdots \\ d_{n-1} \\ d_n \end{pmatrix} \tag{5-3}$$

将 Gauss 消元法用于三对角线性方程组(5-3)即**追赶法**，消元过程为“追”，回代过程为“赶”．对方程组(5-3)的增广矩阵进行计算，为

$$\begin{pmatrix} b_1 & c_1 & & & & d_1 \\ a_2 & b_2 & c_2 & & & d_2 \\ & \ddots & \ddots & \ddots & & \vdots \\ & & a_{n-1} & b_{n-1} & c_{n-1} & d_{n-1} \\ & & & a_n & b_n & d_n \end{pmatrix}\to\begin{pmatrix} \overline{b_1} & c_1 & & & \overline{d_1} \\ & \overline{b_2} & c_2 & & \overline{d_2} \\ & & \ddots & \ddots & \vdots \\ & & & c_{n-1} & \overline{d_{n-1}} \\ & & & \overline{b_n} & \overline{d_n} \end{pmatrix}$$

追的过程如下：

$$\overline{b_1}=b_1,\ \overline{d_1}=d_1,\ l_k=\frac{a_k}{\overline{b_{k-1}}},\ \overline{b_k}=b_k-l_k c_{k-1},\ \overline{d_k}=d_k-l_k\overline{d_{k-1}}\quad (k=2,3,\cdots,n) \tag{5-4}$$

赶的过程如下：

$$x_n=\frac{\overline{d_n}}{\overline{b_n}},\quad x_k=\frac{\overline{d_k}-c_k x_{k+1}}{\overline{b_k}}\quad (k=n-1,n-2,\cdots,1) \tag{5-5}$$

追赶法只有 $5n-4$ 次乘除法的计算量，且当系数矩阵对角占优时，数值计算稳定，是求解三对角线性方程组的有效方法.

以式(5-4)、式(5-5)为算法的 MATLAB 程序如下.

```
function x=chase_method(a,b,c,d)
%线性方程组求解的追赶法
%b 是三对角矩阵的主对角线向量，a,c 分别是主对角线下、上的向量，d 是方程组
%的常数项向量
%  $Copyright Zhigang Zhou$.
n=length(d);
%追
for k=2:n
    b(k)=b(k)-a(k-1)/b(k-1)*c(k-1);
    d(k)=d(k)-a(k-1)/b(k-1)*d(k-1);
end
%赶
x(n)=d(n)/b(n);
for k=n-1:-1:1
    x(k)=(d(k)-c(k)*x(k+1))/b(k);
end
```

数值实验一

1. 用 Gauss 列主元消元法手工及编程求解线性方程组：

$$\begin{pmatrix}0.003000 & 59.14\\ 5.291 & -6.130\end{pmatrix}\begin{pmatrix}x_1\\ x_2\end{pmatrix}=\begin{pmatrix}59.17\\ 46.78\end{pmatrix}$$

参考答案：$x_2=1.000, x_1=10.00$.

2. 用 Gauss 列主元消元法手工及编程求解线性方程组：

$$\begin{pmatrix}10 & -2 & -2\\ -2 & 10 & -1\\ -1 & -2 & 3\end{pmatrix}\begin{pmatrix}x_1\\ x_2\\ x_3\end{pmatrix}=\begin{pmatrix}1\\ 0.5\\ 1\end{pmatrix}$$

参考答案：$x_1 = 0.231092, x_2 = 0.147059, x_3 = 0.508403$.

3. 分别手工、编程计算三对角线性方程组：

$$\begin{pmatrix} 3 & 1 & 0 & 0 \\ 2 & 3 & 1 & 0 \\ 0 & 2 & 3 & 1 \\ 0 & 0 & 1 & 3 \end{pmatrix}\begin{pmatrix} x_1 \\ x_2 \\ x_3 \\ x_4 \end{pmatrix} = \begin{pmatrix} 2 \\ 1 \\ 2 \\ -4 \end{pmatrix}$$

参考答案：$x_1 = 1$，$x_2 = -1$，$x_3 = 2$，$x_4 = -2$.

4. 利用程序计算三对角线性方程组，方程组的 20×21 增广矩阵为

$$\begin{pmatrix} 5 & 3 & & & & 1 \\ 1 & 5 & 3 & & & 1 \\ & \ddots & \ddots & \ddots & & \vdots \\ & & 1 & 5 & 3 & 1 \\ & & & 1 & 5 & 1 \end{pmatrix}$$

参考答案：

```
>> a=ones(1,19);b=5*ones(1,20);c=3*ones(1,19); d=ones(1,20);
>> chase_method(a,b,c,d)
ans =
  Columns 1 through 10
   0.1369    0.1052    0.1123    0.1110    0.1108    0.1116
   0.1104    0.1121    0.1096    0.1132
  Columns 11 through 20
   0.1081    0.1154    0.1049    0.1200    0.0983    0.1294
   0.0849    0.1488    0.0571    0.1886
```

5.2 方程组的性态研究

在解方程组 $\boldsymbol{AX}=\boldsymbol{b}$ 时，总是假定系数矩阵 $\boldsymbol{A}$ 和常数项 $\boldsymbol{b}$ 是准确的，实际上矩阵 $\boldsymbol{A}$ 和常数项 $\boldsymbol{b}$ 是带有误差的. 带有误差的 $\boldsymbol{A}$ 和 $\boldsymbol{b}$ 对真实解 $\boldsymbol{X}$ 的影响如何？矩阵的条件数给出了一种粗略的估计.

例 5-4 分别求线性方程组 $\begin{pmatrix} 2 & 3 \\ 2 & 3.0001 \end{pmatrix}\begin{pmatrix} x_1 \\ x_2 \end{pmatrix} = \begin{pmatrix} 5 \\ 5.0001 \end{pmatrix}$，$\begin{pmatrix} 2 & 3 \\ 2 & 3.0001 \end{pmatrix}\begin{pmatrix} x_1 \\ x_2 \end{pmatrix} = \begin{pmatrix} 5 \\ 5.0002 \end{pmatrix}$，$\begin{pmatrix} 2 & 3 \\ 2 & 2.9999 \end{pmatrix}\begin{pmatrix} x_1 \\ x_2 \end{pmatrix} = \begin{pmatrix} 5 \\ 5.0001 \end{pmatrix}$ 的精确解，观察精确解的变化情况.

解 线性方程组 $\begin{pmatrix} 2 & 3 \\ 2 & 3.0001 \end{pmatrix}\begin{pmatrix} x_1 \\ x_2 \end{pmatrix} = \begin{pmatrix} 5 \\ 5.0001 \end{pmatrix}$ 的精确解为 $\begin{cases} x_1 = 1 \\ x_2 = 1 \end{cases}$，线性方程组

$\begin{pmatrix}2 & 3\\ 2 & 3.0001\end{pmatrix}\begin{pmatrix}x_1\\ x_2\end{pmatrix}=\begin{pmatrix}5\\ 5.0002\end{pmatrix}$的精确解为$\begin{cases}x_1=-0.5\\ x_2=2\end{cases}$，可知尽管方程组的常数项扰动很微小，但是解变化很大；线性方程组$\begin{pmatrix}2 & 3\\ 2 & 2.9999\end{pmatrix}\begin{pmatrix}x_1\\ x_2\end{pmatrix}=\begin{pmatrix}5\\ 5.0001\end{pmatrix}$的精确解为$\begin{cases}x_1=4\\ x_2=-1\end{cases}$，可知尽管方程组系数矩阵的扰动很微小，但是解变化很大.

定义 5-1 若系数矩阵 $\boldsymbol{A}$ 或 $\boldsymbol{b}$ 的微小变化可引起线性方程组 $\boldsymbol{AX}=\boldsymbol{b}$ 的解的巨大变化，则称方程组 $\boldsymbol{AX}=\boldsymbol{b}$ 是**病态线性方程组**(ill-conditioned linear systems)，相应的系数矩阵 $\boldsymbol{A}$ 称为病态矩阵. 否则，称 $\boldsymbol{AX}=\boldsymbol{b}$ 为良态方程组，称 $\boldsymbol{A}$ 为良态矩阵.

设 $\boldsymbol{A}$ 准确且非奇异，$\boldsymbol{b}$ 有微小变化(或称有扰动)$\delta\boldsymbol{b}$，则方程组 $\boldsymbol{AX}=\boldsymbol{b}$ 的解有扰动$\delta\boldsymbol{X}$，此时方程组为 $\boldsymbol{A}(\boldsymbol{X}+\delta\boldsymbol{X})=\boldsymbol{b}+\delta\boldsymbol{b}$，由 $\boldsymbol{AX}=\boldsymbol{b}$ 得 $\boldsymbol{A}\delta\boldsymbol{X}=\delta\boldsymbol{b}$，即 $\delta\boldsymbol{X}=\boldsymbol{A}^{-1}\delta\boldsymbol{b}$，于是

$$\|\delta\boldsymbol{X}\|=\|\boldsymbol{A}^{-1}\delta\boldsymbol{b}\|\leqslant\|\boldsymbol{A}^{-1}\|\|\delta\boldsymbol{b}\| \tag{5-6}$$

又由 $\boldsymbol{AX}=\boldsymbol{b}$ 知 $\|\boldsymbol{b}\|=\|\boldsymbol{AX}\|\leqslant\|\boldsymbol{A}\|\|\boldsymbol{X}\|$，即 $\dfrac{1}{\|\boldsymbol{X}\|}\leqslant\dfrac{\|\boldsymbol{A}\|}{\|\boldsymbol{b}\|}$. 结合式(5-6)，有

$$\frac{\|\delta\boldsymbol{X}\|}{\|\boldsymbol{X}\|}\leqslant\|\boldsymbol{A}^{-1}\|\|\delta\boldsymbol{b}\|\frac{\|\boldsymbol{A}\|}{\|\boldsymbol{b}\|}=\|\boldsymbol{A}\|\|\boldsymbol{A}^{-1}\|\frac{\|\delta\boldsymbol{b}\|}{\|\boldsymbol{b}\|} \tag{5-7}$$

式(5-7)表明：当 $\boldsymbol{b}$ 有扰动$\delta\boldsymbol{b}$时，所引起的解的相对误差不超过 $\boldsymbol{b}$ 的相对误差乘$\|\boldsymbol{A}\|\|\boldsymbol{A}^{-1}\|$，可见当 $\boldsymbol{b}$ 有扰动时，$\|\boldsymbol{A}\|\|\boldsymbol{A}^{-1}\|$对方程组 $\boldsymbol{AX}=\boldsymbol{b}$ 的解的变化来说是一个重要的衡量尺度.

类似地，若方程组 $\boldsymbol{AX}=\boldsymbol{b}$ 的 $\boldsymbol{b}$ 无扰动，而系数矩阵 $\boldsymbol{A}$ 非奇异，但有扰动$\delta\boldsymbol{A}$，相应地，方程组 $\boldsymbol{AX}=\boldsymbol{b}$ 的解有扰动$\delta\boldsymbol{X}$，此时原方程组变为$(\boldsymbol{A}+\delta\boldsymbol{A})(\boldsymbol{X}+\delta\boldsymbol{X})=\boldsymbol{b}$，即$\delta\boldsymbol{X}=-\boldsymbol{A}^{-1}\delta\boldsymbol{A}$ $(\boldsymbol{X}+\delta\boldsymbol{X})$，此时有

$$\|\delta\boldsymbol{X}\|=\|-\boldsymbol{A}^{-1}\delta\boldsymbol{A}(\boldsymbol{X}+\delta\boldsymbol{X})\|\leqslant\|\boldsymbol{A}^{-1}\|\|\delta\boldsymbol{A}\|\|\boldsymbol{X}+\delta\boldsymbol{X}\|$$

$$\frac{\|\delta\boldsymbol{X}\|}{\|\boldsymbol{X}+\delta\boldsymbol{X}\|}\leqslant\|\boldsymbol{A}^{-1}\|\|\delta\boldsymbol{A}\|=\|\boldsymbol{A}^{-1}\|\|\boldsymbol{A}\|\frac{\|\delta\boldsymbol{A}\|}{\|\boldsymbol{A}\|} \tag{5-8}$$

式(5-8)表明：当 $\boldsymbol{A}$ 有扰动$\delta\boldsymbol{A}$ 时，所引起的解的相对误差不超过 $\boldsymbol{A}$ 的相对误差乘$\|\boldsymbol{A}\|\|\boldsymbol{A}^{-1}\|$，再一次说明，当 $\boldsymbol{A}$ 有扰动时，$\|\boldsymbol{A}\|\|\boldsymbol{A}^{-1}\|$对方程组 $\boldsymbol{AX}=\boldsymbol{b}$ 的解的变化来说是一个重要的衡量尺度，由此引入下列概念.

定义 5-2 设 $\boldsymbol{A}$ 是非奇异矩阵，称数

$$\text{Cond}(\boldsymbol{A})_\nu=\|\boldsymbol{A}\|_\nu\|\boldsymbol{A}^{-1}\|_\nu\quad(\nu=1\text{或}\ 2\ \text{或}\ \infty) \tag{5-9}$$

为矩阵 $\boldsymbol{A}$ 的**条件数**(condition number).

求矩阵 $\boldsymbol{A}$ 条件数的 MATLAB 命令为 `cond(A,p)`,`p=1,2,inf`，分别表示 1-范数、2-范数、无穷范数，`p` 的默认值为 2.

注意：(1) $\text{Cond}(\boldsymbol{A})_\nu=\|\boldsymbol{A}\|_\nu\|\boldsymbol{A}^{-1}\|_\nu\geqslant\|\boldsymbol{AA}^{-1}\|_\nu=\|\boldsymbol{E}\|_\nu=1$；

(2) 条件数是由扰动引起的解的相对误差的一个放大倍数，当条件数$\text{Cond}(\boldsymbol{A})\gg 1$

时，方程组 $\boldsymbol{AX}=\boldsymbol{b}$ 是病态方程组，当条件数较小时，方程组为良态方程组.

从条件数的定义可以看出，要求一个矩阵的条件数，必须计算逆矩阵的范数，这在实际应用时很不方便. 但是如果在实际运算中出现下列情况，那么矩阵 $\boldsymbol{A}$ 可能是病态的.

(1) 若 $\boldsymbol{A}$ 的行列式的值很小或某些行近似线性相关，则 $\boldsymbol{A}$ 可能是病态的；

(2) 若 $\boldsymbol{A}$ 的元素之间的数量级相差很大，且无一定规律，则 $\boldsymbol{A}$ 可能是病态的；

(3) 当对 $\boldsymbol{A}$ 进行三角化时，出现小主元，则 $\boldsymbol{A}$ 可能是病态的；

(4) 若 $\boldsymbol{A}$ 的最大特征值与最小特征值之比的绝对值是大的，则 $\boldsymbol{A}$ 可能是病态的.

例 5-5 分析方程组 $\begin{cases} x_1 + \quad\quad\quad x_2 = 2 \\ x_1 + 1.0001x_2 = 2.0001 \end{cases}$ 的性态.

解 令 $\boldsymbol{A}=\begin{pmatrix} 1 & 1 \\ 1 & 1.0001 \end{pmatrix}$，有 $\boldsymbol{A}^{-1}=\begin{pmatrix} 10001 & -10000 \\ -10000 & 10000 \end{pmatrix}$，得

$$\mathrm{Cond}_\infty(\boldsymbol{A})=\|\boldsymbol{A}\|_\infty\|\boldsymbol{A}^{-1}\|_\infty \approx 2\times 2\times 10^4 = 4\times 10^4$$

故方程组是病态的.

练习：讨论方程组 $\begin{cases} 0.001x_1 + x_2 = 1 \\ \quad\quad\;\; x_1 + x_2 = 2 \end{cases}$ 的性态.

参考答案：$\mathrm{Cond}_\infty(\boldsymbol{A})=\|\boldsymbol{A}\|_\infty\|\boldsymbol{A}^{-1}\|_\infty \approx 4$，方程组是良态方程组. 可以用 MATLAB 命令 `cond(A,inf)` 求解.

5.3 线性方程组的迭代法

工程技术和科学研究中所遇到的方程组有时是大型方程组(未知量个数成千上万，甚至更多)，且系数矩阵是稀疏的(零元素较多)，这时宜用迭代法解方程组. 迭代法很少用于求未知量个数少的线性方程组，因为求满足精度要求的结果的迭代法所花的时间往往超过了直接法(如 Gauss 消元法). 然而，对于大规模的稀疏线性方程组，迭代法在计算机存储及计算等方面比直接法具有优势.

5.3.1 迭代原理

设线性方程组为

$$\boldsymbol{AX}=\boldsymbol{b} \quad (\boldsymbol{A}\text{ 非奇异}) \tag{5-10}$$

将式(5-10)改写成同解方程组

$$\boldsymbol{X}=\boldsymbol{BX}+\boldsymbol{f} \tag{5-11}$$

由此构成迭代格式：

$$\boldsymbol{X}^{(k+1)}=\boldsymbol{BX}^{(k)}+\boldsymbol{f} \quad (k=0,1,2,\cdots) \tag{5-12}$$

给定初始向量 $\boldsymbol{X}^{(0)}=(x_1^{(0)},x_2^{(0)},\cdots,x_n^{(0)})^{\mathrm{T}}$，得迭代序列：

$$X^{(k)}=(x_1^{(k)},x_2^{(k)},\cdots,x_n^{(k)})^{\mathrm T}\qquad(k=0,1,2,\cdots)$$

若 $\lim\limits_{k\to\infty}X^{(k)}$ 存在，记为 X^* (等价于 $\|X^{(k)}-X^*\|\xrightarrow{k\to\infty}0$)，则称此迭代法收敛. 对式(5-12)取极限得 $X^*=BX^*+f$ ，从而 X^* 为式(5-10)的解，当 k 充分大时，$X^*\approx X^{(k)}$. 若 $\lim\limits_{x\to\infty}X^{(k)}$ 不存在，则称迭代法发散.

5.3.2 Jacobi 迭代法及其 MATLAB 程序

Jacobi 迭代法(Jacobi iterative method)是一种最简单的迭代法. 以下通过一个例子说明 Jacobi 迭代法的基本思想.

例 5-6 用 Jacobi 迭代法求解方程组 $\begin{cases}10x_1 & -x_2 & +2x_3 & & =6\\ -x_1 & +11x_2 & -x_3 & +3x_4 & =25\\ 2x_1 & -x_2 & +10x_3 & -x_4 & =-11\\ & 3x_2 & -x_3 & +8x_4 & =15\end{cases}$.

解 将方程组 $\begin{cases}10x_1 & -x_2 & +2x_3 & & =6\\ -x_1 & +11x_2 & -x_3 & +3x_4 & =25\\ 2x_1 & -x_2 & +10x_3 & -x_4 & =-11\\ & 3x_2 & -x_3 & +8x_4 & =15\end{cases}$ 改写为如下等价形式：

$$\begin{cases}x_1=\dfrac{1}{10}x_2-\dfrac{1}{5}x_3+\dfrac{3}{5}\\ x_2=\dfrac{1}{11}x_1+\dfrac{1}{11}x_3-\dfrac{3}{11}x_4+\dfrac{25}{11}\\ x_3=-\dfrac{1}{5}x_1+\dfrac{1}{10}x_2+\dfrac{1}{10}x_4-\dfrac{11}{10}\\ x_4=-\dfrac{3}{8}x_2+\dfrac{1}{8}x_3+\dfrac{15}{8}\end{cases}$$

即将 $AX=b$ 写成 $X=BX+f$ 的形式. 给定初始向量 $X^{(0)}=(0,0,0,0)^{\mathrm T}$，由式(5-12)可逐次计算，得到 $X^{(k)}=(x_1^{(k)},x_2^{(k)},x_3^{(k)},x_4^{(k)})^{\mathrm T}$ $(k=1,2,\cdots)$，如表 5-1 所示，当 $\|X^{(k+1)}-X^{(k)}\|<10^{-4}$ 时结束迭代过程，故 $X=(1,2,-1,1)^{\mathrm T}$. 以上过程就是 Jacobi 迭代法的思想.

表 5-1 例 5-6 中方程组的 Jacobi 迭代求解结果

k	$x_1^{(k)}$	$x_2^{(k)}$	$x_3^{(k)}$	$x_4^{(k)}$	k	$x_1^{(k)}$	$x_2^{(k)}$	$x_3^{(k)}$	$x_4^{(k)}$
1	0.6000	2.2727	−1.1000	1.8750	7	0.9981	2.0023	1.0020	1.0036
2	1.0473	1.7159	−0.8052	0.8852	8	1.0006	1.9987	−0.9990	0.9989
3	0.9326	2.0533	−1.0493	1.1309	9	0.9997	2.0004	−1.0004	1.0006
4	1.0152	1.9537	−0.9681	0.9738	10	1.0001	1.9998	−0.9998	0.9998
5	0.9890	2.0114	−1.0103	1.0214	11	0.9999	2.0001	−1.0001	1.0001
6	1.0032	1.9922	−0.9945	0.9944	12	1.0000	2.0000	−1.0000	1.0000

已知线性方程组为 $\boldsymbol{AX}=\boldsymbol{b}$，即

$$\begin{cases} a_{11}x_1 + a_{12}x_2 + \cdots + a_{1n}x_n = b_1 \\ a_{21}x_1 + a_{22}x_2 + \cdots + a_{2n}x_n = b_2 \\ \qquad \cdots\cdots \\ a_{n1}x_1 + a_{n2}x_2 + \cdots + a_{nn}x_n = b_n \end{cases} \tag{5-13}$$

其中，$\boldsymbol{A} = (a_{ij})_{n\times n}$ 非奇异，且 $a_{ii} \neq 0\ (i = 1,2,\cdots,n)$，$\boldsymbol{X} = (x_1, x_2, \cdots, x_n)^{\mathrm{T}}$.

对式(5-13)变形得到 $x_i = \dfrac{1}{a_{ii}}\left(b_i - \sum\limits_{j=1, j\neq i}^{n} a_{ij}x_j\right)\ (i = 1,2,\cdots,n)$，其相应的迭代公式为

$$x_i^{(k+1)} = \frac{1}{a_{ii}}\left[b_i - \sum_{j=1, j\neq i}^{n} a_{ij}x_j^{(k)}\right] \quad (i = 1,2,\cdots,n) \tag{5-14}$$

称式(5-14)为 Jacobi 迭代格式(分量形式)，即

$$\begin{cases} x_1^{(k+1)} = \dfrac{1}{a_{11}}[b_1 - a_{12}x_2^{(k)} - \cdots - a_{1n}x_n^{(k)}] \\ x_2^{(k+1)} = \dfrac{1}{a_{22}}[b_2 - a_{21}x_1^{(k)} - a_{23}x_3^{(k)} - \cdots - a_{2n}x_n^{(k)}] \\ \qquad \cdots\cdots \\ x_n^{(k+1)} = \dfrac{1}{a_{nn}}[b_n - a_{n1}x_1^{(k)} - \cdots - a_{n,n-1}x_{n-1}^{(k)}] \end{cases} \quad (k = 0,1,2,\cdots) \tag{5-15}$$

由式(5-15)可以看出，$\boldsymbol{X}^{(k)}$ 迭代到下一步得 $\boldsymbol{X}^{(k+1)}$. 将分量形式的迭代公式(5-15)改写成矩阵形式，记

$$\boldsymbol{D} = \begin{bmatrix} a_{11} & & & \\ & a_{22} & & \\ & & \ddots & \\ & & & a_{nn} \end{bmatrix}, \quad \boldsymbol{L} = \begin{bmatrix} 0 & & & \\ -a_{21} & 0 & & \\ \vdots & \vdots & \ddots & \\ -a_{n1} & -a_{n2} & \cdots & 0 \end{bmatrix}, \quad \boldsymbol{U} = \begin{bmatrix} 0 & -a_{12} & \cdots & -a_{1n} \\ & 0 & \cdots & -a_{2n} \\ & & \ddots & \vdots \\ & & & 0 \end{bmatrix}$$

则 $\boldsymbol{A} = \boldsymbol{D} - \boldsymbol{L} - \boldsymbol{U}$，方程组 $\boldsymbol{AX} = \boldsymbol{b}$ 改写为 $\boldsymbol{X} = \boldsymbol{D}^{-1}(\boldsymbol{L} + \boldsymbol{U})\boldsymbol{X} + \boldsymbol{D}^{-1}\boldsymbol{b}$，相应的矩阵形式的迭代公式为 $\boldsymbol{X}^{(k+1)} = \boldsymbol{D}^{-1}(\boldsymbol{L} + \boldsymbol{U})\boldsymbol{X}^{(k)} + \boldsymbol{D}^{-1}\boldsymbol{b}$，简记为

$$\boldsymbol{X}^{(k+1)} = \boldsymbol{B}_{\mathrm{J}}\boldsymbol{X}^{(k)} + \boldsymbol{f}_{\mathrm{J}}, \tag{5-16}$$

其中，$\boldsymbol{B}_{\mathrm{J}} = \boldsymbol{D}^{-1}(\boldsymbol{L} + \boldsymbol{U}) = \boldsymbol{E} - \boldsymbol{D}^{-1}\boldsymbol{A}, \boldsymbol{f}_{\mathrm{J}} = \boldsymbol{D}^{-1}\boldsymbol{b}$. 实际中，式(5-15)用于计算，式(5-16)用于理论研究.

迭代终止条件一般用 $\left\|\boldsymbol{X}^{(k)} - \boldsymbol{X}^{(k-1)}\right\| \leqslant \varepsilon$，$\varepsilon$ 为精度要求；$\|\cdot\|$ 为某种向量范数(常用 $\|\cdot\|_\infty$ 范数). 只有当系数矩阵 $\boldsymbol{A}$ 中的 $a_{ii} \neq 0\ (i = 1,2,\cdots,n)$ 时，才可以使用 Jacobi 迭代法. 若 $\boldsymbol{A}$ 非奇异但有一元素 a_{ii} 为 0，可调整方程顺序使得所有 $a_{ii} \neq 0\ (i = 1,2,\cdots,n)$. 此外，为了收敛更快，在调整方程顺序时使 a_{ii} 尽可能大.

Jacobi 迭代法的计算过程具体如下.

设 $\boldsymbol{AX}=\boldsymbol{b}$，$\boldsymbol{A}$ 的对角元素 $a_{ii}\neq 0$ $(i=1,2,\cdots,n)$，M 为容许的最大迭代次数，ε 为迭代精度(容许误差).

(1) 取初始向量 $\boldsymbol{X}^{(0)}=(x_1^{(0)},x_2^{(0)},\cdots,x_n^{(0)})^{\mathrm{T}}$，置 k=0.

(2) 用 Jacobi 迭代法的分量形式式(5-15)或矩阵形式式(5-16)计算 $\boldsymbol{X}^{(k+1)}$.

(3) 如果 $\left\|\boldsymbol{X}^{(k+1)}-\boldsymbol{X}^{(k)}\right\|_\infty \leqslant \varepsilon$，输出 $\boldsymbol{X}^{(k+1)}$，并将其作为方程组的近似解，结束运算；否则，执行步骤(4).

(4) 如果 $k>M$，停止计算(输出某些信息)；否则，$k=k+1$，转步骤(2).

利用式(5-16)按照以上算法编写的求解大规模稀疏线性方程组的 MATLAB 程序 Jacobi.m 如下.

```
function [x,k]=Jacobi(A,b,eps,x0,n)
%Jacobi 迭代法求解大规模稀疏线性方程组
%A 为方程组的系数矩阵，b 是方程组的常数项向量
%eps 为相邻两次迭代的向量的误差精度
%x0 为迭代的初始向量，n 是迭代次数的上限
%x 是最终的解，k 是迭代的总次数
%  $Copyright Zhigang Zhou$.
if nargin<5 n=1000;end
if nargin<4 x0=zeros(length(b),1);end
if nargin<3 eps=1e-6;end
x0=sparse(x0);b=sparse(b);A=sparse(A);
%sparse 只存储稀疏矩阵或向量的非零元素及位置，节省存储空间
if nargin<5 n=1000;end
if nargin<4 x0=zeros(length(b),1);end
if nargin<3 eps=1e-6;end
D=diag(diag(A));     %取 A 的对角线元素并形成对角矩阵
L=-tril(A,-1);     %A 的下三角矩阵
U=-triu(A,1);     %A 的上三角矩阵
B=D\(L+U);     %D 的逆矩阵乘以(L+U),比命令 inv(D)*(L+U)计算得更快
f=D\b;
x=x0;x0=x+2*eps;k=0;
while norm(x0-x,inf)>eps&&k<n
k=k+1;
x0=x;
x=B*x0+f;
end
x=full(x);     %将稀疏矩阵转换为满元素矩阵
```

```
if k==n
    warning('超出迭代次数上限，求解失败！');
end
```

5.3.3 Gauss-Seidel 迭代法及其 MATLAB 程序

首先回顾一下 Jacobi 迭代公式：

$$\begin{cases} x_1^{(k+1)} = \dfrac{1}{a_{11}}[b_1 - a_{12}x_2^{(k)} - \cdots - a_{1n}x_n^{(k)}] \\ x_2^{(k+1)} = \dfrac{1}{a_{22}}[b_2 - a_{21}x_1^{(k)} - a_{23}x_3^{(k)} - \cdots - a_{2n}x_n^{(k)}] \\ \qquad\qquad \cdots\cdots \\ x_n^{(k+1)} = \dfrac{1}{a_{nn}}[b_n - a_{n1}x_1^{(k)} - \cdots - a_{n,n-1}x_{n-1}^{(k)}] \end{cases} \quad (k = 0,1,2\cdots)$$

可以看出，Jacobi 迭代法的每一步计算都是用 $\boldsymbol{X}^{(k)}$ 的全部分量来计算 $\boldsymbol{X}^{(k+1)}$ 的所有分量，很显然，在计算 $\boldsymbol{X}^{(k+1)}$ 的第 i 个分量时没有利用已经计算出的 $\boldsymbol{X}^{(k+1)}$ 的前 i–1 个分量. 对其进行改进得到 Gauss-Seidel 迭代法(分量形式)：

$$\begin{cases} x_1^{(k+1)} = \dfrac{1}{a_{11}}[b_1 - a_{12}x_2^{(k)} - \cdots - a_{1n}x_n^{(k)}] \\ x_2^{(k+1)} = \dfrac{1}{a_{22}}[b_2 - a_{21}x_1^{(k+1)} - a_{23}x_3^{(k)} - \cdots - a_{2n}x_n^{(k)}] \\ \qquad\qquad \cdots\cdots \\ x_n^{(k+1)} = \dfrac{1}{a_{nn}}[b_n - a_{n1}x_1^{(k+1)} - \cdots - a_{n,n-1}x_{n-1}^{(k+1)}] \end{cases} \quad (k = 0,1,2,\cdots) \tag{5-17}$$

即

$$x_i^{(k+1)} = \frac{1}{a_{ii}}\left[b_i - \sum_{j=1}^{i-1} a_{ij}x_j^{(k+1)} - \sum_{j=i+1}^{n} a_{ij}x_j^{(k)}\right] \quad (k = 0,1,2,\cdots)$$

写成矩阵形式为

$$\boldsymbol{X}^{(k+1)} = \boldsymbol{G}\boldsymbol{X}^{(k)} + \boldsymbol{f} \tag{5-18}$$

式中，$\boldsymbol{G} = (\boldsymbol{D} - \boldsymbol{L})^{-1}\boldsymbol{U}, \boldsymbol{f} = (\boldsymbol{D} - \boldsymbol{L})^{-1}\boldsymbol{b}$.

例 5-7　用 Gauss-Seidel 迭代法求解例 5-6 的方程组：

$$\begin{cases} 10x_1 - x_2 + 2x_3 = 6 \\ -x_1 + 11x_2 - x_3 + 3x_4 = 25 \\ 2x_1 - x_2 + 10x_3 - x_4 = -11 \\ 3x_2 - x_3 + 8x_4 = 15 \end{cases}$$

解 由式(5-17)可得 Gauss-Seidel 迭代公式：

$$\begin{cases} x_1^{(k+1)} = \dfrac{1}{10}x_2^{(k)} - \dfrac{1}{5}x_3^{(k)} + \dfrac{3}{5} \\ x_2^{(k+1)} = \dfrac{1}{11}x_1^{(k+1)} + \dfrac{1}{11}x_3^{(k)} - \dfrac{3}{11}x_4^{(k)} + \dfrac{25}{11} \\ x_3^{(k+1)} = -\dfrac{1}{5}x_1^{(k+1)} + \dfrac{1}{10}x_2^{(k+1)} + \dfrac{1}{10}x_4^{(k)} - \dfrac{11}{10} \\ x_4^{(k+1)} = -\dfrac{3}{8}x_2^{(k+1)} + \dfrac{1}{8}x_3^{(k+1)} + \dfrac{15}{8} \end{cases}$$

给定初始向量 $\boldsymbol{X}^{(0)} = (0,0,0,0)^{\mathrm{T}}$，当 $\left\|\boldsymbol{X}^{(k+1)} - \boldsymbol{X}^{(k)}\right\| < 10^{-4}$ 时结束迭代过程，计算可得如表 5-2 所示的结果.

表 5-2 例 5-6 中方程组的 Gauss-Seidel 迭代求解结果

k	$x_1^{(k)}$	$x_2^{(k)}$	$x_3^{(k)}$	$x_4^{(k)}$
1	0.6000	2.3273	−0.9873	0.8789
2	1.0302	2.0369	−1.0145	0.9843
3	1.0066	2.0036	−1.0025	0.9984
4	1.0009	2.0003	−1.0003	0.9998
5	1.0001	2.0000	−1.0000	1.0000
6	1.0000	2.0000	−1.0000	1.0000

这里，迭代 6 次就得到了与例 5-6 同样精度的解.

Gauss-Seidel 迭代法的计算过程具体如下.

设 $\boldsymbol{AX}=\boldsymbol{b}$，$\boldsymbol{A}$ 的对角元素 $a_{ii} \neq 0\ (i=1,2,\cdots,n)$，$M$ 为容许的最大迭代次数，ε 为迭代精度(容许误差).

(1) 取初始向量 $\boldsymbol{X}^{(0)} = (x_1^{(0)}, x_2^{(0)}, \cdots, x_n^{(0)})^{\mathrm{T}}$，置 k=0.

(2) 用 Gauss-Seidel 迭代法的分量形式式(5-17)或矩阵形式式(5-18)计算 $\boldsymbol{X}^{(k+1)}$.

(3) 如果 $\left\|\boldsymbol{X}^{(k+1)} - \boldsymbol{X}^{(k)}\right\|_\infty \leqslant \varepsilon$，输出 $\boldsymbol{X}^{(k+1)}$，并将其作为方程组的近似解，结束运算；否则，执行步骤(4).

(4) 如果 $k > M$，停止计算(输出某些信息)；否则，$k = k+1$，转步骤(2).

利用式(5-18)按照以上算法编写的求解大规模稀疏线性方程组的 MATLAB 程序 Gauss_S.m 如下.

```
function [x,k]=Gauss_S(A,b,eps,x0,n)
%Gauss-Seidel 迭代法求解大规模稀疏线性方程组
%A 为方程组的系数矩阵，b 是方程组的常数项向量
%eps 为相邻两次迭代的向量的误差精度
%x0 为迭代的初始向量，n 是迭代次数上限
```

```
%x 是最终的解，k 是迭代的总次数
%  $Copyright Zhigang Zhou$.
if nargin<5 n=1000;end
if nargin<4 x0=zeros(length(b),1);end
if nargin<3 eps=1e-6;end
x0=sparse(x0);b=sparse(b);A=sparse(A);
D=diag(diag(A));
L=-tril(A,-1);
U=-triu(A,1);    %A 的上三角矩阵
B=(D-L)\U;    %求迭代矩阵
f=(D-L)\b;
x=x0;x0=x+2*eps;k=0;
while norm(x0-x,inf)>eps&&k<n
k=k+1;
x0=x;
x=B*x0+f;    %式(5-18)
end
x=full(x);    %full(x)将稀疏向量 x 还原成一般向量
if k==n
    warning('超出迭代次数上限，求解失败！');
end
```

练习：写出 Jacobi 迭代法、Gauss-Seidel 迭代法求解下列方程组的迭代格式(分量形式). 取 **0** 为迭代初始向量，误差精度为$\left\|\boldsymbol{X}^{(k+1)}-\boldsymbol{X}^{(k)}\right\|<10^{-4}$，并用程序求解.

$$\begin{cases}10x_1 & -x_2 & -2x_3 & =7.2\\ -x_1 & +10x_2 & -2x_3 & =8.3\\ -x_1 & -x_2 & +5x_3 & =4.2\end{cases}$$

参考答案：Jacobi 迭代公式为

$$\begin{cases}x_1^{(k+1)}=0.1x_2^{(k)}+0.2x_3^{(k)}+0.72\\ x_2^{(k+1)}=0.1x_1^{(k)}+0.2x_3^{(k)}+0.83\\ x_3^{(k+1)}=0.2x_1^{(k)}+0.2x_2^{(k)}+0.84\end{cases}$$

Gauss-Seidel 迭代公式为

$$\begin{cases}x_1^{(k+1)}=0.1x_2^{(k)}+0.2x_3^{(k)}+0.72\\ x_2^{(k+1)}=0.1x_1^{(k+1)}+0.2x_3^{(k)}+0.83\\ x_3^{(k+1)}=0.2x_1^{(k+1)}+0.2x_2^{(k+1)}+0.84\end{cases}$$

取迭代初值$x_1^{(0)}=x_2^{(0)}=x_3^{(0)}=0$. 利用 Jacobi 迭代公式经 10 次迭代，利用 Gauss-Seidel 迭

代公式经 6 次迭代，得 $\boldsymbol{X}=(1.1,1.2,1.3)^{\mathrm{T}}$.

5.3.4 迭代法的收敛性

定义 5-3 设 n 阶方阵 $\boldsymbol{A}$ 的特征值为 $\lambda_1,\lambda_2,\cdots,\lambda_n$，称 $\rho(\boldsymbol{A})=\max\limits_{1\leqslant i\leqslant n}|\lambda_i|$ 为方阵 $\boldsymbol{A}$ 的谱半径.

定理 5-1 (特征值上界) $\boldsymbol{A}$ 为 n 阶方阵，则 $\rho(\boldsymbol{A})\leqslant\|\boldsymbol{A}\|$，即 $\boldsymbol{A}$ 的谱半径不超过 $\boldsymbol{A}$ 的任何一种范数.

事实上，设 λ 是 $\boldsymbol{A}$ 的任意一个特征值，$\boldsymbol{X}\neq\boldsymbol{0}$ 是 $\boldsymbol{A}$ 的属于 λ 的特征向量，则有 $\boldsymbol{AX}=\lambda\boldsymbol{X}$. 若 $\lambda_1,\lambda_2,\cdots,\lambda_n$ 是 $\boldsymbol{A}$ 的所有特征值，则

$$\begin{cases}\|\boldsymbol{AX}\|\leqslant\|\boldsymbol{A}\|\|\boldsymbol{X}\| \\ \|\lambda\boldsymbol{X}\|=|\lambda|\|\boldsymbol{X}\| \\ \|\boldsymbol{AX}\|=\|\lambda\boldsymbol{X}\|\end{cases}\Rightarrow|\lambda|\leqslant\|\boldsymbol{A}\|\Rightarrow\rho(\boldsymbol{A})=\max_{1\leqslant i\leqslant n}|\lambda_i|\leqslant\|\boldsymbol{A}\|$$

设线性方程组 $\boldsymbol{AX}=\boldsymbol{b}$ ($\boldsymbol{A}$ 非奇异)的精确解为 $\boldsymbol{X}^*$，将线性方程组改写成同解方程组 $\boldsymbol{X}=\boldsymbol{BX}+\boldsymbol{f}$，故迭代格式为 $\boldsymbol{X}^{(k+1)}=\boldsymbol{BX}^{(k)}+\boldsymbol{f}\,(k=0,1,2,\cdots)$，其收敛性有如下定理.

定理 5-2 (迭代法收敛的充要条件) 线性方程组 $\boldsymbol{AX}=\boldsymbol{b}$($\boldsymbol{A}$ 非奇异)的迭代格式 $\boldsymbol{X}^{(k+1)}=\boldsymbol{BX}^{(k)}+\boldsymbol{f}$ $(k=0,1,2,\cdots)$ 对任意初值 $\boldsymbol{X}^{(0)}$ 都收敛到 $\boldsymbol{X}^*$ 当且仅当迭代矩阵 $\boldsymbol{B}$ 的谱半径 $\rho(\boldsymbol{B})<1$.

证明略.

例 5-8 设 $\boldsymbol{X}=\boldsymbol{BX}+\boldsymbol{f}$，其中 $\boldsymbol{B}=\begin{pmatrix}0.9 & 0\\ 0.3 & 0.8\end{pmatrix},\boldsymbol{f}=\begin{pmatrix}1\\2\end{pmatrix}$，证明虽然 $\|\boldsymbol{B}\|>1$，但迭代法 $\boldsymbol{X}^{(k+1)}=\boldsymbol{BX}^{(k)}+\boldsymbol{f}$ 是收敛的.

证 可求出 $\|\boldsymbol{B}\|_\infty=1.1,\|\boldsymbol{B}\|_1=1.2,\|\boldsymbol{B}\|_2=1.021$，但由 $\det(\lambda\boldsymbol{I}-\boldsymbol{B})=0$ 得特征值 $\lambda_1=0.9$, $\lambda_2=0.8$，故 $\rho(\boldsymbol{B})<1$，迭代收敛.

定理 5-2 为判断迭代法的收敛性提供了强有力的手段，但当系数矩阵的阶数较大时，计算其特征值比较复杂，难以确定基本定理的条件. 以下利用矩阵谱半径的性质 $\rho(\boldsymbol{B})\leqslant\|\boldsymbol{B}\|$ 来判断迭代的收敛性.

定理 5-3 (迭代法收敛的充分条件) 若迭代矩阵 $\boldsymbol{B}$ 的某种范数 $\|\boldsymbol{B}\|<1$，则：

(1) $\boldsymbol{X}=\boldsymbol{BX}+\boldsymbol{f}$ 存在唯一解 $\boldsymbol{X}^*$；

(2) 迭代格式 $\boldsymbol{X}^{(k+1)}=\boldsymbol{BX}^{(k)}+\boldsymbol{f}$ 对任意初值 $\boldsymbol{X}^{(0)}$ 都收敛到 $\boldsymbol{X}^*$；

(3) (事后估计)

$$\left\|\boldsymbol{X}^{(k)}-\boldsymbol{X}^*\right\|\leqslant\frac{\|\boldsymbol{B}\|}{1-\|\boldsymbol{B}\|}\left\|\boldsymbol{X}^{(k)}-\boldsymbol{X}^{(k-1)}\right\| \tag{5-19}$$

(4) (事前估计)

$$\left\|\boldsymbol{X}^{(k)}-\boldsymbol{X}^*\right\|\leqslant\frac{\|\boldsymbol{B}\|^k}{1-\|\boldsymbol{B}\|}\left\|\boldsymbol{X}^{(1)}-\boldsymbol{X}^{(0)}\right\| \tag{5-20}$$

证　(1) 令 $\boldsymbol{E}$ 为单位矩阵，若 $\boldsymbol{E}-\boldsymbol{B}$ 不可逆，则 $(\boldsymbol{E}-\boldsymbol{B})\boldsymbol{X}=\boldsymbol{0}$ 有非零解 $\boldsymbol{X}$，使得 $\boldsymbol{X}=\boldsymbol{BX}$；由条件 $\|\boldsymbol{B}\|<1$ 知，$\|\boldsymbol{X}\|=\|\boldsymbol{BX}\|\leqslant\|\boldsymbol{B}\|\|\boldsymbol{X}\|<\|\boldsymbol{X}\|$，矛盾！因此，$(\boldsymbol{E}-\boldsymbol{B})\boldsymbol{X}=\boldsymbol{f}$ 存在唯一解 $\boldsymbol{X}^*$，即 $\boldsymbol{X}=\boldsymbol{BX}+\boldsymbol{f}$ 存在唯一解 $\boldsymbol{X}^*$.

(2) 由条件 $\|\boldsymbol{B}\|<1$ 及定理 5-1、定理 5-2 可知迭代格式收敛.

(3)
$$\begin{aligned}\left\|\boldsymbol{X}^{(k)}-\boldsymbol{X}^*\right\|&=\left\|\boldsymbol{X}^{(k)}-\boldsymbol{X}^{(k+1)}+\boldsymbol{X}^{(k+1)}-\boldsymbol{X}^*\right\|\\&=\left\|\boldsymbol{B}[\boldsymbol{X}^{(k-1)}-\boldsymbol{X}^{(k)}]+\boldsymbol{B}[\boldsymbol{X}^{(k)}-\boldsymbol{X}^*]\right\|\\&\leqslant\|\boldsymbol{B}\|\left\|\boldsymbol{X}^{(k-1)}-\boldsymbol{X}^{(k)}\right\|+\|\boldsymbol{B}\|\left\|\boldsymbol{X}^{(k)}-\boldsymbol{X}^*\right\|\end{aligned}$$

由 $1-\|\boldsymbol{B}\|=1-q>0$ 可得

$$\left\|\boldsymbol{X}^{(k)}-\boldsymbol{X}^*\right\|\leqslant\frac{\|\boldsymbol{B}\|}{1-\|\boldsymbol{B}\|}\left\|\boldsymbol{X}^{(k)}-\boldsymbol{X}^{(k-1)}\right\|$$

(4) $\boldsymbol{X}^{(k)}-\boldsymbol{X}^{(k-1)}=\boldsymbol{B}\left[\boldsymbol{X}^{(k-1)}-\boldsymbol{X}^{(k-2)}\right]=\cdots=\boldsymbol{B}^{k-1}\left[\boldsymbol{X}^{(1)}-\boldsymbol{X}^{(0)}\right]$，由结论(3)可得

$$\left\|\boldsymbol{X}^{(k)}-\boldsymbol{X}^*\right\|\leqslant\frac{\|\boldsymbol{B}\|^k}{1-\|\boldsymbol{B}\|}\left\|\boldsymbol{X}^{(1)}-\boldsymbol{X}^{(0)}\right\|$$

注意：(1) 由定理 5-3 可知，$\|\boldsymbol{B}\|=q<1$ 越小，迭代收敛得越快.

(2) 当前后两次迭代的误差 $\left\|\boldsymbol{X}^{(k)}-\boldsymbol{X}^{(k-1)}\right\|<\varepsilon$ 时，可以认为第 k 次迭代产生的误差也有 $\left\|\boldsymbol{X}^{(k)}-\boldsymbol{X}^*\right\|<\varepsilon\left(\text{准确的是}\left\|\boldsymbol{X}^{(k)}-\boldsymbol{X}^*\right\|<\dfrac{\|\boldsymbol{B}\|}{1-\|\boldsymbol{B}\|}\varepsilon\right)$. 算法设计时，可将 $\left\|\boldsymbol{X}^{(k)}-\boldsymbol{X}^{(k-1)}\right\|<\varepsilon$ 作为迭代停机依据.

(3) 由 $\left\|\boldsymbol{X}^{(k)}-\boldsymbol{X}^*\right\|\leqslant\dfrac{\|\boldsymbol{B}\|^k}{1-\|\boldsymbol{B}\|}\left\|\boldsymbol{X}^{(1)}-\boldsymbol{X}^{(0)}\right\|<\varepsilon$ 可以解得满足误差条件的迭代步数，为

$$k>\frac{\ln\dfrac{\varepsilon\left(1-\|\boldsymbol{B}\|\right)}{\left\|\boldsymbol{X}^{(1)}-\boldsymbol{X}^{(0)}\right\|}}{\ln\|\boldsymbol{B}\|}$$

例 5-9　用 Jacobi 迭代法及 Gauss-Seidel 迭代法解下列方程组：

$$\begin{cases}5x_1+2x_2+\ \ x_3=-12\\-x_1+4x_2+\ 2x_3=\ 20\\2x_1-3x_2+10x_3=\ \ 3\end{cases}$$

取 $\boldsymbol{X}^{(0)}=(0,0,0)^{\mathrm{T}}$，问两种迭代法是否收敛？若收敛，需要迭代多少次才能保证 $\left\|\boldsymbol{X}^{(k)}-\boldsymbol{X}^*\right\|_\infty<\varepsilon=10^{-4}$？

解　方程组的系数矩阵为 $\boldsymbol{A}=\begin{pmatrix}5&2&1\\-1&4&2\\2&-3&10\end{pmatrix}$，Jacobi 迭代矩阵为

$$B_J = E - D^{-1}A = \begin{pmatrix} 1 & & \\ & 1 & \\ & & 1 \end{pmatrix} - \begin{pmatrix} 5 & & \\ & 4 & \\ & & 10 \end{pmatrix}^{-1} \begin{pmatrix} 5 & 2 & 1 \\ -1 & 4 & 2 \\ 2 & -3 & 10 \end{pmatrix}$$

$$= \begin{pmatrix} 0 & -2/5 & -1/5 \\ 1/4 & 0 & -1/2 \\ -1/5 & 3/10 & 0 \end{pmatrix}$$

因为$\|B_J\|_\infty = 3/4 < 1$，所以由定理 5-3 知，用 Jacobi 迭代法解方程组收敛. 用 Jacobi 迭代法迭代一次得

$$X^{(1)} = (-12/5, 5, 3/10)^T, \qquad \left\|X^{(1)} - X^{(0)}\right\|_\infty = 5$$

$$k > \frac{\ln \dfrac{\varepsilon\left(1 - \|B_J\|_\infty\right)}{\left\|X^{(1)} - X^{(0)}\right\|_\infty}}{\ln\|B_J\|_\infty} = \ln\frac{10^{-4}(1-3/4)}{5}\Big/\ln\frac{3}{4} \approx 42.43$$

故需要迭代 43 次.

Gauss-Seidel 迭代矩阵为

$$G = (D-L)^{-1}U = \begin{pmatrix} 5 & 0 & 0 \\ -1 & 4 & 0 \\ 2 & -3 & 10 \end{pmatrix}^{-1} \begin{bmatrix} 0 & -2 & -1 \\ 0 & 0 & -2 \\ 0 & 0 & 0 \end{bmatrix} = \begin{bmatrix} 0 & -2/5 & -1/5 \\ 0 & -1/10 & -11/20 \\ 0 & 1/20 & -1/8 \end{bmatrix}$$

因为$\|G\|_\infty = 13/20 < 1$，所以由定理 5-3 知，用 Gauss-Seidel 迭代法解方程组收敛. 用 Gauss-Seidel 迭代法迭代一次得

$$X^{(1)} = (-2.4, 4.4, 2.13)^T, \qquad \left\|X^{(1)} - X^{(0)}\right\|_\infty = 4.4$$

$$k > \frac{\ln \dfrac{\varepsilon\left(1 - \|G\|_\infty\right)}{\left\|X^{(1)} - X^{(0)}\right\|_\infty}}{\ln\|G\|_\infty} = \ln\frac{10^{-4}(1-13/20)}{4.4}\Big/\ln\frac{13}{20} \approx 27.26$$

故需要迭代 28 次.

练习：判别用 Jacobi 迭代法与 Gauss-Seidel 迭代法求解方程组$\begin{pmatrix} 1 & 2 \\ 0.3 & 1 \end{pmatrix}\begin{pmatrix} x_1 \\ x_2 \end{pmatrix} = \begin{pmatrix} 1 \\ 2 \end{pmatrix}$的收敛性.

参考答案：Jacobi 迭代矩阵为$B_J = \begin{pmatrix} 0 & -2 \\ -0.3 & 0 \end{pmatrix}$，由于$B_J$的常用范数都大于 1，无法用定理 5-3 判别，使用定理 5-2 来判别. B_J的特征值为$\lambda_{1,2} = \pm\sqrt{0.6}$，$\rho(B_J) = \sqrt{0.6} < 1$，Jacobi 迭代法收敛. 类似地，Gauss-Seidel 迭代矩阵为$G = \begin{pmatrix} 0 & -2 \\ 0 & 0.6 \end{pmatrix}$，$\rho(G) = 0.6 < 1$，

Gauss-Seidel 迭代法收敛.

例 5-9 表明，若某两种迭代法都收敛，则迭代矩阵的同一范数或谱半径较小的收敛较快. 一般地，在 Jacobi 迭代法与 Gauss-Seidel 迭代法求解同一方程组 $\boldsymbol{AX}=\boldsymbol{b}$ 同时收敛的情况下，后者比前者的收敛速度快，但两种迭代法的收敛性互不包含，它们各有优劣，不能互相代替. 有时,Gauss-Seidel 迭代法比 Jacobi 迭代法收敛得慢,甚至可以举出 Jacobi 迭代法收敛，但 Gauss-Seidel 迭代法发散的例子(见本章数值实验二)：

$$\begin{cases} x_1+2x_2-2x_3=1 \\ x_1+\ x_2+\ x_3=1 \\ 2x_1+2x_2+\ x_3=1 \end{cases}$$

以下定理给出了判别线性方程组 $\boldsymbol{AX}=\boldsymbol{b}$ 的 Jacobi 迭代法与 Gauss-Seidel 迭代法是否收敛的一个简便方法.

定理 5-4　若 $\boldsymbol{A}=(a_{ij})_{n\times n}$ 按行严格对角占优，即 $|a_{ii}|>\sum\limits_{j=1,j\neq i}^{n}|a_{ij}|\ (i=1,2,\cdots,n)$，则线性方程组 $\boldsymbol{AX}=\boldsymbol{b}$ 的 Jacobi 迭代法与 Gauss-Seidel 迭代法都收敛.

事实上，有些方程组使用某种迭代法不收敛，但经过同解变换后有可能是收敛的. 例如，方程组 $\begin{cases} x_1-5x_2+\ x_3=16 \\ x_1+\ x_2-4x_3=\ 7 \\ -8x_1+\ x_2+\ x_3=\ 1 \end{cases}$ 使用 Jacobi 迭代法与 Gauss-Seidel 迭代法求解都是发散的，但同解方程组 $\begin{cases} -8x_1+\ x_2+\ x_3=\ 1 \\ x_1-5x_2+\ x_3=16 \\ x_1+\ x_2-4x_3=\ 7 \end{cases}$ 对角占优，使用 Jacobi 迭代法与 Gauss- Seidel 迭代法求解都收敛.

5.3.5　迭代加速——SOR 迭代法及其 MATLAB 程序

SOR 迭代法，即逐次超松弛迭代法，实质上是 Gauss-Seidel 迭代法的一种加速方法，是目前解大型方程组的一种最常用的方法. SOR 迭代法是选取一个参数 ω (松弛因子)，将 Gauss-Seidel 迭代法的第 k+1 步结果与 SOR 迭代法的第 k 步结果加权平均的一种新的迭代格式，分量形式具体如下：

$$x_i^{(k+1)}=(1-\omega)x_i^{(k)}+\frac{\omega}{a_{ii}}\left[b_i-\sum_{j=1}^{i-1}a_{ij}x_j^{(k+1)}-\sum_{j=i+1}^{n}a_{ij}x_j^{(k)}\right]\quad (i=1,2,\cdots,n) \tag{5-21}$$

令 $\boldsymbol{A}=\boldsymbol{D}-\boldsymbol{L}-\boldsymbol{U}$，则式(5-21)可写为

$$\boldsymbol{X}^{(k+1)}=(1-\omega)\boldsymbol{X}^{(k)}+\omega\boldsymbol{D}^{-1}[\boldsymbol{b}+\boldsymbol{L}\boldsymbol{X}^{(k+1)}+\boldsymbol{U}\boldsymbol{X}^{(k)}]$$

再整理得到 SOR 迭代法的矩阵形式：

$$\begin{aligned}\boldsymbol{X}^{(k+1)}&=(\boldsymbol{D}-\omega\boldsymbol{L})^{-1}[(1-\omega)\boldsymbol{D}+\omega\boldsymbol{U}]\boldsymbol{X}^{(k)}+\omega(\boldsymbol{D}-\omega\boldsymbol{L})^{-1}\boldsymbol{b}\\&=\boldsymbol{B}_\omega\boldsymbol{X}^{(k)}+\boldsymbol{f}_\omega\end{aligned} \tag{5-22}$$

其中，$\boldsymbol{B}_\omega$ 为 SOR 迭代法的迭代矩阵.

定理 5-5 若用 SOR 迭代法求解线性方程组 $\boldsymbol{AX}=\boldsymbol{b}$ 收敛，则 $0<\omega<2$.

证 由式(5-22)及定理 5-2 可知，SOR 迭代法求解线性方程组 $\boldsymbol{AX}=\boldsymbol{b}$ 的迭代矩阵满足 $\rho(\boldsymbol{B}_\omega)<1$. 设 $\boldsymbol{B}_\omega$ 的特征值为 $\lambda_1,\lambda_2,\cdots,\lambda_n$，则

$$|\det(\boldsymbol{B}_\omega)|=|\lambda_1\lambda_2\cdots\lambda_n|\leqslant[\rho(\boldsymbol{B}_\omega)]^n,\qquad |\det(\boldsymbol{B}_\omega)|^{1/n}\leqslant\rho(\boldsymbol{B}_\omega)<1$$

由于

$$\det(\boldsymbol{B}_\omega)=\det[(\boldsymbol{D}-\omega\boldsymbol{L})^{-1}]\cdot\det[(1-\omega)\boldsymbol{D}+\omega\boldsymbol{U}]=(1-\omega)^n$$

故 $|1-\omega|<1$，即原命题得证.

定理 5-5 表明，$0<\omega<2$ 是 SOR 迭代法收敛的必要条件. Gauss-Seidel 迭代法是 SOR 迭代法取松弛因子 $\omega=1$ 的特殊情形. 当 $0<\omega<1$ 时，称式(5-21)或式(5-22)为低松弛法；当 $1<\omega<2$ 时，为超松弛法. SOR 迭代法的加速效果依赖于松弛因子 ω 的选取. 在实际应用中，寻找最佳的松弛因子是很困难的，在计算实践中通常用几个 ω 进行尝试，并观察其对收敛速度的影响，从而得到最佳松弛因子 ω 的近似值.

由于 SOR 迭代法是选取一个参数 ω (松弛因子)，将 Gauss-Seidel 迭代法的第 k 步结果与 SOR 迭代法的第 $k-1$ 步结果加权平均，利用式(5-22)，SOR 迭代法的计算过程具体如下.

(1) 取初始向量 $\boldsymbol{X}^{(0)}=(x_1^{(0)},x_2^{(0)},\cdots,x_n^{(0)})^{\mathrm{T}}$，置 k=0；设松弛因子为 ω，精度要求为 ε，最大迭代次数为 M.

(2) 计算 $\boldsymbol{X}^{(k+1)}$ 的每一个分量：

$$x_i^{(k+1)}=(1-\omega)x_i^{(k)}+\frac{\omega}{a_{ii}}\left[b_i-\sum_{j=1}^{i-1}a_{ij}x_j^{(k+1)}-\sum_{j=i+1}^{n}a_{ij}x_j^{(k)}\right]\quad(i=1,2,\cdots,n)$$

(3) 如果 $\left\|\boldsymbol{X}^{(k+1)}-\boldsymbol{X}^{(k)}\right\|_\infty\leqslant\varepsilon$，输出 $\boldsymbol{X}^{(k+1)}$，并将其作为方程组的近似解，结束运算；否则，执行步骤(4).

(4) 如果 $k>M$，停止计算(输出某些信息)；否则，$k=k+1$，转步骤(2).

按照以上算法编写 MATLAB 程序 SOR.m，具体如下.

```
function [x,k]=sor(A,b,omega,eps,x0,N)
%SOR 迭代法求解大规模稀疏线性方程组
%A 为方程组的系数矩阵，b 是方程组的常数项向量
%omega 的默认值是 1.5
%eps 为相邻两次迭代的向量的误差精度，默认值是 1e-6
%x0 为迭代的初始向量，N 是迭代次数上限，默认值是 1000
%x 是最终的解，k 是迭代的总次数
%  $Copyright Zhigang zhou$.$Date: 2019/08/11 08:12:10 $
if nargin<6 N=1000;end
if nargin<5 x0=zeros(length(b),1);end
if nargin<4 eps=1e-6;end
```

```
if nargin<3 omega=1.5;end
n=length(b);k=0;
L=-tril(A,-1);
U=-triu(A,1);
x=x0;x0=x+2*eps;x1=x0;
while norm(x0-x,inf)>eps&&k<N
k=k+1;x0=x;
 for i=1:n
     x1(i)=(b(i)+L(i,1:i-1)*x(1:i-1,1)+U(i,i+1:n)*x0(i+1:n,1))/A(i,i);
     x(i)=(1-omega)*x0(i)+omega*x1(i);
 end
end
if k==N
    warning('超出迭代次数上限，求解失败！');
end
```

实际应用较多的是 SOR 迭代法，Gauss-Seidel 迭代法是 SOR 迭代法的特例，SOR 迭代法实际上是 Gauss-Seidel 迭代法的一种加速. 不同松弛因子的 SOR 迭代法的迭代次数不同，选取最佳的松弛因子(迭代次数最少的松弛因子)比较困难，一般用尝试的办法确定一个适当的松弛因子ω (满足$0<\omega<2$)来进行计算.

数值实验二

1. 利用方程组$\begin{cases} x_1+2x_2-2x_3=1 \\ x_1+\ x_2+\ x_3=1 \\ 2x_1+2x_2+\ x_3=1 \end{cases}$实践迭代收敛基本定理:

(1) 任意取初始迭代向量，精度$\varepsilon=10^{-4}$，分别用 Jacobi 迭代法与 Gauss-Seidel 迭代法编程求解上述方程组;

(2) 对出现的结果进行分析讨论(考察迭代矩阵的谱半径).

参考答案: (1) Jacobi 迭代法求解成功; Gauss-Seidel 迭代法求解失败.

(2) $\boldsymbol{B}_{\mathrm{J}}=\begin{bmatrix} 0 & -2 & 2 \\ -1 & 0 & -1 \\ -2 & -2 & 0 \end{bmatrix}$，$\rho(\boldsymbol{B}_{\mathrm{J}})=0$，满足定理 5-3; $\boldsymbol{G}=\begin{bmatrix} 0 & -2 & 2 \\ 0 & 2 & -3 \\ 0 & 0 & 2 \end{bmatrix}$，$\rho(\boldsymbol{G})=2$，不满足定理 5-2.

2. 分别用 Gauss-Seidel 迭代法与 SOR 迭代法的 MATLAB 程序求解线性方程组(体会 SOR 迭代法的加速)$\begin{cases} 4x_1-2x_2-\ x_3=\ 0 \\ -2x_1+4x_2-2x_3=-2 \\ -x_1-2x_2+3x_3=\ 3 \end{cases}$，迭代初值$\boldsymbol{X}^{(0)}=(0,0,0)^{\mathrm{T}}$，松弛因子$\omega=1.45$，

精度取10^{-6}.

参考答案：在 MATLAB 命令框输入如下程序.

```
>> a=[4 -2 -1;-2 4 -2;-1 -2 3];
>> b=[0 -2 3]';
>> [x,k]=Gauss_S(a,b)
x =
    1.0000
    1.0000
    2.0000
k =
    77
>> [x,k]=sor(a,b,1.45)
x =
    1.0000
    1.0000
    2.0000

k =
    24
```

3. 用 SOR 迭代法求解方程组.

设方程组 $\boldsymbol{AX}=\boldsymbol{b}$ 的系数矩阵 $\boldsymbol{A}$ 是 2000 阶稀疏方阵：

$$\boldsymbol{A}=\begin{pmatrix} 3 & -0.5 & -0.25 & & & \\ -0.5 & 3 & -0.5 & -0.25 & & \\ -0.25 & -0.5 & 3 & -0.5 & \ddots & \\ & \ddots & \ddots & \ddots & \ddots & -0.25 \\ & & -0.25 & -0.5 & 3 & -0.5 \\ & & & -0.25 & -0.5 & 3 \end{pmatrix}$$

$\boldsymbol{b}$ 是 $\boldsymbol{A}$ 的各行元素之和，显然 $\boldsymbol{AX}=\boldsymbol{b}$ 的解为 $\boldsymbol{X}=(1,1,\cdots,1)^{\mathrm{T}}$. 迭代初值 $\boldsymbol{X}^{(0)}=(0,0,\cdots,0)^{\mathrm{T}}$，松弛因子 $\omega=1.1$，精度取10^{-6}.

参考答案：编写如下程序.

```
n=input('输入方程组系数矩阵的阶数');
a=ones(n);
a=1.5*diag(diag(a));
for i=1:n-1
    a(i,i+1)=-0.5;
end
```

```
for i=1:n-2
    a(i,i+2)=-0.25;
end
A=a+a';
b=sum(A)';
[x,k]=sor(A,b,1.1)
```

本章小结

求解线性方程组的直接法在没有舍入误差的情况下经过有限次运算可以求得方程组的精确解，但实际上借助计算机求解时舍入误差是不可避免的. 尽管目前求解线性方程组的 Gauss 列主元消元法的稳定性仍是一个需要讨论的问题，但在实际计算中 Gauss 列主元消元法非常成功，在科学与工程计算(如各种数学软件)中被大量使用. 目前求解中小规模(阶数不太高，如不超过 1000 阶)、系数矩阵稠密(矩阵的绝大多数元素都是非零的)而又没有任何特殊结构的线性方程组的最常用的方法就是 Gauss 列主元消元法. MATLAB 运算符“\”中的核心算法是 Gauss 列主元消元法. Gauss 列主元消元法的实质是对系数矩阵进行初等变换，将系数矩阵变换为上三角矩阵. 追赶法是求解系数矩阵对角占优的三对角线性方程组的高效方法，具有方法简单、计算量小、稳定性好的优点. 对于具有其他特殊结构的线性方程组(如系数矩阵为对称正定矩阵)，一般利用直接法中的另一类方法(三角分解法)求解，读者可参阅其他计算方法的相关教材.

了解方程组的性态是很重要的，而判别方程组的性态的矩阵条件数是一个重要的概念. 对于迭代法来说，判别收敛的充分条件应该掌握好. 对于良态方程组，根据系数矩阵的特性，可选取有效、可靠的算法，得到满意的结果. 对于大规模稀疏方程组，本章介绍了三种经典的迭代法：Jacobi 迭代法、Gauss-Seidel 迭代法与 SOR 迭代法. Gauss-Seidel 迭代法由于使用了最新的分量信息，可视作 Jacobi 迭代法的一种改进，其收敛速度一般比 Jacobi 迭代法要快. Jacobi 迭代法、Gauss-Seidel 迭代法的收敛性由迭代矩阵的谱半径的大小决定，只要谱半径小于 1，就能保证收敛. 由于谱半径的计算比较麻烦，编程进行实际应用时，一般设置一个迭代上限次数，超过这个次数就认为其不收敛. SOR 迭代法可视作 Gauss-Seidel 迭代法的加速或改进，是目前应用比较广泛的一种迭代法. SOR 迭代法在计算中引入了一个松弛因子来有效控制数值解的收敛速度，故松弛因子的最优选取是 SOR 迭代法的一个重要问题，但最优松弛因子的选取是非常困难的，实际应用中往往用尝试的办法确定一个适当的松弛因子来进行计算.

最后需要提醒读者的是，对于病态方程组，用最好的计算方法也是毫无意义的.

第 6 章　常微分方程(组)的数值解法

现实世界的事物在不断发展变化，人们关注的往往是其变化速度、加速度及其所处位置随时间发展的变化规律，其规律归结为求解某个特定的**常微分方程**(ordinary differential equation)或常微分方程组. 工程实际、科学研究中的许多问题建模后可归结为对常微分方程(组)的求解. 例如，倒葫芦形容器容积刻度的标定问题：如何根据相对于容器底部的高度 x 在容器壁上标出容积 V 的刻度？假设已知倒葫芦形容器的高度 x 与直径 D 的关系数据，如表 6-1 所示.

表 6-1　倒葫芦形容器的高度 x 与直径 D 的关系数据

x	0.0	0.2	0.4	0.6	0.8	1.0
D	0.04	0.11	0.26	0.56	1.04	1.17

根据表 6-1 的数据，建立如图 6-1 所示的坐标轴. 容器的直径 D 是高度 x 的函数，由微元法可得 $\mathrm{d}V=\frac{1}{4}\pi D^2(x)\mathrm{d}x$，故得如下微分方程的初值问题：

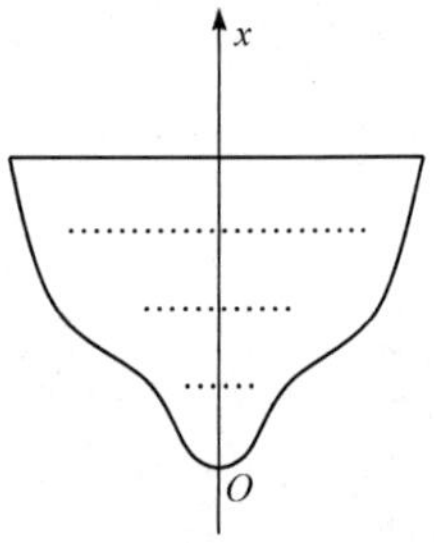

图 6-1　高度 x 与直径 D 关系数据的坐标轴表示

$$\begin{cases}\dfrac{\mathrm{d}V}{\mathrm{d}x}=\dfrac{1}{4}\pi D^2(x)\\ V(0)=0\end{cases} \tag{6-1}$$

只要求解式(6-1)就可求出容积 V 与高度 x 的关系，从而标出容器壁上容积的刻度. 但问题是 $D(x)$无解析表达式，无法求解 $V(x)$的解析表达式，但可以利用本章介绍的数值解法求解式(6-1).

常微分方程的**初值问题**(initial value problem)为

$$\begin{cases}y'=f(x,y)\quad (a\leqslant x\leqslant b)\\ y(a)=y_0\end{cases} \tag{6-2}$$

满足常微分方程初值问题(6-2)(本章简称初值问题)的具有解析表达式的解称为解析解. 只要 $f(x,y)$对 y 满足 Lipschitz 条件，即

$$|f(x,y_1)-f(x,y_2)|\leqslant L|y_1-y_2|\quad (\exists L>0,\forall y_1,y_2)$$

初值问题(6-2)的解就存在且唯一. 只有某些特殊的常微分方程(如常系数线性微分方程)的初值问题能求出解析解，并且求解方法缺乏一般性. 实际问题中，只需要知道初值问题(6-2)的解析解在某些离散点处的函数值，初值问题(6-2)的数值解法就是找到解析解在某些离散点处的函数值的近似值. 假定初值问题(6-2)的解析解为 $y=y(x)$，求初值问题(6-2)的**数值解**(numerical solution)就是在区间$[a,b]$上取一组离散点 $a=x_0<x_1<\cdots\leqslant b$，求

$y=y(x)$ 在离散点上的近似值 $y_0,y_1,\cdots,y_n,\cdots$，通常取 $x_n=a+nh\ (n=0,1,2,\cdots)$，其中 h 称为**步长**(step size).

本章首先讨论初值问题(6-2)的常用数值解法：Euler 格式、Runge-Kutta 格式. 然后将初值问题(6-2)的常用数值解法推广到高阶常微分方程及常微分方程组. 最后介绍基于 MATLAB 的常微分方程(组)的求解方法，对刚性常微分方程(组)也做了简单介绍.

6.1　Euler 格式及其改进

本节讨论 Euler 格式求解初值问题(6-2)：

$$\begin{cases} y'=f(x,y) & (a\leqslant x\leqslant b) \\ y(a)=y_0 \end{cases}$$

6.1.1　Euler 格式

对于初值问题(6-2)的解析解 $y=y(x)$ 及区间 $[a,b]$ 上的一组离散点 $a=x_0<x_1<\cdots\leqslant b$，$x_n=a+nh\ (n=0,1,2,\cdots)$，令 $y_n\approx y(x_n)$，对式(6-2)中第一个等式的两边在 $[x_n,x_{n+1}]$ 范围求定积分，有

$$y(x_{n+1})=y(x_n)+\int_{x_n}^{x_{n+1}} f[x,y(x)]\mathrm{d}x \tag{6-3}$$

利用数值积分矩形公式 $\int_a^b f(x)\mathrm{d}x\approx(b-a)f(a)$ 计算式(6-3)中的积分，得 $y(x_{n+1})\approx y(x_n)+hf[x_n,y(x_n)]$，从而有

$$y_{n+1}=y_n+hf(x_n,y_n) \tag{6-4}$$

称式(6-4)为求解初值问题(6-2)数值解的 **Euler 格式**(Euler scheme).

练习：利用 Euler 格式(6-4)编程求解问题(6-1).

参考答案：

```
function [x,v]=char6(dvfun,xspan,v0,h)
%用 Euler 格式(6-4)编程求解问题(6-1)
%dvfun 为 1/4 πD^2(x) 的值,xspan 为[a,b],v0 为初值，h 为步长
%x 为返回的节点，v 返回数值解
% $Copyright Zhigang zhou$.
x=xspan(1):h:xspan(2);
v(1)=v0;n=length(x);
for i=1:n-1
   v(i+1)=v(i)+h*dvfun(i);
end
```

```
x=x';v=v';
```

将程序 char6.m 存盘在 MATLAB 的当前目录下，在命令框输入：

```
>> clear
>> d=[0.04,0.11,0.26,0.56,1.04,1.17];
>> dvfun=0.25*pi*d.^2
dvfun =
   0.0013    0.0095    0.0531    0.2463    0.8495    1.0751
>> [x,v]=char6(dvfun,[0,1],0,0.2);    %v 是节点 x 处的数值解
>> [x,v]
ans =
        0         0
   0.2000    0.0003
   0.4000    0.0022
   0.6000    0.0128
   0.8000    0.0620
   1.0000    0.2319
```

利用数值积分矩形公式 $\int_a^b f(x)\mathrm{d}x \approx (b-a)f(b)$ 计算式(6-3)中的积分，得

$$y_{n+1} = y_n + hf(x_{n+1}, y_{n+1}) \tag{6-5}$$

称式(6-5)为求解初值问题(6-2)数值解的**隐式 Euler 格式**(implicit Euler scheme).

利用数值积分梯形公式 $\int_a^b f(x)\mathrm{d}x \approx \frac{(b-a)}{2}[f(a)+f(b)]$ 计算式(6-3)中的积分，得

$$y_{n+1} = y_n + \frac{h}{2}[f(x_n, y_n) + f(x_{n+1}, y_{n+1})] \tag{6-6}$$

称式(6-6)为求解初值问题(6-2)数值解的**梯形格式**(trapezoidal scheme).

6.1.2 预报-校正格式及其 MATLAB 程序

求解初值问题(6-2)数值解的 Euler 格式是一种显式算法，计算方便，但数值结果精度较低(见例 6-1)；隐式 Euler 格式与梯形格式由于等式右边含有 y_{n+1}，是一种隐式算法，使用不便. 但是梯形格式的计算精度高于 Euler 格式，结合两者的优点，得出一种改进算法：**预报-校正格式**(predictor-corrector scheme).

(1) 先用 Euler 格式得到一个初步的近似值 $\tilde{y}_{n+1}$，称为预报值.

(2) 用预报值 $\tilde{y}_{n+1}$ 代替梯形格式右端的 y_{n+1}，重新用梯形格式计算一次，得到校正值 y_{n+1}，具体如下：

$$\begin{cases} \tilde{y}_{n+1} = y_n + hf(x_n, y_n) \\ y_{n+1} = y_n + \frac{h}{2}[f(x_n, y_n) + f(x_{n+1}, \tilde{y}_{n+1})] \end{cases} \tag{6-7}$$

例 6-1　取 h=0.2，分别用 Euler 格式及预报-校正格式求解初值问题：

$$\begin{cases} y' = y - \dfrac{2x}{y} \quad (0 \leqslant x \leqslant 1) \\ y(0) = 1 \end{cases}$$

解析解为 $y = \sqrt{1+2x}$.

解　h=0.2，x_0=0，x_1=0.2，x_2=0.4，x_3=0.6，x_4=0.8，x_5=1，n=0,1,2,4.

Euler 格式为

$$y_{n+1} = y_n + hf(x_n, y_n) = y_n + h\left(y_n - \frac{2x_n}{y_n}\right)$$

预报-校正格式为

$$\begin{cases} \tilde{y}_{n+1} = y_n + h\left(y_n - \dfrac{2x_n}{y_n}\right) \\ y_{n+1} = y_n + \dfrac{h}{2}\left(y_n - \dfrac{2x_n}{y_n} + \tilde{y}_{n+1} - \dfrac{2x_{n+1}}{\tilde{y}_{n+1}}\right) \end{cases}$$

计算结果见表 6-2.

表 6-2　例 6-1 的计算结果

x_{n+1}	精确解	Euler 格式	预报-校正格式
0.2	1.1832	1.2000	1.1867
0.4	1.3416	1.3733	1.3483
0.6	1.4832	1.5315	1.4937
0.8	1.6125	1.6811	1.6279
1	1.7321	1.8269	1.7542

由表 6-2 可知，预报-校正格式的数值结果精度明显更高.

利用预报-校正格式(6-7)，求解初值问题(6-2)的 MATLAB 程序 precor.m 如下.

```
function [x,y]=precor(dyfun ,xspan,y0,h)
%用途：预报-校正格式求解初值问题(6-2)
%dyfun 为f(x,y),xspan 为[a,b], y0 为初值，h 为步长
%x 为返回的节点，y 返回数值解
% $Copyright Zhigang zhou$.
x=xspan(1):h:xspan(2);
y(1)=y0;n=length(x);
for i=1:n-1
    k1=dyfun(x(i),y(i));
    y(i+1)=y(i)+h*k1;
    k2=dyfun(x(i+1),y(i+1));
    y(i+1)=y(i)+h*(k1+k2)*0.5;
```

```
end
x=x';y=y';
```

用程序 precor.m 求解例 6-1，得到的预报-校正格式的结果如下.

```
>> clear
>> dyfun=@(x,y)y-2*x/y;
>> [x,y]=precor(dyfun ,[0,1],1,0.2);
>> [x,y]
ans =
         0    1.0000
    0.2000    1.1867
    0.4000    1.3483
    0.6000    1.4937
    0.8000    1.6279
    1.0000    1.7542
```

练习：取 h=0.2，写出预报-校正格式，用 MATLAB 程序 precor.m 求解初值问题

$$\begin{cases} y' = \dfrac{2x}{3y^2} \quad (0 \leqslant x \leqslant 1) \\ y(0) = 1 \end{cases}$$

解析解为 $y = \sqrt[3]{1+x^2}$.

参考答案：预报-校正格式为

$$\begin{cases} \tilde{y}_{n+1} = y_n + 0.2 \times \dfrac{2x_n}{3y_n^2} \\ y_{n+1} = y_n + \dfrac{0.2}{2}\left(\dfrac{2x_n}{3y_n^2} + \dfrac{2x_{n+1}}{3\tilde{y}_{n+1}^2}\right) \end{cases}$$

在 MATLAB 命令框输入：

```
>> dyfun=@(x,y)2*x/(3*y^2);
>> [x,y]=precor(dyfun ,[0,1],1,0.2);     %y 是数值解
>> yy=(1+x.^2).^(1/3);     %yy 是解析解
>> [x,y,yy]
```

按回车键，得

```
ans =
         0    1.0000    1.0000
    0.2000    1.0133    1.0132
    0.4000    1.0510    1.0507
    0.6000    1.1082    1.1079
    0.8000    1.1796    1.1793
    1.0000    1.2601    1.2599
```

6.1.3 局部截断误差与格式的阶(精度)

当用某种格式求解初值问题(6-2)时，事实上从 x_1 开始直至最后一步 x_n，每一步都会产生误差 $e_i = y(x_i) - y_i\ (i=1,2,\cdots,n)$，随着误差的传播，最后一步的误差 $e_n = y(x_n) - y_n$ 称为此种格式求解初值问题(6-2)时的**整体截断误差**(global truncation error). 分析或计算整体截断误差有时比较复杂，求解初值问题(6-2)时，有时仅考虑 x_n 到 x_{n+1} 这一步的误差情况，而把 x_n 及 x_n 之前的计算看成精确的，即 $y_i = y(x_i)\ (i=1,2,\cdots,n)$，此时称最后一步的误差 $e_{n+1} = y(x_{n+1}) - y_{n+1}$ 为此种格式求解初值问题(6-2)的**局部截断误差**(local truncation error)，当 $e_{n+1} = o(h^{p+1})$ (e_{n+1} 是 h^{p+1} 的同阶无穷小)时，称此种格式为 ***p* 阶格式**或有 ***p* 阶精度**.

为了讨论求解初值问题(6-2)的不同格式的精度的阶，先回顾一下一元函数 $y=f(x)$ 与二元函数 $z=f(x,y)$ 的 Taylor 展开式(Taylor 展开式的成立条件请查阅高等数学的相关书籍).

$y=f(x)$ 的 Taylor 展开式为

$$f(x) = f(x_0) + f'(x_0)(x-x_0) + \frac{f''(x_0)}{2!}(x-x_0)^2 + \cdots + \frac{f^{(n)}(x_0)}{n!}(x-x_0)^n + R_n(x) \tag{6-8}$$

$z=f(x,y)$ 的 Taylor 展开式为

$$\begin{aligned} f(x,y) &= f(x_0,y_0) + f'_x(x_0,y_0)(x-x_0) + f'_y(x_0,y_0)(y-y_0) \\ &\quad + \frac{1}{2!}\left[(x-x_0)\frac{\partial}{\partial x} + (y-y_0)\frac{\partial}{\partial x}\right]^2 f(x_0,y_0) + \cdots \\ &\quad + \frac{1}{n!}\left[(x-x_0)\frac{\partial}{\partial x} + (y-y_0)\frac{\partial}{\partial x}\right]^n f(x_0,y_0) + R_n(x,y) \end{aligned} \tag{6-9}$$

其中，$\left[(x-x_0)\frac{\partial}{\partial x} + (y-y_0)\frac{\partial}{\partial x}\right]^2 f(x_0,y_0)$ 表示

$$(x-x_0)^2 f''_{xx}(x_0,y_0) + 2(x-x_0)(y-y_0)f''_{xy}(x_0,y_0) + (y-y_0)^2 f''_{yy}(x_0,y_0)$$

一般地，$\left[(x-x_0)\frac{\partial}{\partial x} + (y-y_0)\frac{\partial}{\partial x}\right]^m f(x_0,y_0)$ 表示

$$\sum_{p=0}^{m} \mathrm{C}_m^p (x-x_0)^p (y-y_0)^{m-p} \left.\frac{\partial^m f}{\partial x^p \partial y^{m-p}}\right|_{(x_0,y_0)}$$

利用一元函数的 Taylor 展开式(6-8)，可证明求解初值问题(6-2)的 Euler 格式具有一阶精度. 事实上，$y(x)$ 在 x_n 的 Taylor 展开式为

$$y(x) = y(x_n) + y'(x_n)(x-x_n) + \frac{y''(x_n)}{2}(x-x_n)^2 + \cdots$$

从而有

$$y(x_{n+1}) = y(x_n) + y'(x_n)h + \frac{y''(x_n)}{2}h^2 + \cdots$$

当 $y_n = y(x_n)$ 时，由求解初值问题(6-2)的 Euler 格式有

$$y_{n+1}=y_n+hf(x_n,y_n)=y(x_n)+hf[x_n,y(x_n)]=y(x_n)+hy'(x_n)$$

从而有

$$e_{n+1}=y(x_{n+1})-y_{n+1}=y(x_{n+1})-y(x_n)-hy'(x_n)=\frac{y''(x_n)}{2}h^2+\cdots=o(h^2)$$

故解初值问题(6-2)的 Euler 格式具有一阶精度.

类似地，利用二元函数 Taylor 展开式(6-9)，可证明求解初值问题(6-2)的预报-校正格式具有二阶精度. 事实上，$f(x,y)$ 在 (x_n,y_n) 的 Taylor 展开式为

$$f(x,y)=f(x_n,y_n)+f_x'(x_n,y_n)(x-x_n)+f_y'(x_n,y_n)(y-y_n)+\cdots$$

从而有

$$\begin{aligned}f(x_{n+1},\tilde{y}_{n+1})&=f(x_n,y_n)+f_x'(x_n,y_n)h+f_y'(x_n,y_n)(\tilde{y}_{n+1}-y_n)+\cdots\\&=f(x_n,y_n)+f_x'(x_n,y_n)h+f_y'(x_n,y_n)hf(x_n,y_n)+o(h^2)\\&=f(x_n,y_n)+h[f_x'(x_n,y_n)+f_y'(x_n,y_n)f(x_n,y_n)]+o(h^2)\\&=y'(x_n)+hy''(x_n)+o(h^2)\end{aligned}$$

故

$$\begin{aligned}y_{n+1}&=y_n+\frac{h}{2}[f(x_n,y_n)+f(x_{n+1},\tilde{y}_{n+1})]\\&=y(x_n)+\frac{h}{2}\{f[x_n,y(x_n)]+f(x_{n+1},\tilde{y}_{n+1})\}\\&=y(x_n)+\frac{h}{2}[y'(x_n)+y'(x_n)+hy''(x_n)+o(h^2)]\\&=y(x_n)+hy'(x_n)+\frac{1}{2}h^2y''(x_n)+o(h^3)\end{aligned}$$

因 $y(x_{n+1})=y(x_n)+y'(x_n)h+\frac{y''(x_n)}{2}h^2+\cdots$，故 $e_{n+1}=y(x_{n+1})-y_{n+1}=o(h^3)$，从而求解初值问题(6-2)的预报-校正格式具有二阶精度.

6.2 Runge-Kutta 格式

对于初值问题(6-2)，为了进一步找到高阶精度的数值方法，本节介绍最为常用的经典数值方法：四阶 Runge-Kutta 格式.

6.2.1 Runge-Kutta 格式的基本思想

对于初值问题(6-2)的解析解 $y=y(x)$ 及区间 $[a,b]$ 上的一组离散点 $a=x_0<x_1<\cdots\leqslant b$，$x_n=a+nh\ (n=0,1,2,\cdots)$，由 Lagrange 中值定理可知：$\exists\xi\in(x_n,x_{n+1})$，有 $y'(\xi)=\frac{y(x_{n+1})-y(x_n)}{h}$，从而有

$$y(x_{n+1})=y(x_n)+hy'(\xi)=y(x_n)+hK^* \tag{6-10}$$

在几何上，式(6-10)中的 $K^*=y'(\xi)=f[\xi,y(\xi)]$ 就是 $y=y(x)$ 在 $[x_n,x_{n+1}]$ 上的平均斜率. 求解初值问题(6-2)的 Runge-Kutta 格式的思想就是对平均斜率 K^* 进行改造，将解析解 $y=y(x)$ 在 $[x_n,x_{n+1}]$ 上若干点的斜率值(导数值)或预报斜率值(近似斜率值)的加权平均值 $\sum_{i=1}^{r}\lambda_iK_i\left(\sum_{i=1}^{r}\lambda_i=1\right)$ 作为 K^* 的近似值，达到提高初值问题(6-2)数值解精度的目的. 设计 $[x_n,x_{n+1}]$ 上若干点的斜率值或近似斜率值 $K_1,K_2,\cdots,K_r$ 及权系数 $\lambda_1,\lambda_2,\cdots,\lambda_r$，使得

$$y_{n+1}=y_n+h\sum_{i=1}^{r}\lambda_iK_i \tag{6-11}$$

达到 r 阶精度，则称式(6-11)为 r 阶 **Runge-Kutta 格式**(Runge-Kutta scheme).

事实上，预报-校正格式

$$\begin{cases}\tilde{y}_{n+1}=y_n+hf(x_n,y_n)\\ y_{n+1}=y_n+\dfrac{h}{2}[f(x_n,y_n)+f(x_{n+1},\tilde{y}_{n+1})]\end{cases}$$

可改写为

$$\begin{cases}y_{n+1}=y_n+h\left(\dfrac{1}{2}K_1+\dfrac{1}{2}K_2\right)\\ K_1=f(x_n,y_n)\\ K_2=f(x_{n+1},y_n+hK_1)\end{cases}$$

其中，$K_1=f(x_n,y_n)=y'(x_n)$ 是解析解 $y=y(x)$ 在 $x=x_n$ 处的导数值，$K_2=f(x_{n+1},y_n+hK_1)\approx f[x_{n+1},y(x_{n+1})]$ ($y_n+hK_1=y_{n+1}\approx y(x_{n+1})$)是解析解 $y=y(x)$ 在 $x=x_{n+1}$ 处导数值的预报值. 在 $[x_n,x_{n+1}]$ 上，预报-校正格式就是对 x_n，x_{n+1} 的导数值(或近似导数值) K_1,K_2 进行加权平均 $\dfrac{1}{2}K_1+\dfrac{1}{2}K_2$，再利用式(6-11)进行计算，且预报-校正格式具有二阶精度. 因此，预报-校正格式可视为一种特殊的二阶 Runge-Kutta 格式.

6.2.2 四阶 Runge-Kutta 格式及其 MATLAB 程序

初值问题(6-2)的四阶 Runge-Kutta 格式为

$$\begin{cases}y_{n+1}=y_n+\dfrac{h}{6}(K_1+2K_2+2K_3+K_4)\\ K_1=f(x_n,y_n)\\ K_2=f\left(x_n+\dfrac{h}{2},y_n+\dfrac{h}{2}K_1\right)\\ K_3=f\left(x_n+\dfrac{h}{2},y_n+\dfrac{h}{2}K_2\right)\\ K_4=f(x_{n+1},y_n+hK_3)\end{cases} \tag{6-12}$$

利用一元函数与二元函数的 Taylor 展开式可证明初值问题(6-2)的 Runge-Kutta 格式(6-12)具有四阶精度.

例 6-2 取步长 h=0.2，用四阶 Runge-Kutta 格式求解初值问题(例 6-1)：

$$\begin{cases} y' = y - \dfrac{2x}{y} & (0 \leqslant x \leqslant 1) \\ y(0) = 1 \end{cases}$$

解析解为 $y = \sqrt{1+2x}$.

解 四阶 Runge-Kutta 格式为

$$\begin{cases} y_{n+1} = y_n + \dfrac{0.2}{6}(K_1 + 2K_2 + 2K_3 + K_4) \\ K_1 = f(x_n, y_n) = y_n - \dfrac{2x_n}{y_n} \\ K_2 = f\left(x_n + \dfrac{h}{2}, y_n + \dfrac{h}{2}K_1\right) = \left(y_n + \dfrac{0.2}{2}K_1\right) - \dfrac{2\left(x_n + \dfrac{0.2}{2}\right)}{y_n + \dfrac{0.2}{2}K_1} \\ K_3 = f\left(x_n + \dfrac{h}{2}, y_n + \dfrac{h}{2}K_2\right) = \left(y_n + \dfrac{0.2}{2}K_2\right) - \dfrac{2\left(x_n + \dfrac{0.2}{2}\right)}{y_n + \dfrac{0.2}{2}K_2} \\ K_4 = f(x_{n+1}, y_n + hK_3) = (y_n + 0.2K_3) - \dfrac{2(x_n + 0.2)}{y_n + 0.2K_3} \end{cases}$$

计算结果如下(y_{n+1} 是 x_{n+1} 处的数值解， $y(x_{n+1})$ 是 x_{n+1} 处的解析解).

x_{n+1}	K_1	K_2	K_3	K_4	y_{n+1}	$y(x_{n+1})$
0.2000	1.0000	0.9182	0.9086	0.8432	1.1832	1.1832
0.4000	0.8452	0.7945	0.7875	0.7440	1.3417	1.3416
0.6000	0.7454	0.7101	0.7048	0.6733	1.4833	1.4832
0.8000	0.6743	0.6479	0.6437	0.6195	1.6125	1.6125
1.0000	0.6203	0.5996	0.5962	0.5769	1.7321	1.7321

与例 6-1 中预报-校正格式的结果相比，四阶 Runge-Kutta 格式的结果更精确. 四阶 Runge-Kutta 格式是求解初值问题(6-2)的一种经典的常用方法.

以四阶 Runge-Kutta 格式(6-12)为算法的 MATLAB 程序 rk4.m 如下.

```
function [x,y]=rk4(dyfun,xspan,y0,h)
%用途：四阶 Runge-Kutta 格式求解初值问题(6-2)
%dyfun 为 f(x,y),xspan 为[a,b],y0 为初值，h 为步长
```

```
%x 为返回的节点，y 返回数值解
% $Copyright Zhigang zhou$.
x=xspan(1):h:xspan(2);
y(1)=y0;n=length(x);
for i=1:n-1
   k1=dyfun(x(i),y(i));
   k2=dyfun(x(i)+0.5*h,y(i)+0.5*h*k1);
   k3=dyfun(x(i)+0.5*h,y(i)+0.5*h*k2);
   k4=dyfun(x(i+1),y(i)+h*k3);
   y(i+1)=y(i)+h*(k1+2*k2+2*k3+k4)/6;
end
x=x';y=y';
```

练习：用四阶 Runge-Kutta 格式及步长 h=0.2 求解初值问题

$$\begin{cases} y' = x + y & (0 \leqslant x \leqslant 0.4) \\ y(0) = 1 \end{cases}$$

并与解析解 $y = -x - 1 + 2\mathrm{e}^x$ 进行比较.

参考答案：四阶 Runge-Kutta 格式为

$$\begin{cases} y_{n+1} = y_n + \dfrac{1}{30}(K_1 + 2K_2 + 2K_3 + K_4) \\ K_1 = f(x_n, y_n) = x_n + y_n \\ K_2 = f\left(x_n + \dfrac{h}{2}, y_n + \dfrac{h}{2}K_1\right) = x_n + 0.1 + y_n + 0.1K_1 \\ K_3 = f\left(x_n + \dfrac{h}{2}, y_n + \dfrac{h}{2}K_2\right) = x_n + 0.1 + y_n + 0.1K_2 \\ K_4 = f(x_{n+1}, y_n + hK_3) = x_{n+1} + y_n + 0.2K_3 \end{cases}$$

计算结果如下.

x_{n+1}	K_1	K_2	K_3	K_4	数值解	解析解
0.2000	1.0000	1.2000	1.2200	1.4440	1.2428	1.2428
0.4000	1.4428	1.6871	1.7115	1.9851	1.5836	1.5836

6.2.3　使用 Runge-Kutta 格式解初值问题的 MATLAB 函数

MATLAB 中基于 Runge-Kutta 格式求解初值问题(6-2)的常用函数是`[x,y]=ode45(dyfun,[x0,x1,…,xn],y0)`，`ode45` 函数的算法是一种将四阶 Runge-Kutta 格式、五阶 Runge-Kutta 格式组合在一起的改进算法. `ode45` 求出函数在节点`[x0,x1,…,xn]`处的数值解，`y0` 是初值，若将`[x0,x1,…,xn]`改为区间$[a,b]$，`ode45` 会自动适当等分区间再求出各节点的数值解，`dyfun` 是 $y' = f(x,y)$ 右端函数 $f(x,y)$ 的表达式，可以以内联函数或函数句柄方式输入(见例 6-3)，输出 x 是节点向量，y 是节点处的数值解. 若无输出参数，则作出数值解的图像.

例 6-3 用 ode45 函数及步长 h=0.2 求解初值问题：

$$\begin{cases} y' = \dfrac{2x}{3y^2} & (0 \leqslant x \leqslant 1) \\ y(0) = 1 \end{cases}$$

解析解为 $y = \sqrt[3]{1+x^2}$.

解 在 MATLAB 命令框输入：

```
>>dyfun=@(x,y)2*x/(3*y^2);     %也可以为dyfun=inline('2*x/(3*y^2)')
>> [x,y]=ode45(dyfun,0:0.2:1,1);
>> [x,y]
```

按回车键，得

```
ans =
         0    1.0000
    0.2000    1.0132
    0.4000    1.0507
    0.6000    1.1079
    0.8000    1.1793
    1.0000    1.2599
```

若在 MATLAB 命令框输入：

```
>> dyfun=@(x,y)2*x/(3*y^2);
>> ode45(dyfun,0:0.2:1,1);
```

按回车键后输出数值解的图像，如图 6-2 所示.

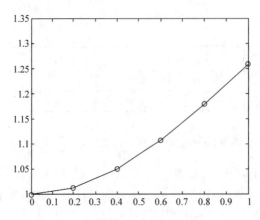

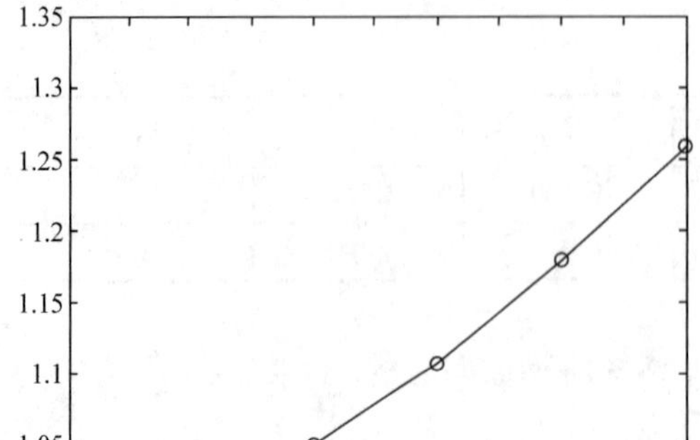

图 6-2 例 6-3 数值结果的可视化

练习：用 MATLAB 程序 rk4.m 及 ode45 函数求解

$$\begin{cases} y' = x + y^2 & (0 \leqslant x \leqslant 0.4) \\ y(0) = 1 \end{cases}$$

(1) 已知步长 h=0.1;

(2) 求在指定节点 0，0.1，0.2，0.25，0.4 处的数值解并作图.

参考答案：(1) 在命令框输入如下程序.

```
>> dyfun=@(x,y)x+y^2;
>> [x,y]=rk4(dyfun,[0,0.4],1,0.1);
>> [x,yy]=ode45(dyfun,0:0.1:0.4,1);
>> [x,y,yy]
```

按回车键，得

```
ans =
         0    1.0000    1.0000
    0.1000    1.1165    1.1165
    0.2000    1.2736    1.2736
    0.3000    1.4880    1.4880
    0.4000    1.7893    1.7894
```

(2) 在命令框输入如下程序.

```
>> dyfun=@(x,y)x+y^2;
>> [x,y]=ode45(dyfun,[0 0.1 0.2 0.25 0.4],1);
>> [x,y]
```

按回车键，得

```
ans =
         0    1.0000
    0.1000    1.1165
    0.2000    1.2736
    0.2500    1.3722
    0.4000    1.7894
```

再输入

```
>> ode45(dyfun,[0 0.1 0.2 0.25 0.4],1)
```

按回车键后可输出数值结果图. (注：在此只告知如何使用命令，运行命令后可看到数值结果图).

若不指定节点，读者可以运行 `[x,y]=ode45(dyfun,[0 0.4],1)` 或 `ode45(dyfun,[0 0.4],1)` 查看运行结果.

数值实验一

1. 利用四阶 Runge-Kutta 格式(MATLAB 程序 rk4.m)，分别取步长 h=0.01,0.05,0.2,

求解初值问题$\begin{cases} y'=x+y \ (0\leqslant x\leqslant 1) \\ y(0)=1 \end{cases}$，并与解析解 $y=-x-1+2e^x$ 进行比较，要求如下.

(1) 对不同步长，考察所有节点处的数值解与解析解的总误差平方和，有何结论?

(2) 取步长 h=0.15，分别用预报-校正格式、Runge-Kutta 格式及 MATLAB 函数 ode45 进行求解，考察所有节点处的数值解与解析解的总误差平方和，有何结论?

参考答案：编写程序 char6shiyan1.m，具体如下.

```
clear
close all
dyfun=@(x,y)x+y;
h=[0.01,0.05,0.2];
wc1=h;    %存放第(1)问的三个误差
for i=1:3
    [x,y]=rk4(dyfun,[0,1],1,h(i));    %调用 rk4.m
    yy=-x-1+2*exp(x);
    wc1(i)=norm(y-yy);    %利用向量 2-范数考察总误差平方和
end
wc1
h=0.45;
[x,y1]=precor(dyfun,[0,1],1,h);    %调用 precor.m
[x,y2]=rk4(dyfun,[0,1],1,h);
[x,y3]=ode45(dyfun,0:h:1,1);
yy=-x-1+2*exp(x);
wc2=[norm(y1-yy),norm(y2-yy),norm(y2-yy)]    %存放第(2)问的三个误差
```

运行后结果如下(此程序与调用程序在同一目录下运行)：

```
>> char6shiyan1
wc1 =
   1.0e-04 *
    0.0000    0.0060    0.7878
wc2 =
    0.0204    0.0000    0.0000
```

wc1 的三个分量分别对应四阶 Runge-Kutta 格式三个不同步长($h=0.01,0.05,0.2$)下节点处的数值解与解析解的总误差平方和，结果表明步长越小，误差越小(但节点增加，计算量增加). wc2 的三个分量分别对应预报-校正格式、四阶 Runge-Kutta 格式及 MATLAB 函数 ode45 三个不同数值方法在步长为 0.15 时节点处的数值解与解析解的总误差平方和，结果表明预报-校正格式的误差比另外两个方法的误差大，四阶 Runge-Kutta 格式及 MATLAB 函数 ode45 的误差几乎一样，因为 MATLAB 函数 ode45 的算法是以四阶 Runge-Kutta 格式为基础的.

6.3　常微分方程组与高阶常微分方程

实际问题中，经常需要求解含多个待求函数的常微分方程组或含高阶导数的高阶常微分方程. 6.1 节、6.2 节介绍的初值问题(6-2)的数值方法都可以推广到一阶常微分方程组，而高阶常微分方程可变换为一阶常微分方程组. 本节通过一些例题介绍一阶常微分方程组、高阶常微分方程求解的数值方法的基本思路及 MATLAB 求解方法，最后对刚性常微分方程(组)进行简单介绍.

6.3.1　常微分方程组

一般地，m 元常微分方程组的初值问题为

$$\begin{cases} \boldsymbol{y}' = \boldsymbol{f}(x, \boldsymbol{y}) \\ \boldsymbol{y}(a) = \boldsymbol{y}_0 \end{cases} \quad (a \leqslant x \leqslant b) \tag{6-13}$$

式中，$\boldsymbol{y} = (y_1, y_2, \cdots, y_m)^{\mathrm{T}}$，$\boldsymbol{f} = (f_1, f_2, \cdots, f_m)^{\mathrm{T}}$，$y_i$ 表示第 i 个待求函数 $(i = 1, 2, \cdots, m)$，$\boldsymbol{y}(a) = (y_1(a), y_2(a), \cdots, y_m(a))^{\mathrm{T}}$，$\boldsymbol{y}_0 = (y_{10}, y_{20}, \cdots, y_{m0})^{\mathrm{T}}$.

将预报-校正格式 $\begin{cases} \tilde{y}_{n+1} = y_n + hf(x_n, y_n) \\ y_{n+1} = y_n + \dfrac{h}{2}[f(x_n, y_n) + f(x_{n+1}, \tilde{y}_{n+1})] \end{cases}$ 改写为向量形式，可得常微分方程组(6-13)的预报-校正格式:

$$\begin{cases} \tilde{\boldsymbol{y}}_{n+1} = \boldsymbol{y}_n + h\boldsymbol{f}(x_n, \boldsymbol{y}_n) \\ \boldsymbol{y}_{n+1} = \boldsymbol{y}_n + \dfrac{h}{2}[\boldsymbol{f}(x_n, \boldsymbol{y}_n) + \boldsymbol{f}(x_{n+1}, \tilde{\boldsymbol{y}}_{n+1})] \end{cases} \tag{6-14}$$

式中，

$$\tilde{\boldsymbol{y}}_{n+1} = (\tilde{y}_{1(n+1)}, \tilde{y}_{2(n+1)}, \cdots, \tilde{y}_{m(n+1)})^{\mathrm{T}}, \qquad \boldsymbol{y}_n = (y_{1n}, y_{2n}, \cdots, y_{mn})^{\mathrm{T}}$$

$$\boldsymbol{f}(x_n, \boldsymbol{y}_n) = (f_1(x_n, y_{1n}, y_{2n}, \cdots, y_{mn}),\ f_2(x_n, y_{1n}, y_{2n}, \cdots, y_{mn}), \cdots, f_m(x_n, y_{1n}, y_{2n}, \cdots, y_{mn}))^{\mathrm{T}}$$

类似地，将四阶 Runge-Kutta 格式(6-12)改写成向量形式，得到常微分方程组(6-13)的四阶 Runge-Kutta 格式，其中黑体表示向量:

$$\begin{cases} \boldsymbol{y}_{n+1} = \boldsymbol{y}_n + \dfrac{h}{6}(\boldsymbol{K}_1 + 2\boldsymbol{K}_2 + 2\boldsymbol{K}_3 + \boldsymbol{K}_4) \\ \boldsymbol{K}_1 = \boldsymbol{f}(x_n, \boldsymbol{y}_n) \\ \boldsymbol{K}_2 = \boldsymbol{f}\left(x_n + \dfrac{h}{2}, \boldsymbol{y}_n + \dfrac{h}{2}\boldsymbol{K}_1\right) \\ \boldsymbol{K}_3 = \boldsymbol{f}\left(x_n + \dfrac{h}{2}, \boldsymbol{y}_n + \dfrac{h}{2}\boldsymbol{K}_2\right) \\ \boldsymbol{K}_4 = \boldsymbol{f}(x_{n+1}, \boldsymbol{y}_n + h\boldsymbol{K}_3) \end{cases} \tag{6-15}$$

例 6-4 步长取 h，写出解方程组

$$\begin{cases} y' = f(x,y,z) \\ y(x_0) = y_0 \\ z' = g(x,y,z) \\ z(x_0) = z_0 \end{cases} \quad (a \leqslant x \leqslant b)$$

的预报-校正格式.

解 令 $\boldsymbol{y} = \begin{pmatrix} y_1 \\ y_2 \end{pmatrix} = \begin{pmatrix} y \\ z \end{pmatrix}$，$\boldsymbol{f} = \begin{pmatrix} f_1 \\ f_2 \end{pmatrix} = \begin{pmatrix} f(x,y,z) \\ g(x,y,z) \end{pmatrix}$，$\boldsymbol{y}(x_0) = \begin{pmatrix} y(x_0) \\ z(x_0) \end{pmatrix}$，$\boldsymbol{y}_0 = \begin{pmatrix} y_0 \\ z_0 \end{pmatrix}$，利用常微分方程组的预报-校正格式(6-14)求解.

由 $\tilde{\boldsymbol{y}}_{n+1} = \boldsymbol{y}_n + h\boldsymbol{f}(x_n, \boldsymbol{y}_n)$ (预报)得

$$\tilde{\boldsymbol{y}}_{n+1} = \begin{pmatrix} \tilde{y}_{1(n+1)} \\ \tilde{y}_{2(n+1)} \end{pmatrix} = \begin{pmatrix} \tilde{y}_{n+1} \\ \tilde{z}_{n+1} \end{pmatrix} = \begin{pmatrix} y_n + hf(x_n, y_n, z_n) \\ z_n + hg(x_n, y_n, z_n) \end{pmatrix}$$

由 $\boldsymbol{y}_{n+1} = \boldsymbol{y}_n + \frac{h}{2}\left[\boldsymbol{f}(x_n, \boldsymbol{y}_n) + \boldsymbol{f}(x_{n+1}, \tilde{\boldsymbol{y}}_{n+1})\right]$(校正)得

$$\boldsymbol{y}_{n+1} = \begin{pmatrix} y_{n+1} \\ z_{n+1} \end{pmatrix} = \begin{pmatrix} y_n + \frac{h}{2}[f(x_n, y_n, z_n) + f(x_{n+1}, \tilde{y}_{n+1}, \tilde{z}_{n+1})] \\ z_n + \frac{h}{2}[g(x_n, y_n, z_n) + g(x_{n+1}, \tilde{y}_{n+1}, \tilde{z}_{n+1})] \end{pmatrix}$$

练习：写出求解例 6-4 的四阶 Runge-Kutta 格式中 $\boldsymbol{K}_1$，$\boldsymbol{K}_2$ 的计算格式.

参考答案：

$$\boldsymbol{K}_1 = \boldsymbol{f}(x_n, \boldsymbol{y}_n) = \begin{pmatrix} f(x_n, y_n, z_n) \\ g(x_n, y_n, z_n) \end{pmatrix}$$

$$\boldsymbol{K}_2 = \boldsymbol{f}\left(x_n + \frac{h}{2}, \boldsymbol{y}_n + \frac{h}{2}\boldsymbol{K}_1\right) = \begin{pmatrix} f\left[x_n + \frac{h}{2}, y_n + \frac{h}{2}f(x_n, y_n, z_n), z_n + \frac{h}{2}f(x_n, y_n, z_n)\right] \\ g\left[x_n + \frac{h}{2}, y_n + \frac{h}{2}f(x_n, y_n, z_n), z_n + \frac{h}{2}f(x_n, y_n, z_n)\right] \end{pmatrix}$$

6.3.2 高阶常微分方程

例 6-5 步长取 h，写出解二阶方程

$$\begin{cases} y'' = f(x,y,y') \\ y(x_0) = y_0 \\ y'(x_0) = y'_0 \end{cases} \quad (a \leqslant x \leqslant b)$$

的预报-校正格式.

解 令 $y' = z$，代入方程，有

$$\begin{cases} y' = z \\ y(x_0) = y_0 \\ z' = f(x, y, z) \\ z(x_0) = y_0' = z_0 \end{cases} \quad (a \leqslant x \leqslant b)$$

仿照例 6-4，有

$$\tilde{\boldsymbol{y}}_{n+1} = \begin{pmatrix} \tilde{y}_{n+1} \\ \tilde{z}_{n+1} \end{pmatrix} = \begin{pmatrix} y_n + hz_n \\ z_n + hf(x_n, y_n, z_n) \end{pmatrix}$$

$$\boldsymbol{y}_{n+1} = \begin{pmatrix} y_{n+1} \\ z_{n+1} \end{pmatrix} = \begin{pmatrix} y_n + \dfrac{h}{2}(z_n + \tilde{z}_{n+1}) \\ z_n + \dfrac{h}{2}[f(x_n, y_n, z_n) + f(x_{n+1}, \tilde{y}_{n+1}, \tilde{z}_{n+1})] \end{pmatrix}$$

一般地，已知一个 n 阶方程

$$y^{(n)} = f(x, y, y', \cdots, y^{(n-1)}) \tag{6-16}$$

设 $y_1 = y$， $y_2 = y'$， $\cdots$， $y_n = y^{(n-1)}$，n 阶方程(6-16)可化为 n 元一阶方程组，即

$$\begin{cases} y_1' = y_2 \\ y_2' = y_3 \\ \cdots\cdots \\ y_{n-1}' = y_n \\ y_n' = f(x, y_1, y_2, \cdots, y_n) \end{cases} \tag{6-17}$$

例 6-6　取步长 h=0.2，利用预报-校正格式写出用如下三阶方程计算 $y(1,2)$的数值结果：

$$\begin{cases} y''' = 2y'' + x^2 y + 1 + x \\ y(1) = 0 \\ y'(1) = 1 \\ y''(1) = 0 \end{cases} \quad (1 \leqslant x \leqslant 1.4)$$

解　设 $y_1 = y$， $y_2 = y'$， $y_3 = y''$，三阶方程可化为三元一阶方程组：

$$\begin{cases} y_1' = y_2 \\ y_2' = y_3 \\ y_3' = f(x, y_1, y_2, y_3) = 2y_3 + x^2 y_1 + 1 + x \\ y_1(1) = 0 \\ y_2(1) = 1 \\ y_3(1) = 0 \end{cases} \tag{6-18}$$

初始值： $\boldsymbol{y}_0 = (y_{10}, y_{20}, y_{30})^{\mathrm{T}} = (0,1,0)^{\mathrm{T}}$， $x_0 = 1$.

预报格式 $\tilde{\boldsymbol{y}}_{n+1} = \boldsymbol{y}_n + h\boldsymbol{f}(x_n, \boldsymbol{y}_n)$ 为

$$\tilde{\boldsymbol{y}}_{n+1}=\begin{pmatrix}\tilde{y}_{1(n+1)}\\ \tilde{y}_{2(n+1)}\\ \tilde{y}_{3(n+1)}\end{pmatrix}=\begin{pmatrix}y_{1n}+hf_1(x_n,y_{1n},y_{2n},y_{3n})\\ y_{2n}+hf_2(x_n,y_{1n},y_{2n},y_{3n})\\ y_{3n}+hf_3(x_n,y_{1n},y_{2n},y_{3n})\end{pmatrix}$$

$$=\begin{pmatrix}y_{1n}+hy_{2n}\\ y_{2n}+hy_{3n}\\ y_{3n}+h(2y_{3n}+x_n^2y_{1n}+1+x_n)\end{pmatrix}$$

校正格式 $\boldsymbol{y}_{n+1}=\boldsymbol{y}_n+\frac{h}{2}[\boldsymbol{f}(x_n,\boldsymbol{y}_n)+\boldsymbol{f}(x_{n+1},\tilde{\boldsymbol{y}}_{n+1})]$ 为

$$\boldsymbol{y}_{n+1}=\begin{pmatrix}y_{1(n+1)}\\ y_{2(n+1)}\\ y_{3(n+1)}\end{pmatrix}=\begin{pmatrix}y_{1n}+\frac{h}{2}\left[y_{2n}+\tilde{y}_{2(n+1)}\right]\\ y_{2n}+\frac{h}{2}\left[y_{3n}+\tilde{y}_{3(n+1)}\right]\\ y_{3n}+\frac{h}{2}\left[2y_{3n}+x_n^2y_{1n}+1+x_n+2\tilde{y}_{3(n+1)}+x_{(n+1)}^2\tilde{y}_{1(n+1)}+1+x_{n+1}\right]\end{pmatrix}$$

$$\tilde{\boldsymbol{y}}_1=\begin{pmatrix}\tilde{y}_{11}\\ \tilde{y}_{21}\\ \tilde{y}_{31}\end{pmatrix}=\begin{pmatrix}y_{10}+hy_{20}\\ y_{20}+hy_{30}\\ y_{30}+h(2y_{30}+x_0^2y_{10}+1+x_0)\end{pmatrix}=\begin{pmatrix}0.2\\ 1\\ 0.4\end{pmatrix}$$

$$\boldsymbol{y}_1=\begin{pmatrix}y_{11}\\ y_{21}\\ y_{31}\end{pmatrix}=\begin{pmatrix}y_{10}+\frac{h}{2}(y_{20}+\tilde{y}_{21})\\ y_{20}+\frac{h}{2}(y_{30}+\tilde{y}_{31})\\ y_{30}+\frac{h}{2}(2y_{30}+x_0^2y_{10}+1+x_0+2\tilde{y}_{31}+x_1^2\tilde{y}_{11}+1+x_1)\end{pmatrix}=\begin{pmatrix}0.2\\ 1.04\\ 0.5288\end{pmatrix}$$

故 $y(1.2)\approx y_{11}=0.2$.

练习：利用预报-校正格式手工计算例 6-6 中 $y(1.4)$的数值结果.

参考答案：0.4186(程序计算见本章数值实验二第 1 题).

6.3.3 常微分方程组与高阶常微分方程的 MATLAB 求解

由于高阶常微分方程及高阶常微分方程组都可以转化为一阶方程组，读者需要重点掌握利用 MATLAB 求解常微分方程(组)的命令(函数)`ode45` 的使用方法，从而解决一些实际问题. `ode45` 的常用格式如下：

```
[x,y]=ode45(odefun,xspan,y0)
```

参数说明：

`odefun` 为一阶方程(组) $\boldsymbol{y}'=\boldsymbol{f}(x,\boldsymbol{y})$ 的右端函数 $\boldsymbol{f}(x,\boldsymbol{y})$；

`xspan` 为待求函数的自变量的节点区间或节点向量；

`y0` 为初值(或初值向量).

例 6-7 用 `ode45` 函数求解例 6-6，取步长 h=0.2，利用预报-校正格式写出用如下

三阶方程计算 $y(1.2)$的数值结果：

$$\begin{cases} y''' = 2y'' + x^2 y + 1 + x \\ y(1) = 0 \\ y'(1) = 1 \\ y''(1) = 0 \end{cases} \quad (1 \leqslant x \leqslant 1.4)$$

解法一 按式(6-18)设置函数 dyfun.

```
>> dyfun=@(x,y)[y(2);y(3);2*y(3)+x^2*y(1)+1+x];
>> [x,y]=ode45(dyfun,[1 1.2 1.4],[0 1 0]);
>> [x y]
ans =
   1.0000         0    1.0000         0
   1.2000    0.2031    1.0492    0.5443
   1.4000    0.4294    1.2452    1.5043
```

注意：最终结果中的第 2 列就是方程的数值解(方程的解析解在节点处的近似值)，且 $y(1.2) \approx 0.2031$.

解法二 先按式(6-18)编写程序 char6_6_6dyfun.m.

```
char6_6_6dyfun(x,y)
f(1)=y(2);f(2)=y(3);f(3)=2*y(3)+x^2*y(1)+1+x;
f=f(:);     %生成列向量 f
```

再在命令框运行如下命令：

```
>> [x,y]=ode45(@char6_6_6dyfun,[1 1.2 1.4],[0 1 0]);     %@不能少
>> [x,y]
ans =
   1.0000         0    1.0000         0
   1.2000    0.2031    1.0492    0.5443
   1.4000    0.4294    1.2452    1.5043
```

注意：最终结果中的第 2 列就是方程的数值解(方程的解析解在节点处的近似值)，且 $y(1.2) \approx 0.2031$.

解法一与解法二各有所长，读者都应掌握.

例 6-8 用 ode45 函数求解如下微分方程组：

$$\begin{cases} x' = -x^3 - y \\ y' = x - y^3 \\ x(0) = 1 \\ y(0) = 0.5 \end{cases} \quad (0 \leqslant t \leqslant 20)$$

并在同一平面画出 $x=x(t)$，$y=y(t)$的近似图像.

解 结果如图 6-3 所示.

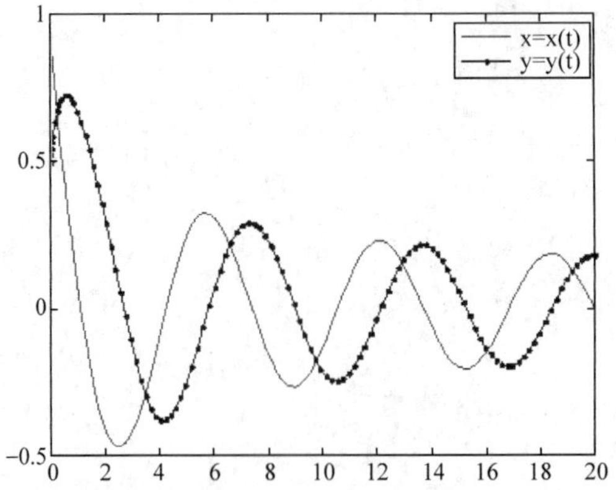

图 6-3 例 6-8 数值结果的可视化

图 6-3 是在 MATLAB 命令框输入如下命令得到的.

```
>> dyfun=@(t,y)[-y(1)^3-y(2);y(1)-y(2)^3];
>> [x,y]=ode45(dyfun,[0 20],[1 0.5]);
>> plot(x,y(:,1),'r-'); hold on
>> plot(x,y(:,2),'b.-');
>> legend('x=x(t)','y=y(t)')
```

例 6-9 (实际应用题) 已知 Appolo 卫星的运动轨迹(x,y)满足如下方程:

$$\begin{cases}\dfrac{\mathrm{d}^2x}{\mathrm{d}t^2}=2\dfrac{\mathrm{d}y}{\mathrm{d}t}+x-\dfrac{\lambda(x+\mu)}{r_1^3}-\dfrac{\mu(x-\lambda)}{r_2^3}\\ \dfrac{\mathrm{d}^2y}{\mathrm{d}t^2}=-2\dfrac{\mathrm{d}x}{\mathrm{d}t}+y-\dfrac{\lambda y}{r_1^3}-\dfrac{\mu y}{r_2^3}\end{cases}$$

其中, $\mu=1/82.45$, $\lambda=1-\mu$, $r_1=\sqrt{(x+\mu)^2+y^2}$, $r_2=\sqrt{(x+\lambda)^2+y^2}$. 在初值 $x(0)=1.2$, $x'(0)=0$, $y(0)=0$, $y'(0)=-1.04935371$ 下求解并绘制范围 $0\leqslant t\leqslant 24$ 内 Appolo 卫星的运动轨迹图.

解 设 $y_1=x$, $y_2=x'$, $y_3=y$, $y_4=y'$, 方程组可化为一阶方程组:

$$\begin{cases}y_1'=y_2\\ y_2'=2y_4+y_1-\dfrac{\lambda(y_1+\mu)}{r_1^3}-\dfrac{\mu(y_1-\lambda)}{r_2^3}\\ y_3'=y_4\\ y_4'=-2y_2+y_3-\dfrac{\lambda y_3}{r_1^3}-\dfrac{\mu y_3}{r_2^3}\\ y_1(0)=1.2\\ y_2(0)=0\\ y_3(0)=0\\ y_4(0)=-1.04935371\end{cases}\tag{6-19}$$

按式(6-19)编写程序 char6_6_9dyfun.m.

```
function f=char6_6_9dyfun(t,y)
Mu=1/82.45;Lambada=1-Mu;
r1=sqrt((y(1)+Mu)^2+y(3)^2);
r2=sqrt((y(1)+Lambada)^2+y(3)^2);f(1)=y(2);
f(2)=2*y(4)+y(1)-Lambada*(y(1)+Mu)/r1^3-Mu*(y(1)-Lambada)/r2^3;
f(3)=y(4);
f(4)=-2*y(2)+y(3)-Lambada*y(3)/r1^3-Mu*y(3)/r2^3;f=f(:);
```

再在命令框运行如下命令：

```
>>[t,y]=ode45(@char6_6_9dyfun,[0,24],[1.2,0,0,-1.04935371]);
>> plot(y(:,1),y(:,3),'LineWidth',2)
```

结果如图 6-4 所示.

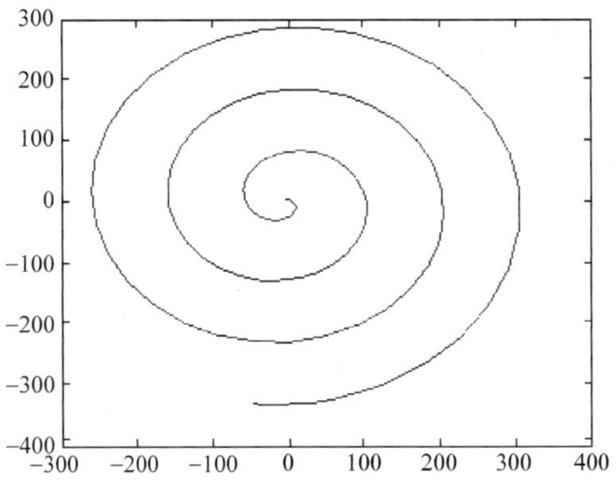

图 6-4　Appolo 卫星的运动轨迹

练习：用 ode45 函数求解如下微分方程：

$$\begin{cases} 2x''(t)-5x'(t)-3x(t)=45e^{2t} \\ x(0)=2 \\ x'(0)=1 \end{cases} \qquad (0\leqslant t\leqslant 2)$$

并画出 $x=x(t)$的近似图像(数值解图像).

参考答案：令 $y_1=x$， $y_2=x'$，将二阶方程化为二元一阶方程组，为

$$\begin{cases} y_1'=y_2 \\ y_2'=0.5(5y_2+3y_1+45e^{2t}) \\ y_1(0)=2 \\ y_2(0)=1 \end{cases}$$

在 MATLAB 命令框输入如下命令：

```
>> clear
>> dyfun=@(t,y)[y(2);0.5*(5*y(2)+3*y(1)+45*exp(2*t))];
```

```
>> [t,y]=ode45(dyfun,[0,2],[2,1]);
>> plot(t,y(:,1))
```

按回车键可得数值解图像，如图 6-5 所示.

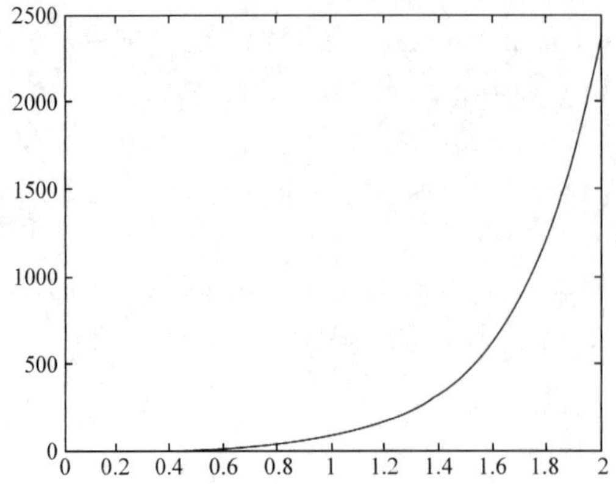

图 6-5 数值解图像

*6.3.4 刚性常微分方程(组)

什么是刚性常微分方程(组)？考虑常微分方程组

$$\begin{cases} y' = -0.01y - 99.99z \\ y(0) = 2 \\ z' = -100z \\ z(0) = 1 \end{cases} \tag{6-20}$$

其解析解为 $y = \mathrm{e}^{-0.01x} + \mathrm{e}^{-100x}, z = \mathrm{e}^{-100x}$. 当 $x \to \infty$ 时，尽管 $y \to 0$， $z \to 0$，但两者趋于 0 的速度相差悬殊. y，z 必须同步计算，一方面，由于 z 下降太快，为了保持数值稳定性，步长需要足够小；另一方面，由于 y 下降太慢，步长太小会消耗太多的计算时间. 常微分方程组描述的是事物变化过程的规律，若这个变化过程包含着多个相互作用但变化速度相差悬殊的子过程，就认为这样一类过程具有“刚性”. 描述这类过程的常微分方程组初值问题称为**刚性**(stiff)常微分方程组，如式(6-20)就是一个刚性常微分方程组. 一般地，刚性常微分方程组的数学定义如下：对于 n 阶常微分方程组

$$\boldsymbol{y}' = \boldsymbol{A}\boldsymbol{y} + \boldsymbol{f}(x) \tag{6-21}$$

若系数矩阵 $\boldsymbol{A}$ 的特征值 $\lambda_1, \lambda_2, \cdots, \lambda_n$ 的实部 $\mathrm{Re}(\lambda_i) \leqslant 0 \ (i = 1, 2, \cdots, n)$，称

$$S = \frac{\max\limits_{1 \leqslant i \leqslant n} |\mathrm{Re}(\lambda_i)|}{\min\limits_{1 \leqslant i \leqslant n} |\mathrm{Re}(\lambda_i)|} \tag{6-22}$$

为式(6-21)的**刚性比**(stiff ratio). 当刚性比很大时，称式(6-21)为刚性常微分方程组. 式(6-20)的刚性比为 $100/0.01 = 10000$. 对于一般的常微分方程组(6-13)，可用 Jacobi 矩阵 $\boldsymbol{J} = \left(\dfrac{\partial \boldsymbol{f}}{\partial y_i}\right)_{m \times m}$ 代替式(6-21)的系数矩阵 $\boldsymbol{A}$ 进行分析. 高阶常微分方程都可以转化为常微

分方程组，若转化的常微分方程组是刚性的，则这个高阶常微分方程就是刚性常微分方程.

刚性常微分方程组的数值解只有在时间间隔很小时才会稳定，只要时间间隔略大，其解就会不稳定. 目前很难精确地定义哪些常微分方程组是刚性常微分方程组，实际应用中一般考察式(6-21)中系数矩阵 A 中的元素值是否差异巨大，元素值差异巨大的一般视作刚性常微分方程组.

刚性常微分方程组造成的问题是，ode45 等显式 MATLAB 求解器(MATLAB 求解函数)获取解的速度慢得令人无法忍受. 这是将 ode45(包括 ode23 和 ode113)归类为非刚性求解器的原因所在. 专用于刚性常微分方程组的求解器称为刚性求解器，它们通常在每一步中完成更多的计算工作. 这样做的好处是，它们能够采用大得多的步长，并且与非刚性求解器相比提高了数值稳定性.

MATLAB 拥有四个专用于刚性常微分方程组的求解器：ode15s，ode23s，ode23t，ode23tb(使用方法与 ode45 类似). 对于大多数刚性问题，ode15s 的性能最佳. 但如果问题允许较宽松的误差容限，ode23s，ode23t 和 ode23tb 可能更加高效.

例 6-10　VanderPol 方程为二阶常微分方程：

$$y_1'' - \mu(1-y_1^2)y_1' + y_1 = 0$$

其中，$\mu>0$ 为标量参数. 当 $\mu=1$ 时，生成的常微分方程组为非刚性常微分方程组，可以使用 ode45 轻松求解. 但如果将 μ 增大至 1000，解会发生显著变化，并会在明显更长的时间段中显示振荡. 求初始值问题的近似解变得更加复杂. 由于此特定问题是刚性问题，专用于非刚性问题的求解器(如 ode45)的效率非常低下且不切实际. 针对此问题应改用 ode15s 等刚性求解器. 通过执行代换 $y_1' = y_2$，将该 VanderPol 方程重写为一阶常微分方程组. 生成的一阶常微分方程组为

$$\begin{cases} y_1' = y_2 \\ y_2' = \mu(1-y_1^2)y_2 - y_1 \end{cases}$$

vdp1000 函数使用 $\mu=1000$ 计算 VanderPol 方程.

```
function dydt=vdp1000(t,y)
%vdp1000  evaluate the VanderPol ODEs for mu=1000.
% See also ode15s, ode23s, ode23t, ode23tb.
% Jacek Kierzenka and Lawrence F. Shampine
% Copyright 1984-2014 The MathWorks, Inc.
dydt=[y(2); 1000*(1-y(1)^2)*y(2)-y(1)];
```

使用 ode15s 函数和初始条件向量[2;0]，在时间区间[0 3000]上计算此题.

```
>> [t,y] = ode15s(@vdp1000,[0 3000],[2; 0]);
>> plot(t,y(:,1),'-o');
>> title('VanderPol 方程的数值解，参数值为 1000');
>> xlabel('时间 t');
>> ylabel('数值解');
```

结果如图 6-6 所示.

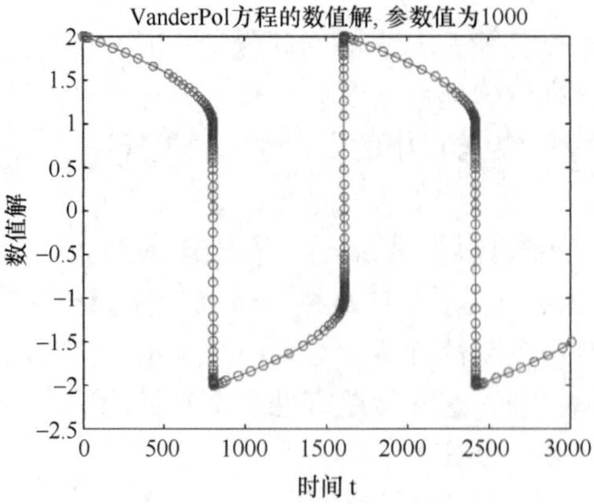

图 6-6　例 6-10 的数值解图像

数值实验二

1. 利用常微分方程组(6-13)的预报-校正格式(6-14)编写 MATLAB 程序来求解例 6-6.
参考答案: 先编写常微分方程组预报-校正格式(6-14)的 MATLAB 程序 mprecor.m.

```
function [x,y]=mprecor(dyfun,xspan,y0,h)
% $Copyright Zhigang zhou$.
x=xspan(1):h:xspan(2);
n=length(x);
y=zeros(length(y0),n);
y(:,1)=y0(:);
for i=1:n-1
    k1=dyfun(x(i),y(:,i));
    y(:,i+1)=y(:,i)+h*k1;
    k2=dyfun(x(i+1),y(:,i+1));
    y(:,i+1)=y(:,i)+h*(k1+k2)*0.5;
end
x=x';y=y';
```

再编写函数文件 char6_6_6dyfun.m.

```
function f=char6_6_6dyfun(x,y)
f(1)=y(2);
f(2)=y(3);
f(3)=2*y(3)+x^2*y(1)+1+x;
```

```
f=f(:);      %生成列向量
```

将以上两个文件存放在 MATLAB 当前目录下，在命令框按如下方式运行：

```
>> [x,y]=mprecor(@char6_6_6dyfun,[1 1.4],[0 1 0],0.2);
>> [x,y]
ans =
    1.0000         0    1.0000         0
    1.2000    0.2000    1.0400    0.5288
    1.4000    0.4186    1.2167    1.4509
```

注意：最终结果中的第 1 列表示节点数据，第 2 列是方程的解析解在节点处的数值解，第 3 列是方程的解析解的一阶导函数在节点处的数值解，第 4 列是方程的解析解的二阶导函数在节点处的数值解. 根据第 2 列可知，$y(1,2)\approx 0.2$，同时也可知 $y(1.4)\approx 0.4186$.

2. 利用 ode45 函数求解如下微分方程组(竖直加热板的自然对流)：

$$\begin{cases}\dfrac{\mathrm{d}^3 f}{\mathrm{d}\eta^3}+3f\dfrac{\mathrm{d}^2 f}{\mathrm{d}\eta^2}-2\left(\dfrac{\mathrm{d}f}{\mathrm{d}\eta}\right)^2+T=0\\ \dfrac{\mathrm{d}^2 T}{\mathrm{d}\eta^2}+2.1f\dfrac{\mathrm{d}T}{\mathrm{d}\eta}=0\\ f(0)=0\\ f'(0)=0\\ f''(0)=0.68\\ T(0)=1\\ T'(0)=-0.5\end{cases}\qquad (0\leqslant\eta\leqslant 10)$$

并在同一平面画出 $f=f(\eta)$，$T=T(\eta)$ 的近似图像(数值解图像).

参考答案：设 $y_1=f$，$y_2=f'$，$y_3=f''$，$y_4=T$，$y_5=T'$，方程可化为一阶方程组：

$$\begin{cases}y_1'=y_2\\ y_2'=y_3\\ y_3'=-3y_1y_3+2y_2^2-y_4\\ y_4'=y_5\\ y_5'=-2.1y_1y_5\\ y_1(0)=0\\ y_2(0)=0\\ y_3(0)=0.68\\ y_4(0)=1\\ y_5(0)=-0.5\end{cases}$$

在 MATLAB 命令框输入如下命令：

```
>> clear
>>dyfun=@(Eta,y)[y(2);y(3);-3*y(1)*y(3)+2*y(2)^2-y(4);y(5);
…-2.1*y(1)*y(5)];
>> [Eta,y]=ode45(dyfun,[0,10],[0,0,0.68,1,-0.5]);
>> plot(Eta,y(:,1),'r',Eta,y(:,4),'b.-','LineWidth',2)
>> legend('f','T')     %显示图例说明
```

结果如图 6-7 所示.

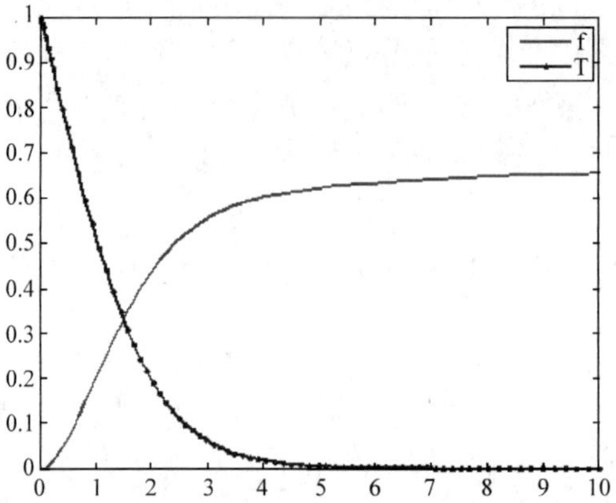

图 6-7 第 2 题的数值解图像

本 章 小 结

本章首先介绍了非刚性一阶常微分方程初值问题的常用数值方法，即 Euler 格式、预报-校正格式、四阶 Runge-Kutta 格式；然后将这些方法推广到高阶常微分方程及常微分方程组；最后介绍了基于 MATLAB 的非刚性常微分方程(组)的求解方法，这个是读者应重点掌握的. 本章对刚性常微分方程(组)也做了简单介绍，有兴趣的读者可以参阅相关资料做进一步深入了解.

第 7 章　MATLAB 基　础

MATLAB 是 Matrix 和 Laboratory 的组合，意为矩阵工厂(矩阵实验室). MATLAB 是由美国 MathWorks 公司发布的主要面对科学计算、可视化及交互式程序设计的高科技计算环境. MATLAB 和 Mathematica、Maple 并称为三大数学软件. MATLAB 在数值计算方面首屈一指. MATLAB 可以进行矩阵运算、绘制函数和数据、实现算法、创建用户界面、连接其他编程语言的程序等，主要应用于工程计算、控制设计、信号处理与通信、图像处理、信号检测、金融建模设计与分析等领域.

MATLAB 的基本数据单位是矩阵，它的指令表达式与数学、工程中常用的形式十分相似，使用 MATLAB 软件进行科学计算，能够极大地减少用户在编写程序和开发算法方面所消耗的时间与经费支出. 在欧美各高等学校，MATLAB 软件成为“数值分析”“线性代数”“自动控制理论”“数字信号处理”“时间序列分析”“动态系统仿真”“图像处理”等诸多课程的基本教学工具，MATLAB 也在实验室或公司中广泛应用. MATLAB 成为本科生、硕士生和博士生必须掌握的基本技能. 本章以 MATLAB 2012 版介绍 MATLAB 基础知识.

7.1　MATLAB 基本操作

7.1.1　变量

MATLAB 的变量名必须以字母开头，变量名的组成可以是任意字母、数字或者下划线，但不能含有空格和标点符号(如，等). 例如，“`6ABC`”“`AB%C`”都是不合法的变量名. 变量名区分字母的大小写. 例如，“`a`”和“`A`”是不同的变量. 变量名不能超过 63 个字符，第 63 个字符后的字符被忽略. 关键字(如 `if`、`while` 等)不能作为变量名. MATLAB 有一些自己的特殊变量，当 MATLAB 启动时它们驻留在内存.

在 MATLAB 中系统将计算的结果自动赋给名为“`ans`”的变量. 不要重新定义表 7-1 中 MATLAB 内部预定义变量的值，否则将制造出小而难以发现的错误.

表 7-1　特殊变量表

特殊变量	取值	特殊变量	取值
`ans`	运算结果的默认变量名	`i` 或 `j`	$i = j = \sqrt{-1}$
`pi`	圆周率π	`nargin`	函数的输入变量数目
`eps`	计算机的最小数	`nargout`	函数的输出变量数目
`inf`	无穷大，如 1/0	`realmin`	最小的可用正实数
`NaN` 或 `nan`	非数，如 0/0、∞/∞、0×∞	`realmax`	最大的可用正实数

在 MATLAB 的运算中，经常要使用标量、向量、矩阵和数组. 标量是指 1×1 的矩阵，

即只含一个数的矩阵. 向量是指 $1\times n$ 或 $n\times 1$ 的矩阵，即只有一行或者一列的矩阵. 矩阵是一个矩形的数组,即二维数组,其中向量和标量都是矩阵的特例,0×0 矩阵为空矩阵. 数组是指 n 维的数组，为矩阵的延伸，其中矩阵和向量都是数组的特例，数组是 MATLAB 最基本的概念. 读者务必要注意的是,MATLAB 语句中的标点符号必须在英文状态输入，中文状态输入的标点符号 MATLAB 不会识别，将中文 Office 软件输入的表达式复制到 MATLAB 程序或命令框运行时往往造成语法错误.

7.1.2 标量的算术符号

MATLAB 标量的基本运算符见表 7-2.

表 7-2 标量的基本运算符号

	符号				
	+	−	*	/	^
功能	加	减	乘	除	幂

通过等号可以将表达式的值赋给变量，见如下示例.

```
>>a=(2*3-5+3)^3/4
a =
    16
```

把分号放在表达式的末尾可以使计算机不显示结果(但计算机内部保存了结果).

MATLAB 默认显示五位有效数字，如

```
>>pi
ans =
    3.1416
```

输入命令 format long，如

```
>>format long;
>>pi
ans =
   3.141592653589793
```

再继续输入命令 format short，返回默认的五位有效数字输出格式.

7.1.3 内建函数

表 7-3 是常用的 MATLAB 内建函数.

表 7-3 MATLAB 内建函数

函数	定义	函数	定义	函数	定义
abs	绝对值	log10	以 10 为底的对数	imag	复数虚部
exp	指数函数	sqrt	平方根	angle	复数幅角
sin	正弦	factorial	阶乘	conj	复数共轭
cos	余弦	fix	向 0 取整	real	复数实部
tan	正切	floor	向$-\infty$取整	mod	模余

续表

函数	定义	函数	定义	函数	定义
cot	余切	ceil	向+∞取整	nchoosek	组合数
log	自然对数 ln	round	四舍五入取整		

例如，求解 $\sqrt{4}\cdot\sin\frac{\pi}{2}\cdot\ln e^3$

```
>>sqrt(4)*sin(pi/2)*log(exp(3))
ans =
     6
```

读者可以通过选择 Help→Function Browser→Mathematics→Elementary Math 查阅 MATLAB 内部基本运算函数的使用方法，如三角函数、对数函数等.

7.1.4 数组的基本操作及运算

数组中的单个数据是可以被访问的，访问的方法是数组名后带一个括号，括号内是这个数据所对应的行标和列标. 如果这个数组是一个行向量或列向量，则只需要一个下标. 例如，在命令框输入并运行如下命令：

```
>>a=[1 2 3];     % a 是行向量
>>b=a(2)     %访问 a 的第二个元素
b =
     2
>>c=[1 3 5;4 7 3];     % [ ]表示构成矩阵,分号分隔行,空格分隔元素
>>b=c(1,3)     %访问 c 第一行第三列的元素
b =
     5
z=c(4)     %矩阵元素的顺序是按列排列的,即元素按先后次序排列为 1,4,3,7,5,3
z =
     7
```

有两种常用方法可以得到等差数列构造的一维数组：冒号运算或 linspace 函数.

```
>>b=0:3:10     %公差是 3
b =
     0     3     6     9
>>b=0:10     %默认公差为 1
b =
     0     1     2     3     4     5     6     7     8     9    10
>>b=10:-3:0
b =
    10     7     4     1
```

```
>>a=linspace(0,10,5)     %将区间[0,10]等分成 5-1 份
a =
          0    2.5000    5.0000    7.5000   10.0000
```

MATLAB 变量的矩阵赋值：①矩阵元素应用方括号括住；②每行内的元素间用逗号或空格隔开；③行与行之间用分号或通过按回车键隔开；④元素可以是数值或表达式. 例如，

```
>>a=[1+2 4 5;2*4 5 7-1]
a =
     3     4     5
     8     5     6
```

注意：为矩阵赋值时，矩阵每一行元素的个数必须完全相同，每一列元素的个数也必须完全相同，否则编译时将会出现错误. 好的编程习惯为，在 MATLAB 赋值语句后加上一个分号，禁止变量值在命令窗口的显示，这将大大提高编译的速度. 如果在调试程序时需要检测一个语句的结果，把该语句后的分号去掉，结果就会出现在命令窗口. 如果在赋值语句执行时变量已经存在，那么这个变量原有的值将被覆盖.

MATLAB 提供了很多能够产生特殊矩阵的函数，由矩阵生成函数产生特殊矩阵. 常用的矩阵生成函数有：`zeros(n)`，创建一个 n×n 的零矩阵；`zeros(n,m)`，创建一个 n×m 的零矩阵；`ones(n)`，创建一个 n×n 的元素全为 1 的矩阵；`ones(n,m)`，创建一个 n×m 的元素全为 1 的矩阵；`eye(n)`，创建一个 n×n 的单位矩阵，当 `eye(m,n)` 的参数 m 和 n 不相等时，单位矩阵会出现全零行或列.

`length(a)`，返回向量 a 的长度或二维数组 a 中最长的那一维的长度；`size(a)`，返回指定数组 a 的行数和列数.

可以通过多种方法对矩阵的组成部分进行操作. 例如，

```
>>a=[1 2 3;4 5 6];b=[7 8 9;10 11 12];
>>a1=reshape(a,3,2)     %数组重排
a1 =
     1     5
     4     3
     2     6
>>a2=[a,b]     % 按列组合矩阵 a,b
a2 =
     1     2     3     7     8     9
     4     5     6    10    11    12
>>a2=[a;b]     % 按行组合矩阵 a,b
a2 =
     1     2     3
     4     5     6
```

```
     7     8     9
    10    11    12
>>a3=a(1:2,2:3)
a3 =
     2     3
     5     6
>>b(:,1:2)=a(:,1:2)     % 逗号前面的冒号表示取定所有行
b =
     1     2     9
     4     5    12
>>[m,n]=find(a==5)
%找矩阵 a 中元素为 5 的行和列的位置，==为"是否相等"逻辑运算
m =
     2
n =
     2
```

数组运算是数组对应元素之间的运算，也称点运算. 尽管矩阵也是数组，也有数组运算，但矩阵有自己特有的运算. 矩阵运算规则是按照线性代数运算法则定义的，数组运算是按数组的元素逐个进行的. 请读者务必注意矩阵与数组在乘法、乘方、除法(矩阵的逆)等运算法则及运算命令记号上的区别. 矩阵和数组的常用运算对比见表 7-4. 例如，

```
>>d=[1 2;3 4],d1=d'     %d1 是 d 的转置
d =
     1     2
     3     4
d1 =
     1     3
     2     4
>>d2=d*d1,d3=d.*d1     %d2 是矩阵乘法，d3 是数组乘法(点乘)
d2 =
     5    11
    11    25
d3 =
     1     6
     6    16
>>d^2     % 矩阵乘积 d*d，矩阵的乘方
ans =
     7    10
    15    22
```

```
>>d.^2     % 矩阵 d 的每个元素进行平方运算，数组的乘方
ans =
     1     4
     9    16
```

表 7-4 矩阵和数组的常用运算对比表

数组运算		矩阵运算	
命令	含义	命令	含义
A+B	对应元素相加	A+B	与数组运算相同
A-B	对应元素相减	A-B	与数组运算相同
S.*B	标量 S 分别与 B 的元素相乘	S*B	与数组运算相同
A.*B	数组对应元素相乘	A*B	维数相同的矩阵的乘积
A.\B	左除，B 的元素被 A 的对应元素除	A\B	左除，inv(A)* B
A./B	右除，A 的元素被 B 的对应元素除	A/B	右除，A* inv(B)
A.^S	A 的每个元素自乘 S 次	A^S	矩阵 A 为方阵时，自乘 S 次
A.^S(S 为小数)	对 A 的各元素分别求非整数幂，得出矩阵	A^S(S 为小数)	方阵 A 的非整数次乘方
S.^B	分别以 B 的元素为指数求幂值	S^B	B 为方阵时，标量 S 的矩阵乘方
A.′	非共轭转置，相当于 conj(A′)	A′	共轭转置(A 的元素可以为实数，也可以为复数)

矩阵 A 常用的内建函数还有：det(A)，求方阵 A 的行列式；sum(A)，求 A 每列的元素和，结果是个向量；mean(A)，求 A 每列的均值，结果是个向量；max(A)，求 A 每列的最大元素，结果是个向量；min(A)，求 A 每列的最小元素，结果是个向量；abs(A)，把 A 的每个元素求绝对值(或求模，若 A 的元素是复数). MATLAB 内建函数也可以用于数组，是按每个元素进行相应运算的，如

```
>>b=[1 2;3 4];cos(b)
ans =
    0.5403   -0.4161
   -0.9900   -0.6536
```

7.1.5 关系与逻辑运算

MATLAB 的关系运算和逻辑运算符见表 7-5.

表 7-5 关系运算和逻辑运算符

运算符	含义	运算符	含义	运算符	含义
<	小于	>=	大于等于	&	与
<=	小于等于	==	等于	|	或
>	大于	~=	不等于	~	非

例如，

```
>>a=-2:4,b=4:-1:-2
a =
  -2    -1     0     1     2     3     4
b =
   4     3     2     1     0    -1    -2
>>a>b
ans =
     0     0     0     0     1     1     1
>>a==b     %两个等号
ans =
     0     0     0     1     0     0     0
>>a&b
ans =
     1     1     0     1     0     1     1
>>a|b
ans =
     1     1     1     1     1     1     1
```

7.1.6 数据输出格式

在 MATLAB 中有许多方法可以显示输出的数据. 最简单的方法是 7.1.4 小节提到的去掉语句末的分号，去掉语句末的分号后结果将显示在命令窗口中. MATLAB 的默认格式是精确到小数点后第四位. 如果一个数太大或太小，将会以科学记数法的形式显示该数. 例如，

```
>>x = 100.11,y = 1001.1,z = 0.00010011
x =
  100.1100
y =
  1.0011e+03
z =
  1.0011e-04
```

改变默认输出格式要用到 format 命令，可根据表 7-6 改变数据的输出格式.

表 7-6 常用输出格式

format 命令	结果	例子
format short	保留小数点后 4 位(默认格式)	12.3457
format long	保留小数点后 15 位	12.345678901234567
format long e	小数点后有 15 位有效数字的科学记数法	1.234567890123457e+001

续表

format 命令	结果	例子
format rat	两个整数的比，即有理数格式	1000/81
format +	只显示这个数的正负	+

利用 fprintf 函数格式化输出数据到命令窗口也是常用的方法. fprintf 函数允许程序员控制显示数据的方式. 它在命令窗口打印一个数据的一般格式为 fprint (string,data)，其中 string 为描述打印数据方式的字符串，data 代表要打印的一个或多个标量或数组. 字符串 string 包括两方面的内容：一方面是打印内容的文本提示；另一方面是打印的格式，常用格式的控制字符见表 7-7. 例如，

```
>>fprintf('The value of pi is %6.2f \n',pi)
The value of pi is   3.14
```

“%6.2f”代表 pi 为浮点数，将占有 6 个字符宽度，小数点后有 2 位小数. “\n”表示输出数据后换行.

表 7-7　fprintf 函数 format string 中的常用特殊字符

format string	结果
%c	输出单个字符
%s	输出字符串
%d	把值作为整数来处理
%e	用科学记数法来显示数据
%f	用于格式化浮点数，并显示这个数
%g	根据数据的长短自动选择用科学记数格式或浮点数格式显示
\n	转到新的一行

fprintf 函数有一个缺点，即只能显示复数的实部. 当计算结果是复数时，这个局限性将会产生错误. 在这种情况下，最好用 disp 函数显示数据.

例如，用下列语句计算复数 x 的值，并分别用 fprintf 和 disp 显示结果：

```
>>x=2*(1-2*i);
>>s=['disp: x = ' num2str(x)];
>>disp(s);
>>fprintf('fprintf: x = %8.4f\n',x);
disp: x = 2-4i
fprintf: x =   2.0000
```

注意：frpintf 忽略了虚部，在有复数参加或产生的计算中，可能显示错误的结果(只是显示错误，计算机存储的变量结果不会错).

7.1.7　MATLAB M 文件

M 文件(以. m 结尾的文件)有两种形式：M 脚本文件和 M 函数文件. MATLAB 的 M 文件是通过 M 文件编辑／调试器窗口(Editor／Debugger)来创建的. 单击 MATLAB 桌面上的□图标，可打开空白的 M 文件编辑器，或者选择 File→Open，通过打开已有的 M 文件来打开 M 文件编辑器.

M 脚本文件的特点：①脚本文件中的命令格式和前后位置，与在命令窗口中输入的没有任何区别；②MATLAB 在运行脚本文件时，只是简单地按顺序从文件中读取一条条命令，送到 MATLAB 命令窗口中去执行；③与在命令窗口中直接运行命令一样，脚本文件运行产生的变量都驻留在 MATLAB 的工作空间中，可以很方便地查看变量，除非用 clear 命令清除；④脚本文件的命令也可以访问工作空间的所有数据，因此要注意避免变量覆盖造成的程序出错.

单击 MATLAB 桌面上的□图标，打开 M 文件编辑器，在 M 文件编辑／调试器窗口中输入：

```
%test1，画曲线
clear
clc
t=[0:0.02:4];
f=exp(-2*t). *sin(t);
plot(t, f)
```

结果如图 7-1 所示.

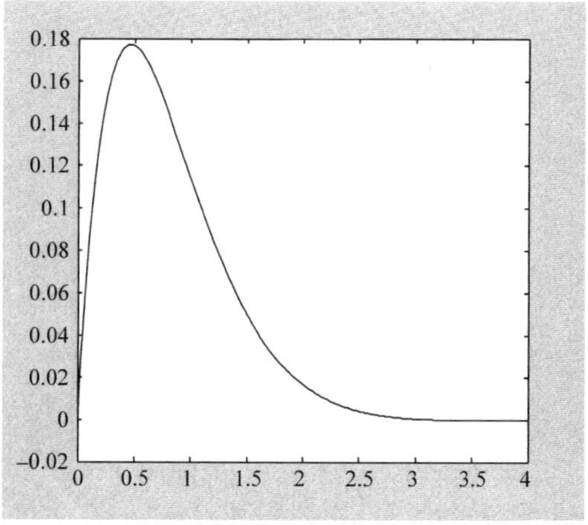

图 7-1　曲线图

将命令全部写入 M 文件编辑器中，保存为 test1.m，文件的第一行是注释行，方便程序员通过 help 函数查询 test1.m 的功能. 在 M 文件编辑器选择 Debug→Run，或者在命令框输入文件名 test1(无须输入后缀. m)，按回车键，可以运行 M 脚本文件 test1.m，在图形窗口中可以看到如图 7-1 所示的曲线.

一般地，在程序运行前首先运行 clear，删除工作空间的变量，可以避免工作空间一些变量值的干扰，clc 用于清除命令框中的命令.

M 函数文件的特点：

(1) 第一行总是以“function”引导的函数声明行，函数声明行的格式为

function[输出变量列表]=函数名(输入变量列表)

或

function 函数名(输入变量列表)

(2) M 函数文件在运行过程中产生的变量都存放在函数本身的工作空间.

(3) 函数的工作空间随具体的 M 函数文件的调用而产生，随调用结束而删除，是独立的、临时的.

(4) 执行完最后一条命令就结束函数文件的运行，同时函数工作空间中没有被输出的变量会被清除.

例如，在 M 文件编辑/调试器窗口编写计算两个数的和、差、积的 M 函数文件，并在 MATLAB 命令窗口中调用该文件. 创建此 M 函数文件并调用的步骤具体如下.

(1) 编写函数代码.

```
function [z1,z2,z3]=test2(a,b)
%test2,求两个数的和、差、积
z1=a+b;z2=a-b;z3=a*b;z4=3*a;
```

(2) 将函数文件保存为 test2.m. 在弹出的对话框中只需输入文件名 test2 即可，文件名最好与函数名保持一致.

(3) 在 MATLAB 命令窗口输入并运行以下命令：

```
>>clear
>>clc
>>[a,b,c]=test2(2,5)
a =
     7
b =
    -3
c =
    10
```

程序分析：函数文件 test2.m 运行完后 z1 的值赋给了 a 并进行了输出，z2 的值赋给了 b 并进行了输出，z3 的值赋给了 c 并进行了输出，z4 没有输出，此时工作空间只有变量 a,b,c，变量 z4 的值没有输出，随着 test2. m 的运行完毕而被清除.

用户利用 M 函数文件自定义一个函数后，就可以像使用内建函数一样使用该函数. 例如，自定义一个函数 $g(x)=\mathrm{e}^x+x^2$：

```
function y=g(x)
y=exp(x)+x.^2;      %“.”保证了当 x 为标量或数组时都可以进行计算，若省略
```

"."，当 x 取某些数组时，MATLAB 会报错

将以上文件命名为 g.m，则任何其他函数都可以在 MATLAB 中调用它. 例如，

```
>>sin(g(3))
ans =
   -0.7251
>>x=1:4;
>>g(x)
ans =
  3.7183   11.3891   29.0855   70.5982
>>x=[1 2 3;3 4 6];
>>g(x)
ans =
    3.7183   11.3891   29.0855
   29.0855   70.5982  439.4288
```

另外，在实际应用中，有时需要用到求函数值的另一个命令 feval，这个命令需要将函数名作为字符串进行调用. 例如，

```
>>x=[1 2 3;3 4 6];
>>feval('g',x)     %引号必须写
ans =
    3.7183   11.3891   29.0855
   29.0855   70.5982  439.4288
```

注意：(1) M 脚本文件、M 函数文件必须在程序编辑窗口中编写，不能在命令窗口中编写.

(2) M 脚本文件和 M 函数文件的命名规则与 MATLAB 变量的命名规则相同.

(3) M 函数文件可以有多个输出或输入参数.

(4) M 脚本文件与 M 函数文件的一个根本区别是，M 函数文件创建的变量是局部变量，在工作空间是找不到的，而 M 脚本文件创建的变量是全局变量. 因此，若用户不必访问脚本文件中的所有变量，最好使用函数文件，这将避免变量名"弄乱"工作空间，同时可以减少内存需求.

(5) 执行 M 函数文件时应在命令窗口中输入文件名并输入参数值，不能像 M 脚本文件那样在编辑器的 Editor 工具条中选择 Run 来执行.

(6) M 函数文件可以被 M 脚本文件或其他 M 函数文件调用. 例如，建立用户自定义函数 $y=f(x)$，调用了自定义函数 $g(x)=\mathrm{e}^x+x^2$，编写好函数 $y=f(x)$ 并保存为 f.m.

```
function y=f(x)
     y=x+g(x);
```

在命令框输入 y=f(1)，按回车键得

```
>>y=f(1)
y =
   4.7183
```

另外，修改完 M 脚本文件或 M 函数文件的某行命令后必须再次保存它.

7.1.8 匿名函数

匿名函数是 MATLAB 定义函数的另一种形式，它不以文件形式驻留在文件夹中. 它的生成方式最简捷，可在命令窗口或 M 文件中通过命令直接生成，使用非常方便. 其使用格式为

fun=@(参数 1，参数 2，…) 函数表达式

```
>>y=@(x)x.^2;
>>y(3)
ans =
     9
>>t=1:4;
>>y(t)
ans =
     1     4     9    16
>>z=@(x,y)x.^2+y.^2;
>>z(2,3)
ans =
    13
```

7.1.9 MATLAB 的数据类型

MATLAB 中有 15 种基本数据类型，常用的数据类型是数值类型(包括整型、浮点型等)、逻辑类型、字符型、结构、元胞(单元格)、函数句柄等，见表 7-8. 使用 class(变量名)可以查阅变量的数据类型. 数值类型有整型和实数型. 整型数之间的运算是封闭的，整型数相除，对结果四舍五入得新的整型数. 不同细分类型的整型数之间不能直接运算. 实数型分单精度(single)和双精度(double). 系统默认的数值类型是 double 类型，double 类型的数值与其他数值类型的数值运算时，结果为其他数值类型的数值. 通过 intmax(class)和 intmin(class)函数可以返回不同整型数据的最大值与最小值，如 intmax('uint8')=255，数字图像处理中常使用 uint8 类型存储一幅数字图像. MATLAB 中使用 Inf 和-Inf 分别表示正无穷大与负无穷大，NaN 表示非数值量. 正负无穷大一般是由运算溢出产生的，非数值量则是由类似于 0/0 或 Inf/Inf 类型的非正常运算产生的.

表 7-8 常用数据类型及描述

数据类型	MATLAB 命令	描述	数据类型	MATLAB 命令	描述
数值类型	int8	8 位有符号整数	逻辑类型	logical	逻辑值为 1 或 0
	uint8	8 位无符号整数	字符型	char	字符数据
	int32	32 位有符号整数	结构	struct	结构中的字段可以包含任何类型的数据
	uint32	32 位无符号整数	元胞	cell	存储不同维数和数据类型的数组
	int64	64 位有符号整数	函数句柄	@	间接调用函数或自定义函数
	uint64	64 位无符号整数	符号对象	sym	用于解析运算
	single	单精度数值数据			
	double	双精度数值数据			

逻辑型变量只能取 true(1)或 false(0)，在访问矩阵元素时，可以使用逻辑型变量取出符合某种条件的元素.

```
>>a=[1 2;3 4];
>>b=a>2     %产生逻辑数组 b
b =
     0     0
     1     1
>>c=a(b)      %从矩阵 a 中找出>2 的元素并赋值给 c
c =
     3
     4
```

MATLAB 有一个专门对符号对象数据运算的符号数学工具箱(symbolic math toolbox). 利用该工具箱通过定义的符号对象类型(sym)的变量进行解析数学运算和任意指定精度的数值计算，包括矩阵、函数、微积分、微分方程等. 常用函数如下.

s=sym(str)：将数值或字符串转化为符号对象 s，数值为有理表示.

syms v1 v2…：定义 v1,v2,…为符号变量.

double(s)：将符号对象 s 转化为双精度数值.

x=vpa(s,n)：采用 n 位数字求 s 的结果.

subs(s,old,new)：将符号对象 s 中的 old 变量用 new 变量代替.

symfun(expr,arg)：定义符号函数，expr 为函数表达式，arg 为自变量.

expand(expr)：将符号对象 expr 展开.

collect(expr,x)：将 expr 按 x 合并同类项.

```
>>p1=(1+2)/9,p2=sym(p1)
p1 =
    0.3333
```

```
p2 =
    1/3
>>syms x y;
>>s1=(x-y)^3,s2=(x+y)^3    %定义符号对象 s1,s2
s1 =
    (x-y)^3
s2 =
    (x+y)^3
>>s1+s2    %定义的符号对象 s1,s2 可以进行四则运算等，结果仍为符号数据
ans =
    (x-y)^3 + (x + y)^3
>>w=subs(s1,x,3.5)
w =
    -(y-7/2)^3
>>subs(w,y,5.5)
ans =
    -8
>>y3=symfun(s1*s2,[x,y])    %定义符号函数 y3
y3(x, y) =
    (x+y)^3*(x-y)^3
>>collect(y3,x)
ans(x, y) =
    x^6-3*x^4*y^2+3*x^2*y^4-y^6
>>s=y3(1,2)
s =
    -27
```

极限、微分(求导)、积分、代数方程与微分方程的符号解法参阅有关书籍.

7.2 MATLAB 数据文件的基本操作

MATLAB 有着强大的数据处理功能，有许多方法保存和读取 MATLAB 数据文件. 下面介绍 MATLAB 将数据保存到外部文件或从外部文件读取数据的常用方法.

7.2.1 MATLAB mat 数据文件的操作

save 命令用于保存当前 MATLAB 工作区内的数据到一个硬盘文件. 在默认情况下(MATLAB 存储数据的标准形式)，这个文件的扩展名为“mat”，称之为 mat 文件. mat 文件可以通过 load 函数再次导入工作空间. save 命令的常用形式如下.

save：将工作空间中的所有变量都储存在当前路径下的 MATLAB.mat 文件中.

save filename：将工作空间中的所有变量保存为 mat 文件，文件名由 filename 指定. 若 filename 中包含路径，则将文件保存在相应目录下，否则默认路径为当前路径.

save filename var1 var2…：保存指定的变量 var1，var2，…在 filename 指定的 mat 文件中.

例 7-1　将数据 a=[1 2 3;4 5 6]，b='ABC'保存为文件 z1.mat.

解　在命令框输入：

```
>>clear
>>a=[1 2 3;4 5 6];b='ABC';
>>save z1 a b
>>whos
  Name      Size            Bytes  Class     Attributes
  a         2x3                48  double
  b         1x3                 6  char
```

load 命令与 save 命令相反. 它从硬盘文件加载数据到 MATLAB 当前工作空间中. 这个命令的常用格式如下.

load filename：将 filename 文件中的全部变量导入工作空间中.

load filename X Y Z…：将 filename 文件中的变量 X，Y，Z 等导入工作空间中，如果是 mat 文件，在指定变量时可以使用通配符“*”.

例 7-2　利用 load 命令读入例 7-1 中的 z1.mat 文件.

解　在命令框输入：

```
>>clear
>>load z1
```

利用 whos 命令查看工作空间中的变量：

```
>>whos
  Name      Size            Bytes  Class     Attributes
  a         2x3                48  double
  b         1x3                 6  char
```

这说明 z1.mat 中的变量 a，b 已输入工作空间中，可以利用 a，b 的值进行其他工作了. 需要注意的是，命令 load z1 中的 z1 默认的是以. mat 为后缀.

7.2.2　MATLAB Excel 数据文件的操作

使用 xlsread 函数读取 Excel 文件，常使用下面两种格式.

```
[num tex]= xlsread ('路径','filename')
%若缺少路径，filename 应在当前工作路径下
```

以上格式是读 Excel 文件第一个工作页中的所有数值到 double 型数组 num 中，所有字符型数值到字符型变量 tex 中. 若只需读取 Excel 文件中的数值数据，可以直接用 num=xlsread('路径','filename').

```
[num tex]= xlsread ('路径','filename',sheet,'range')
%页码 sheet 的默认值是第一页
```

注意：MATLAB 读取 Excel 中的数据是按照 sheet 在 Excel 中的排放顺序进行的，假设需要读取 example.xls 文件 sheet2 A3～D7 中的数值数据，输入命令 num=xlsread('example',2,'A3:D7')，按回车键即可. 读者在 MATLAB 命令框输入 help xlsread 或 doc xlsread 可以查询 xlsread 命令的详细使用信息.

例 7-3 如图 7-2 所示，读取 C:\Users\Lenovo\Desktop 位置上的 zzg-a.xls 文件的第一页数据并赋给变量 b，读取 zzg-a.xls 文件第一页的前三列，前三行数据并赋给变量 c.

	A	B	C	D	E	F	G	H	I	J
1	92	99	1	8	15	67	74	51	58	40
2	98	80	7	14	16	73	55	57	64	41
3	4	81	88	20	22	54	56	63	70	47
4	85	87	19	21	3	60	62	69	71	28
5	86	93	25	2	9	61	68	75	52	34
6	17	24	76	83	90	42	49	26	33	65
7	23	5	82	89	91	48	30	32	39	66
8	79	6	13	95	97	29	31	38	45	72
9	10	12	94	96	78	35	37	44	46	53
10	11	18	100	77	84	36	43	50	27	59
11										

图 7-2 例 7-3 的数据

解 在命令框输入：

```
>>clear
>>b=xlsread('C:\Users\Lenovo\Desktop\zzg-a')
b =
        92   99    1    8   15   67   74   51   58   40
        98   80    7   14   16   73   55   57   64   41
         4   81   88   20   22   54   56   63   70   47
        85   87   19   21    3   60   62   69   71   28
        86   93   25    2    9   61   68   75   52   34
        17   24   76   83   90   42   49   26   33   65
        23    5   82   89   91   48   30   32   39   66
        79    6   13   95   97   29   31   38   45   72
        10   12   94   96   78   35   37   44   46   53
        11   18  100   77   84   36   43   50   27   59
>>c=xlsread('C:\Users\Lenovo\Desktop\zzg-a','A1:C3')
c =
    92   99    1
    98   80    7
     4   81   88
```

写入 Excel 文件使用 xlswrite 函数，常使用的格式为

```
xlswrite('路径','filename',M,sheet,'range')
```

以上格式是写矩阵数组 M 到 filename 中的指定页和指定区域.

事实上,例 7-3 中 C:\Users\Lenovo\Desktop 位置上的 zzg-a.xls 可以通过如下命令得到:

```
>>a=magic(10);
>>xlswrite('C:\Users\Lenovo\Desktop\zzg-a',a)
```

7.3　MATLAB 数据可视化基本操作

MATLAB 具有非常强大的二维和三维绘图功能,尤其擅长于各种科学运算结果的可视化. 本节只介绍 MATLAB 数据可视化最基本的操作.

7.3.1　基本绘图命令 plot

plot 命令是 MATLAB 中最简单而且使用最广泛的一个绘图命令, 用来绘制二维曲线, 语法为

```
plot(x,y)        %绘制以 x 为横坐标, 以 y 为纵坐标的二维曲线
```

命令 plot(x1,y1,x2,y2,⋯)可以绘制多条曲线, MATLAB 自动以不同的颜色绘制不同的曲线.

例 7-4　绘制 $y=\sin x, y=\cos x, y=\sin 3x$ 三条曲线.

解　在命令框输入:

```
>>x=0:0.1:2*pi;
>>plot(x,sin(x),x,cos(x),x,sin(3*x))      %画三条曲线
```

结果如图 7-3 所示.

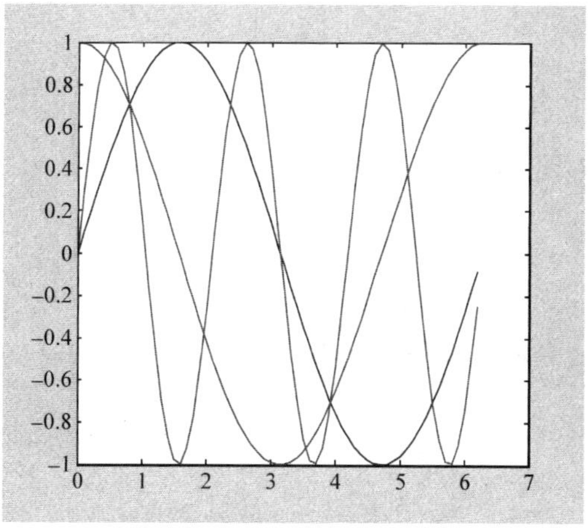

图 7-3　例 7-4 的结果

7.3.2　多个图形的绘制方法

1. 同一窗口多个子图

如果需要在同一个图形窗口中显示几幅独立的子图, 可以在 plot 命令前加上

subplot 命令，将一个图形窗口划分为多个区域，每个区域显示一幅子图.

语法为

```
subplot(m,n,k)      %使 m×n 幅子图中的第 k 幅成为当前图
```

说明：将图形窗口划分为 m×n 幅子图，k 是当前子图的编号，“,”可以省略. 子图序号的编排原则是，左上方为第一幅，先向右后向下依次排列，子图彼此之间独立.

例 7-5 用 subplot 命令画四个子图，分别显示 $y = \sin x, y = \cos x, y = \sin 3x, y = \cos 3x$ 的图像.

解 在命令框输入：

```
>>x=0:0.1:2*pi;subplot(2,2,1)      %分割为 2*2 个子图，左上方为当前图
>>plot(x,sin(x))
>>subplot(2,2,2)      %右上方为当前图
>>plot(x,cos(x))
>>subplot(2,2,3)      %左下方为当前图
>>plot(x,sin(3*x))
>>subplot(224)      %右下方为当前图，省略逗号
>>plot(x,cos(3*x))
```

结果如图 7-4 所示.

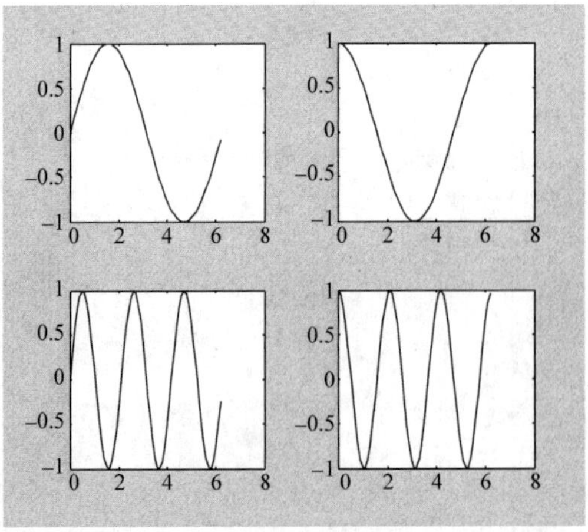

图 7-4 例 7-5 的结果

如果在使用绘图命令之后，想清除图形窗口并画其他图形，应使用 clf 命令.

2. 同一窗口多次叠绘

为了在一个坐标系中增加新的图形对象，可以用 hold 命令来保留原图形对象. 具体语法为

```
hold on      %使当前坐标系和图形保留
```

```
hold off      %使当前坐标系和图形不保留
hold    %在以上两个命令中切换
```

说明：在设置了 hold on 后，当画多个图形对象时，在生成新的图形时保留当前坐标系中已存在的图形对象.

7.3.3 曲线的线型、颜色和数据点形

plot 命令还可以设置曲线的线型、颜色和数据点形等，如表 7-9 所示.

表 7-9 常用的线型、颜色与数据点形

颜色		数据点间连线		数据点形	
类型	符号	类型	符号	类型	符号
黄色	y	实线(默认)	-	实点标记	.
品红色	m	点线	:	圆圈标记	o
青色	c	点划线	-.	叉号形	x
红色	r	虚线	--	十字形	+
绿色	g			星号标记	*
蓝色	b			方块标记	s
白色	w			钻石形标记	d
黑色	k			五角星标记	p

语法为

```
plot(x,y,s)
```

说明：x 为横坐标矩阵，y 为纵坐标矩阵，s 为类型说明字符串参数；字符串 s 可以是线型、颜色和数据点形三种类型的符号之一，也可以是三种类型符号的组合.

例 7-6 用不同线段类型、颜色和数据点形画出 $\sin x$ 与 $\cos x$ 的曲线.

解 在命令框输入：

```
>>clear
>>x=0:0.1:2*pi;
>>plot(x,sin(x),'r-.')      %用红色点划线画出曲线
>> hold on
>>plot(x,cos(x),'b:o')      %用蓝色圆圈画出曲线，用点线连接
```

结果如图 7-5 所示.

最后介绍画二维图像的另一个常用命令 fplot. 调用 fplot 的格式为

```
fplot('function string', [xstart, xend])
```

参数 function string 告诉 fplot 所要绘制的图像函数，而 xstart 和 xend 定义了函数的区间. 例如,

```
>>fplot('exp(-2*t)*sin(t)',[0, 4]);
```

结果如图 7-6 所示.

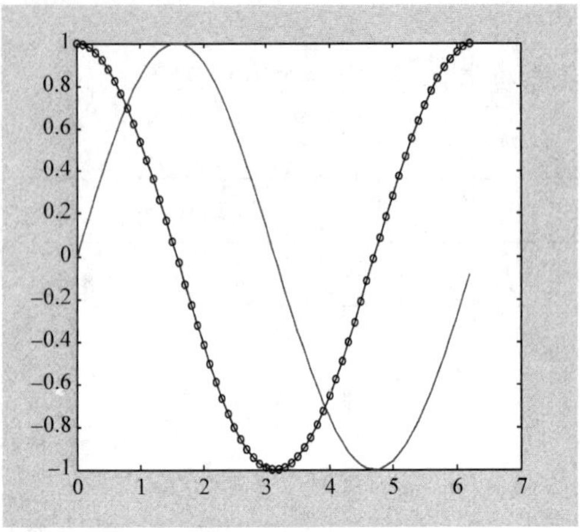

图 7-5 例 7-6 的结果

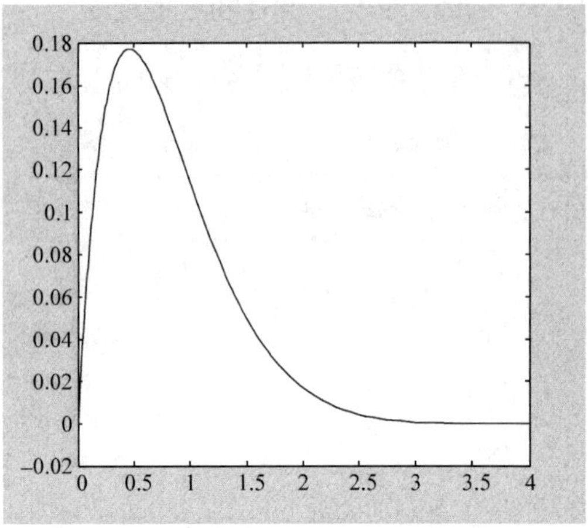

图 7-6 fplot 命令运行结果

对于有“陡峭”部分的曲线，一般选择命令 fplot，此时它比 plot 命令画出的图像更精细. plot3 用来绘制三维曲线，它的使用格式与二维绘图的 plot 命令很相似. 其语法为

```
plot3(x,y,z, 's')      %绘制三维曲线
```

例如,

```
>>x=0:0.1:20*pi;plot3(x,sin(x),cos(x))      %按系统默认设置绘图
```

结果如图 7-7 所示.

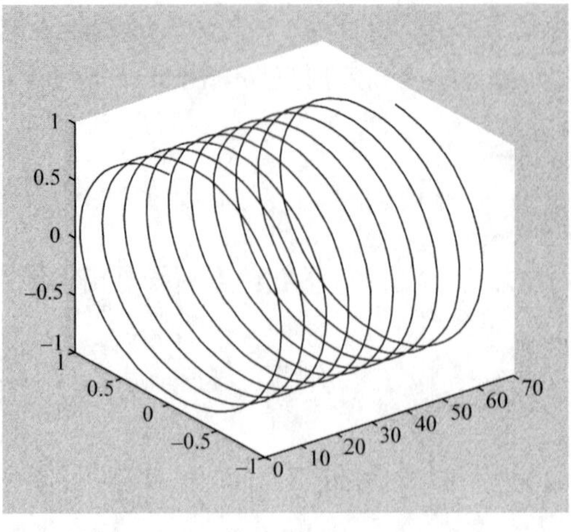

图 7-7 plot3 命令运行结果

7.4 MATLAB 编程入门

以下程序都在程序编辑框内编写.

7.4.1 程序流程控制

1. for…end 循环结构

语法为

```
for 循环变量=array
    循环体
end
```

说明：循环体被循环执行，执行的次数就是 array 的列数，array 可以是向量也可以是矩阵，循环变量依次取 array 的各列，每取一次循环体执行一次.

例 7-7 使用 for…end 循环结构的 array 向量编程求出 1+3+5+…+100 的值.

解

```
%使用向量 for 循环
sum=0;
for n=1:2:100
   sum=sum+n;
end
sum
sum =
      2500
```

程序说明：循环变量为 n，n 对应向量 1:2:100，循环次数为向量的列数，每次循环 n 取一个元素.

2. while…end 循环结构

语法为

```
while 表达式
    循环体
end
```

说明：只要表达式为逻辑真，就执行循环体；一旦表达式为假，就结束循环. 表达式可以是向量也可以是矩阵，如果表达式为矩阵，当所有的元素都为真时才执行循环体，如果表达式为 nan，MATLAB 认为其为假，不执行循环体.

例 7-8 计算 1+3+5+…+100 的值.

解

```
%使用 while 循环
sum=0;
```

```
n=1;
while n<=100
    sum=sum+n;
    n=n+2 ;
end
sum
n
sum =
     2500
n =
   101
```

程序分析：可以看出 while…end 循环结构的循环次数由表达式来决定，当 n=101 时停止循环.

3. if…else…end 条件转移结构

语法为

```
if 条件式 1
语句段 1
elseif 条件式 2
    语句段 2
    ...
else
    语句段 n+1
end
```

说明：当有多个条件时，若条件式 1 为假，则判断 elseif 的条件式 2，如果所有的条件式都不满足，就执行 else 的语句段 n+1；当条件式为真时，执行相应的语句段；if…else…end 条件转移结构也可以是没有 elseif 和 else 的简单结构.

例 7-9 用 if 结构执行二阶系统时域响应，根据阻尼系数 0<zeta<1 和 zeta=1 两种情况，得出不同的时域响应表达式.

解

```
function y=char4_exa4(zeta)
%使用 if 结构的二阶系统时域响应
x=0:0.1:20;
if (zeta>0)&(zeta<1)
    y=1-1/sqrt(1-zeta^2)*exp(-zeta*x).*sin(sqrt(1-zeta^2)*x…
      +acos(zeta));
elseif zeta==1
```

```
    y=1-exp(-x). *(1+x);
end
plot(x,y)
```

4. 流程控制语句

1) break 命令

break 命令可以使包含 break 的最内层的 for 或 while 语句强制终止,立即跳出该结构，执行 end 后面的命令，break 命令一般和 if 结构结合使用.

例 7-10 体会 break 命令的用法.

解

```
%test_break.m
for ii = 1:5;
if ii == 3;
break;
end
fprintf('ii = %d \n', ii);
end
disp('End of loop!')
```

运行结果：

```
ii = 1
ii = 2
End of loop!
```

程序分析：break 语句在 ii 为 3 时执行，然后执行 disp('End of loop!')语句而不执行 fprintf('ii =%d \n', ii);语句.

2) return 命令

return 命令终止当前命令的执行，并且立即返回到上一级调用函数，或者等待用户通过键盘输入命令，可以用来提前结束程序的运行. 注意：当程序进入死循环时，可以按 Ctrl+C 键来终止程序的运行.

3) pause 命令

pause 命令用来使程序暂停运行，并等待用户按任意键以继续.

语法为

```
pause       %暂停
pause(n)    %暂停 n 秒
```

4) keyboard 命令

keyboard 命令用来使程序暂停运行，等待用户通过键盘输入命令，执行完自己的工作后，输入 return 命令，程序就继续运行.

5) input 命令

input 命令用来提示用户应该从键盘输入数值、字符串和表达式，并接受该输入.

7.4.2 编程案例

例 7-11 在命令窗口输出九九乘法口诀表.

解

```
%Zhigang Zhou
clear all
close all
clc
disp('九九乘法口诀表')     %也可以使用 fprintf('九九乘法口诀表\n')
N=9;
for i=1:N
    for j=1:i
        fprintf('%d*%d=%2d  ',j,i,j*i);
    end
    fprintf('\n');
end
```

结果为

```
九九乘法口诀表
1*1= 1
1*2= 2 2*2= 4
1*3= 3 2*3= 6 3*3= 9
1*4= 4 2*4= 8 3*4=12 4*4=16
1*5= 5 2*5=10 3*5=15 4*5=20 5*5=25
1*6= 6 2*6=12 3*6=18 4*6=24 5*6=30 6*6=36
1*7= 7 2*7=14 3*7=21 4*7=28 5*7=35 6*7=42 7*7=49
1*8= 8 2*8=16 3*8=24 4*8=32 5*8=40 6*8=48 7*8=56 8*8=64
1*9= 9 2*9=18 3*9=27 4*9=36 5*9=45 6*9=54 7*9=63 8*9=72 9*9=81
```

例 7-12 对一幅图像实现马赛克效果.

解

```
%Zhigang Zhou
close all
clear
img=imread('flower.jpg');
imshow(img);
s=size(img);
n=20;
nw=floor(s(2)/n)*n;
```

```
nh=floor(s(1)/n)*n;
imgn=zeros(nh,nw);
mskimg=cat(3,imgn,imgn,imgn);
for t=1:3
    I=img(:,:,t);
    for y=1:n:nh
        for x=1:n:nw
        imgn(y:y+n-1,x:x+n-1)=mean(mean(I(y:y+n-1,x:x+n-1)));
        end
    end
    mskimg(:,:,t)=imgn;
end
figure
imshow(uint8(mskimg));
```

结果如图 7-8 所示.

(a) 原图 (b) 运行结果

图 7-8 例 7-12 的原图及运行结果

本 章 小 结

本章介绍了使用 MATLAB 进行运算、文件操作、画图及编程等基础知识，方便读者快速入门 MATLAB，从而对数值算法进行实践.如果需要对 MATLAB 深入学习，可以参考张志涌(2003)及 MATLAB 软件在线帮助或用户手册.

参 考 文 献

白峰杉, 2004. 数值计算引论[M]. 北京: 高等教育出版社.

姜健飞, 吴笑千, 胡良剑, 2015. 数值分析及其 MATLAB 实验[M]. 2 版. 北京: 清华大学出版社.

李庆阳, 王能超, 易大义, 2006. 数值分析[M]. 4 版. 武汉: 华中科技大学出版社.

令峰, 傅守忠, 曲良辉, 2012. 数值计算方法[M]. 北京: 国防工业出版社.

马修斯, 芬克, 2019. 数值分析: MATLAB 版: 英文. 英仿伦, 改编. 北京: 电子工业出版社.

石辛民, 郝整清, 2006. 基于 MATLAB 的实用数值计算[M]. 北京: 清华大学出版社, 北京交通大学出版社.

王能超, 2004. 计算方法简明教程[M]. 北京: 高等教育出版社.

吴勃英, 2003. 数值分析原理[M]. 北京: 科学出版社.

徐士良, 2003. 数值分析与算法[M]. 北京: 机械工业出版社.

张韵华, 奚梅成, 陈效群, 2006. 数值计算方法与算法[M]. 2 版. 北京: 科学出版社.

张志涌, 2003. 精通 MATLAB[M]. 北京: 北京航空航天大学出版社.

KINCAID D, CHENEY W, 2005. 数值分析[M]. 3 版. 王国荣, 余耀明, 徐兆亮, 译. 北京: 机械工业出版社.